彩图 1 仙居鸡　　　　　彩图 2 白耳黄鸡　　　　　彩图 3 寿光鸡

彩图 4 庄河鸡　　　　　彩图 5 固始鸡　　　　　彩图 6 萧山鸡

彩图 7　边鸡　　　　　　彩图 8　彭县黄鸡　　　　　彩图 9　娥眉黑鸡

彩图 10　林甸鸡　　　　　彩图 11　静原鸡　　　　　彩图 12　藏鸡

彩图 13　茶花鸡　　　　　　　　　彩图 14　武定鸡

彩图 15　盐津乌骨鸡

彩图 16　尼西鸡

彩图 17 来航鸡

彩图 18 洛岛红

彩图 19 新汉夏

彩图 20 横斑洛克

彩图 21 浅花苏赛斯鸡

彩图 22 狼山鸡

彩图 23 丝毛鸡

彩图 24 迪卡白

彩图 25 海兰褐

彩图 26 艾维茵肉鸡

彩图 27 北京鸭

彩图 28 金定鸭

彩图 29 高邮鸭

彩图 30 建昌鸭

彩图 31 雁鹅－公　　　　　　彩图 32 狮头鹅－公

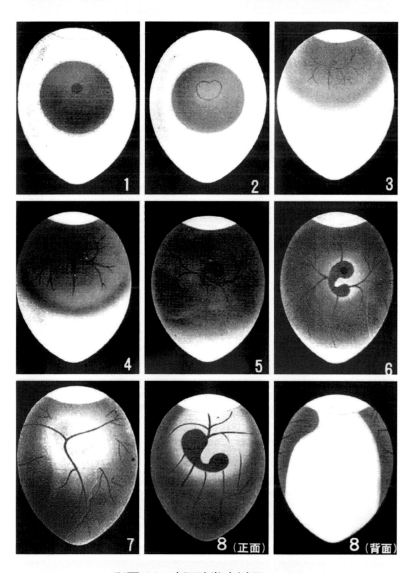

彩图 32 鸡胚胎发育过程 1~8d

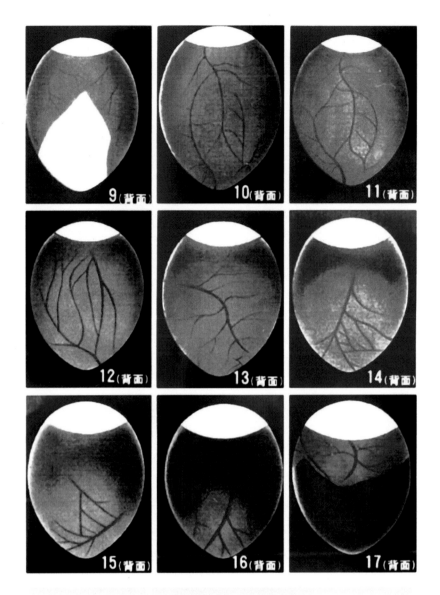

彩图 33 鸡胚胎发育过程 9~17d

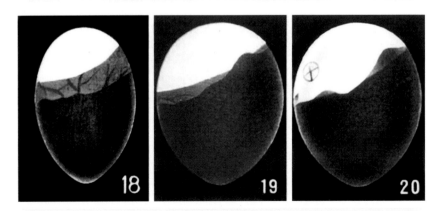

彩图 34 鸡胚胎发育过程 18~20d

云南省"十二五"规划教材

家禽生产技术

徐　英　李石友　主编

化学工业出版社

·北京·

《家禽生产技术》适应现在项目导向、任务引领的课程改革发展趋势，便于教师在实践中采用理实一体化教学，内容主要包括禽场建设与设备、家禽品种选择、家禽繁育技术、蛋鸡生产、肉鸡生产、种鸡生产、水禽生产、家禽兽医保健、家禽场的经营与管理九个模块，每个模块以操作过程为主线，将知识和技能有机地融合到任务中。本书加大了实训内容的编写，15个实训内容根据岗位任务进行设计，满足岗位需求，体现了"任务驱动、边讲边练、讲练结合"的特色，增加了教材的适用性。

　　《家禽生产技术》既可作为高等职业院校畜牧兽医、饲料与动物营养、动物防疫与检疫、兽医生产与营销、兽医医药等专业的教材；也可作为从事与家禽相关研究及生产技术人员的培训教材与参考书。

图书在版编目（CIP）数据

家禽生产技术/徐英，李石友主编 . —北京：化学工业出版社，2015.8（2025.2重印）

ISBN 978-7-122-24176-4

Ⅰ.①家… Ⅱ.①徐…②李… Ⅲ.①家禽-饲养管理-教材 Ⅳ.①S83

中国版本图书馆 CIP 数据核字（2015）第 118299 号

责任编辑：迟　蕾　李植峰　　　　　　　　　文字编辑：张春娥
责任校对：王素芹　　　　　　　　　　　　　装帧设计：史利平

出版发行：化学工业出版社（北京市东城区青年湖南街 13 号　邮政编码 100011）
印　　装：北京科印技术咨询服务有限公司数码印刷分部
787mm×1092mm　1/16　印张 13　彩插 4　字数 320 千字　2025 年 2 月北京第 1 版第 6 次印刷

购书咨询：010-64518888　　　　　　　　售后服务：010-64518899
网　　址：http://www.cip.com.cn
凡购买本书，如有缺损质量问题，本社销售中心负责调换。

定　　价：38.00 元

《家禽生产技术》编审人员名单

主　　编　徐　英　李石友

副 主 编　胡小九　段会勇　季羡寅　张　静

参编人员　（按照姓名汉语拼音排序）

陈红艳（云南农业职业技术学院）

段会勇（济宁市高级职业学校）

付竹安（云南省种鸡场）

胡小九（云南农业职业技术学院）

季羡寅（芜湖职业技术学院）

李爱军（云南省种鸡场）

李石友（云南农业职业技术学院）

罗　勇（云南省种鸡场）

施忠芬（云南农业职业技术学院）

徐　英（云南农业职业技术学院）

张　静（黑龙江农业经济职业学院）

朱玉俭（黑龙江农业经济职业学院）

主　　审　杨洪涛（云南省种鸡场）

前言

　　《国务院关于加快发展现代职业教育的决定》（国发［2014］19号）的发布掀开了我国高等职业教育发展历史上的崭新一页，我国高等职业教育已进入新的发展时期。《现代职业教育体系建设规划（2014—2020年）》指出，要大力发展职业教育，需把提高质量作为重点，着力培养学生的职业道德、职业技能和就业创业能力。高等职业院校以培养高素质技术技能型专门人才为目标，课程建设与改革是提高教学质量的核心，也是教学改革的重点和难点。高等职业院校要根据技术领域和职业岗位（群）的任职要求，参照相关的职业资格标准，改革课程体系和教学内容。

　　本教材的编写力求本着上述文件的原则与要求，突出实践性、应用性，突出职业技能特点，体现科学性、先进性和实用性。在编写原则上，突出以职业能力为核心，贯穿"以职业标准为依据，以企业需求为导向，以职业能力为核心"的编写理念，依据国家职业标准，结合企业实际，反映岗位需求，突出新知识、新技术、新工艺、新方法，注重职业能力培养。

　　本教材是以生产过程为着手点，按照实际工作任务要求，参照《家禽饲养工》《家禽繁殖工》等国家职业标准来编写的。教材模块的编排顺序是按照家禽生产流程进行的，主要内容包括：禽场建设与设备配置、家禽品种选择、家禽繁育技术、蛋鸡生产、肉鸡生产、种鸡生产、水禽生产、家禽兽医保健以及家禽场的经营与管理九个模块。每个模块的内容都着重其在生产实际中的具体应用，充分做到理论知识服务于技能实训。本教材加大了实训内容的编写，15个技能训练都是针对家禽生产中的实际技能，对培养学生的动手操作能力和分析解决生产现场实际问题的能力将有较大程度的提高。

　　本教材阐述理论以必需、够用、实用为度，突出技能的培养，介绍技术以常规技术为基础、以关键技术为核心、以先进技术为导向。教材重点阐述家禽生产的基本知识和基本技术，强化解决生产实际问题的方法和能力。

　　由于编者水平有限，编写时间仓促，书中如有不妥之处，敬请同行专家和读者批评指正，以便修订时加以完善。

编者

2015年3月

目录

模块九　家禽场的经营与管理 ……………………………………………………………… 180

参考文献 ……………………………………………………………………………………… 200

模块一 禽场建设与设备配置

【知识目标】
① 了解禽场场址选择的原则。
② 掌握禽舍的构造特点。
③ 掌握禽场常用设备的种类及功能。

【技能目标】
① 能够对中小型禽场进行规划设计。
② 能使用禽场常用设备。

项目一 场 址 选 择

一、养鸡场场址选择

养鸡场的建设首先要根据鸡场的性质和任务以及所要达到的目标正确选择场址。所谓选址就是在场址决定前对拟建场地做好自然条件和社会条件的调查研究。场址的选择是否科学合理，对鸡场的建设投资、鸡群的生产性能及健康水平、生产成本及效益、场内环境卫生及禽场周围环境卫生的控制等都会产生深远的影响。

1. 自然条件

（1）地势地形　鸡场的场址应选择在地势较高、平坦干燥、向阳背风和排水良好的地方，这样有利于鸡舍的保暖、采光、通风和干燥。低洼、泥泞的地势，易使鸡舍潮湿，不利于鸡群的防疫。平原地区一般场地比较平坦、开阔，场址应选择在较周围地段稍高的地方，以利排水。在靠近河流、湖泊地区的场地，应比当地最高水位高 1~2m；山区建场应选在稍平的缓坡，坡面向阳，鸡场总坡度不超过 25%，建筑区坡度应在 2.5% 以内。地势力求平整，场地开阔，尽量减少线路与管道，尽可能不占或少占耕地。

（2）土壤　养鸡场场地的土壤情况对鸡群有很大的影响。按照土壤的分类及各类土壤的特点，鸡场的土壤以过去未曾被传染病或寄生虫病病原体所污染的沙壤土或壤土为宜。这种土壤排水良好，导热性较差，微生物不易繁殖，合乎卫生要求。

（3）水源　要求水源充足，水质良好。首先要了解水源的情况，如地面水的流量、汛期水位，地下水的初见水位和最高水位。水质情况要了解酸碱度、硬度、透明度，有无污染源和有害化学物质等。如果条件允许，养鸡场可以选择城镇集中式供水系统作为本场的水源。如没有可能使用城镇自来水，则必须寻找理想的水源，做到"不见水，不建场"。

2. 社会条件

鸡场场址的选择必须遵循社会公共卫生准则，使鸡场不致成为周围环境的污染源，同时也要注意不受周围环境的污染。因此，应注意场址附近不应有大型污染环境的化工厂、重工业厂矿或排放有毒物质和气体的染化厂等。场址不要靠近城镇和居民区，养鸡场与附近居民点的距离一般需在500m以上；大型鸡场需在1500m以上；种鸡场与居民区的距离应更远一些。养鸡场应处在居民点的下风向和居民水源的下游。养鸡场应设在环境比较安静且卫生的地方，其位置应选择交通方便、接近公路、靠近产品销售地和饲料产地。一般地说，养鸡场与主要公路的距离应在300m以上，距次要公路100～150m。养鸡场要求修建专用道路与公路相连。选择场址时还应注意供电条件，特别是集约化程度较高的大型鸡场，必须具备可靠的电力供应。另外，还重视使鸡场尽量靠近集中式供水系统和邮电通信等公共设施，以便保障供水质量及对外联系。

二、水禽场场址选择

水禽主要包括鸭、鹅，水禽场址的选择是否得当，不仅关系到鸭、鹅能否正常生长发育和生产性能能否充分发挥，而且也影响到饲养管理工作及经济效益，因此，必须在养水禽之前做好周密计划，选择最合适的地点建场。

选择场址的要求主要有以下5个方面。

1. 濒临水源

水源是水禽活动、洗浴和交配的重要场所，因此，应尽量利用天然水域，靠近湖泊、池塘、沟港、河流等水域。水面尽量宽阔，水深1～1.5m，以流动水源最为理想，岸边有一定坡度，供水禽自由上下活动。周围缺水的禽舍可建造人工水池或水旱圈，其宽度与水禽舍的宽度应相同。

2. 地势高燥

水禽有三分之二的时间在陆地活动，因此在水源附近要有沙质土壤、土层柔软、弹性大的陆上运动场。土壤要有良好的透气性和透水性，以保证场地干燥。禽舍内也要保持干燥，不能潮湿，更不能被水淹，因此鸭、鹅舍场地应稍高些，略向水面倾斜，至少要有5°～10°的小坡度，以利排水。

3. 水源水质

要求水质良好、水源充足。水禽需水量大，故不论是地面水、地下水，在任何情况下都应确保用水。水源应无污染，水禽场附近无屠宰场、化工厂、农药厂等污染源，距离居民点1000m以上，尽可能保持水质干净。

4. 交通方便

为便于饲料和水禽产品的运输，场址要与物质集散地相距近一些，与公路、铁路或水路相通，但要避开交通要道，以利防疫卫生和保持环境安静。

5. 朝向适宜

场址位于河、渠水源的北坡，坡度朝南或东南，室外运动场和水上运动场在水禽舍南面，舍门朝向南或东南。这样的禽舍采光良好，而且冬暖夏凉，有利于提高水禽生产性能。

项目二　禽舍的设计与建造

一、禽舍的类型

1. 开放式

开放式是指舍内与外部直接相通，可利用光、热、风等自然能源，建筑投资低，但易受外界不良气候的影响，需要投入较多的人工进行调节，主要有以下三种形式。

（1）全敞开式　又称棚式，即四周无墙壁，用网、篱笆或塑料编织物与外部隔开，由立柱或砖条支撑房顶。这种禽舍通风效果好，但防暑、防雨、防风效果差，低温季节需封闭保温；以自然通风为主，必要时辅以机械通风；采用自然光照；具有防热容易保温难和基建投资运行费用少的特点。

一般情况下，全敞开式家禽舍多建于南方地区，夏季温度高，湿度大，冬季也不太冷。此外，也可以作为其他地区季节性的简易家禽舍。

（2）半敞开式　前墙和后墙上部敞开，一般敞开1/2～2/3，敞开的面积取决于气候条件及家禽舍类型，敞开部分可以装上卷帘，高温季节便于通风，低温季节封闭保温。

（3）有窗式　四周用围墙封闭，南北两侧墙上设窗户。在气候温和的季节依靠自然通风，不必开动风机；在气候不利的情况下则关闭南北两侧墙上大窗，开启一侧山墙的进风口，并开动另一侧山墙上的风机进行纵向通风。该种禽舍既能充分利用阳光和自然通风，又能在恶劣的气候条件下实现人工调控室内环境，在通风形式上实现了横向、纵向通风相结合，因此兼备了开放式与密闭式禽舍的双重特点。

2. 密闭式

一般无窗与外界隔离，屋顶与四壁保温良好，通过各种设备控制与调节作用，使舍内小气候适宜于家禽生理需要，减少了自然界严寒、酷暑、狂风、暴雨等不利因素对家禽的影响。但建筑和设备投资高，对电的依赖性很大，对饲养管理的技术要求高，需要慎重考虑当地的条件而选用。由于密闭舍具有防寒容易防热难的特点，一般适用于我国北方寒冷地区。

在控制禽舍小气候方面，有两个发展趋势：一是采用组装式禽舍，即禽舍的墙壁和门窗是活动的，天热时可局部或全部取下，使禽舍成为全敞开或半敞开式，冬季则组装起来，成为密闭式；二是采用环境控制式禽舍，就是在密闭式禽舍内，完全靠人为的方法来调节小气候。随着集约化畜牧业的发展，环境控制式禽舍越来越多，设备也越来越先进，舍内的温度、湿度、气流、光照等，都是用人为的方法控制在适宜范围内。

二、鸡舍结构设计

1. 鸡舍外形结构的设计

（1）鸡舍的跨度、长度和高度　鸡舍的跨度根据鸡舍屋顶的形式以及鸡舍类型和饲养方式而定。一般跨度为：开放式鸡舍6～10m，采用机械通风的跨度可在9～12m。笼养鸡舍要根据安装列数和走道宽度来决定鸡舍的跨度。

鸡舍的长度取决于设计容量，应根据每栋鸡舍具体需要的面积与跨度来确定。大型机械化生产鸡舍较长，过短了则效率较低，房舍利用也不经济，按建筑模数一般为66m、90m、120m；中小型普通鸡舍为36m、48m、54m。计算鸡舍长度的公式如下：

$$平养鸡舍长度＝鸡舍面积/鸡舍跨度 \tag{1-1}$$

鸡舍的高度应根据饲养方式、清粪方法、跨度与气候条件而定。跨度不大、平养及不太热的地区，鸡舍不必太高，一般鸡舍屋檐高度2.0～2.5m；跨度大，又是多层笼养，鸡舍的高度为3m左右，或者以最上层的鸡笼距屋顶1～1.5m为宜；若为高床密闭式鸡舍，由于下部设粪坑，高度一般为4.5～5m（比一般鸡舍高出1.8～2m）。

（2）地面　鸡舍地面应高出舍外地面0.3～0.5m，表面坚固无缝隙，多采用混凝土铺平，易于洗刷消毒、保持干燥。笼养鸡舍地面设有浅粪沟，比地面深15～20cm。为了有利于舍内清洗消毒时的排水，中间地面与两边地面之间应有一定的坡度。

（3）墙壁　选用隔热性能良好的材料，保证最好的隔热设计，应具有一定的厚度且严密无缝。多用砖或石头垒砌，墙外面用水泥抹缝，墙内面用水泥或白灰挂面，以便防潮和利于冲刷。

（4）屋顶　屋顶必须有较好的保温隔热性能。此外，屋顶还要求承重、防水、防火、不透气、光滑、耐久、结构轻便、简单、造价低。小跨度鸡舍为单坡式，一般鸡舍常用双坡式、拱形或平顶式。在气温高、雨量大的地区屋顶坡度要大一些，屋顶两侧加长房檐。

（5）门窗　鸡舍的门宽应考虑所有设施和工作车辆都能顺利进出。一般单扇门高2m、宽1.2m；双扇门高2m、宽1.8m。

鸡舍的窗户要考虑鸡舍的采光和通风，窗户与地面面积之比为1:（10～18）。开放式鸡舍的前窗应宽大，离地面可较低，以便于采光，后窗应小，约为前窗面积的2/3，离地面可较高，以利夏季通风、冬季保温。网上或栅状地面养鸡，在南北墙的下部应留有通风窗，尺寸为30cm×30cm，在内侧覆以铁丝网和设外开的小门，以防兽害和便于冬季关闭。密闭鸡舍不设窗户，只设应急窗和通风进出气孔。

2. 鸡舍内布局设计

（1）平养鸡舍　根据走道与饲养区的布置形式，平养鸡舍分无走道式、单走道单列式、中走道双列式、双走道双列式等。

① 无走道式　鸡舍长度由饲养密度和饲养定额来确定；跨度没有限制，跨度在6m以内设一台喂料器，12m左右设两台喂料器。鸡舍一端设置工作间，工作间与饲养间用墙隔开，饲养间另一端设出粪和鸡转运大门。

② 单走道单列式　多将走道设在北侧，有的南侧还设运动场，主要用于种鸡饲养。但利用率较低；受喂饲宽度和集蛋操作长度限制，建筑跨度不大。

③ 中走道双列式　两列饲养区设走道，利用率较高，比较经济。但如只用一台链式喂料机，存在走道和链板交叉问题；若为网上平养，必须用两套喂料设备。此外，对有窗鸡舍，开窗困难。

④ 双走道双列式　在鸡舍南北两侧各设一走道，配置一套饲喂设备和一套清粪设备即可，利于开窗。

（2）笼养鸡舍　根据笼架配置和排列方式上的差异，笼养鸡舍的平面布置分为无走道式和有走道式两大类。

① 无走道式　一般用于平置笼养鸡舍，把鸡笼分布在同一平面上，两个鸡笼相对布置成一组，合用一条食槽、水槽和集蛋带。通过纵向和横向水平集蛋机定时集蛋；由笼架上的行车完成给料、观察和捉鸡等工作。其优点是鸡笼面积利用充分，鸡群环境条件差异不大。

② 有走道式　平置式有走道布置时，鸡笼悬挂在支撑屋架的立柱上，并布置在同一平面，笼间设走道作为机具给料、人工拣蛋之用。二列三走道仅布置两列鸡笼架，靠两侧纵墙和中间共设三个走道，适用于阶梯式、叠层式和混合式笼养。三列二走道一般在中间布置三阶梯或二阶梯全笼架，靠两侧纵墙布置阶梯式半笼架。三列四走道布置三列鸡笼架，设四条走道，是较为常用的布置方式，建筑跨度适中。

3. 鸡舍的建筑方式设计

鸡舍建筑方式有砌筑型和装配型两种。砌筑型常用砖瓦或其他建筑材料。装配型鸡舍使用的复合板块材料有多种，房舍面层有金属镀锌板、玻璃钢板、铝合金、耐用瓦面板；保温层有聚氨酯、聚苯乙烯等高分子发泡塑料，以及岩棉、矿渣棉、纤维材料等。

项目三　生产设备配置

一、孵化设备

1. 孵化机

（1）孵化机的类型　大型孵化机主要包括箱体式孵化机和巷道式孵化机。

① 箱体式孵化机　见图1-1。根据蛋架结构分为蛋盘架和蛋架车两种形式，现在广泛使用蛋架车，可以直接到蛋库装蛋，消毒后推入孵化机，减少了种蛋装卸次数。

② 巷道式孵化机　见图1-2。巷道式孵化机的特点是多台箱式孵化机组合连体拼装，配备独有的空气搅拌和导热系统。使用时将种蛋码盘放在蛋架车上，经消毒、预热后，逐台按一定轨道推进巷道内，18~19d后转入出雏机。机内新鲜空气由进气口吸入，经加热、加湿后从上部的风道由多个高速风机吹到对面的门上，大部分气体被反射下去进入巷道，通过蛋架车后又返回进气室。这种循环充分利用了胚蛋的代谢热，箱内没有空气死角，温度均匀，所以比其他类型的孵化机省电，并且孵化效果好。

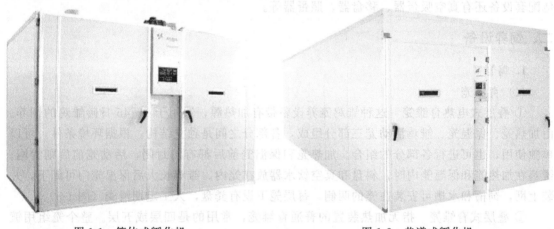

图 1-1　箱体式孵化机　　　　　　　　　　图 1-2　巷道式孵化机

（2）孵化机的构造

① 箱体　孵化机的箱体由框架、内外板和中间夹层组成，金属结构箱体框架一般为薄形钢结构，面板多用玻璃钢或彩塑钢，夹层中填充聚苯乙烯或聚氨酯保温材料，整体坚固美观。

② 蛋架车和种蛋盘　蛋架车为全金属结构，蛋盘架固定在四根吊杆上可以活动。常用的蛋架车的层数为12~16层，每层间距12cm。种蛋盘分孵化蛋盘和出雏盘两种，多采用塑料盘，既便于洗刷消毒，又坚固不易变形。

③ 翻蛋系统　翻蛋机件一般与蛋盘架的型号相配套。翻蛋形式主要包括手工翻蛋、气动翻蛋和电动翻蛋。手工翻蛋通常采用蜗轮蜗杆结构来推动整个蛋盘架转动；气动翻蛋多用于巷道式孵化机，每架蛋车上装有气缸和气阀、快速接头等，在把车推入孵化机后，将车上的接头与机内固定接头插入连接；电动翻蛋由小型电机和拉动连杆组成。

④ 控温系统　控温系统由电热管或远红外棒和孵化控制器中的温控电路以及感温元器

件等组成。

⑤ 通风系统　通风系统由进气孔、出气孔、电机及风扇叶等组成。依风扇位置，可分侧吹式、顶吹式、后吹式及中吹式。

⑥ 控湿系统　较先进的控湿系统，安设叶片供湿轮，连接供水管、水银导电表和电磁阀自动控制喷雾。一般的孵化器在底部放置 2～4 个浅水盘，通过水盘蒸发水分，供给机内湿度。

⑦ 报警系统　由温度调节器、电铃和指示灯（红绿灯泡）组成。现代立体孵化机由于构造已经机械化、自动化，机械的管理非常简单，主要是注意温度的变化，观察控制系统的灵敏程度，遇有失灵情况及时采取措施。

2. 出雏机

出雏机是与孵化机配套的设备。出雏机容蛋量与同容量孵化机的配置一般采用 1∶3 或 1∶4 的比例。不设翻蛋机构和翻蛋控制系统，其他构造与孵化机相同。出雏盘要求四周有一定高度，底面网格密集。

3. 配套设备

孵化厅自动化配套设备有禽雏自动分拣、计数与包装设备，蛋盘出雏筐自动清洗机，蛋鸡或种鸡公母鉴别、人工免疫及分拣设备，健弱雏分拣、公母鉴别及计数与包装设备等，其他配套设备还有真空吸蛋器、移盘器、照蛋器等。

二、饲养设备

1. 鸡笼

（1）育雏笼

① 叠层式电热育雏笼　这种雏鸡笼养设备带有加热源，适用于 1～45 日龄雏鸡的饲养。由加热笼、保温笼、雏鸡活动笼三部分组成，各部分之间是独立结构，根据环境条件，可以单独使用，也可进行各部分的组合。加热笼和保温笼前后都有门封闭，活动笼前后则为网。雏鸡在加热笼和保温笼内时，料盘和真空饮水器放在笼内。雏鸡长大后保温笼门可卸下，并装上网，饲槽和水槽可安装在笼的两侧，每层笼下设有粪盘，人工定期清粪（图 1-3）。

② 叠层式育雏笼　指无加热装置的普通育雏笼，常用的是四层或五层。整个笼组用镀锌铁丝网片制成，由笼架固定支撑，每层笼间设承粪板，间隙 50～70mm，笼高 330mm（图 1-4）。此种育雏笼具有结构紧凑、占地面积小、饲养密度大的优点，对于整室加温的鸡舍使用效果较好。

（2）育成笼　从结构上分为半阶梯式和叠层式两大类，有三层、四层和五层之分，可以与喂料机、乳头式饮水器、清粪设备等配套使用。根据育成鸡的品种与体形，每只鸡占用底网面积在 340～400cm²。

（3）蛋鸡笼　我国目前生产的蛋鸡笼有适用于轻型蛋鸡的轻型鸡笼和适用于中型蛋鸡的中型鸡笼，多为三层全阶梯或半阶梯组合方式。由笼架、笼体和护蛋板组成。笼架由横梁和斜撑组成，一般用厚 2.0～2.5mm 的角钢或槽钢制成。笼体由冷拔钢丝经点焊成片，然后镀锌再拼装而成，包括顶网、底网、前网、后网、隔网和笼门等。一般前网和顶网压制在一起，后网和底网压制在一起，隔网为单网片，笼门作为前网或顶网的一部分，有的可以取下，有的可以上翻。笼底网要有一定坡度，一般为 6°～10°，伸出笼外 12～16cm 形成集蛋槽。笼体的规格，一般前高 40～45cm，深度为 45cm 左右，每个小笼养鸡 3～5 只。护蛋板

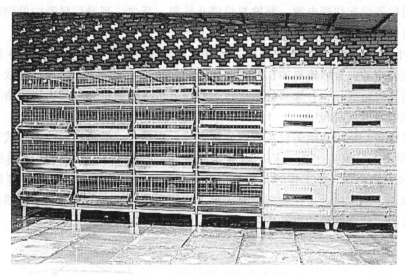

图 1-3　叠层式电热育雏笼

图 1-4　叠层式育雏笼

为一条镀锌薄铁皮，放于笼内前下方，下缘与底网间距 5.0～5.5cm。每小笼装鸡 3～4 只。

目前，叠层式蛋鸡笼在生产上的应用越来越多，层高为 5～8 层，层间有传送带承接粪便并将其输送到鸡舍末端，这种鸡笼的喂饲、饮水、集蛋等均为自动化控制。

（4）种鸡笼　可分为蛋用种鸡笼和肉用种鸡笼，从配置方式上又可分为两层和三层。种母鸡笼与蛋鸡笼养设备结构差不多，只是尺寸放大一些，但在笼门结构上做了改进，以方便抓鸡进行人工授精。

2. 供料设备

（1）料塔　用于大、中型机械化鸡场，主要用作短期贮存干粉状或颗粒状配合饲料。

（2）输料机　是料塔和舍内喂料机的连接纽带，将料塔或贮料间的饲料输送到舍内喂料机的料箱内。输料机有螺旋弹簧式、螺旋叶片式、链式等。目前使用较多的是前两种。

① 螺旋弹簧式　螺旋弹簧式输料机由电机驱动皮带轮带动空心弹簧在输料管内高速旋转，将饲料传送入鸡舍，通过落料管依次落入喂料机的料箱中。当最后一个料箱落满料时，

该料箱上的料位器弹起切断电源，使输料机停止输料。反之，当最后料箱中的饲料下降到某一位置时，料位器则接通电源，输料机又重新开始工作。

② 螺旋叶片式 螺旋叶片式输料机是一种广泛使用的输料设备，主要工作部件是螺旋叶片。在完成由舍外向舍内输料的作业时，由于螺旋叶片不能弯成一定角度，故一般由两台螺旋叶片式输料机组成，一台倾斜输料机将饲料送入水平输料机和料斗内，再由水平输料机将饲料输送到喂料机各料箱中。

（3）喂料设备 常用的喂饲设备有螺旋弹簧式、索盘式、链板式和轨道车式四种。

① 螺旋弹簧式喂饲机 由料箱、内有螺旋弹簧的输料管以及盘筒式饲槽组成，见图1-5，属于直线型喂料设备。工作时，饲料由舍外的贮料塔运入料箱，然后由螺旋弹簧将饲料沿着管道推送，依次向套接在输料管道出口下方的饲槽装料，当最后一个饲槽装满时，限位控制开关开启，使喂饲机的电动机停止转动，即完成一次喂饲。

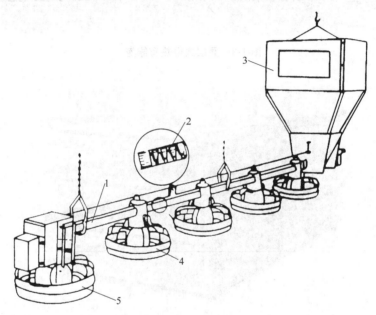

图 1-5 螺旋弹簧式喂饲机

1—输料管；2—螺旋弹簧；3—料箱；4—盘筒式饲槽；5—带料位器的饲槽

螺旋弹簧式喂饲机一般只用于平养鸡舍，优点是机构简单，便于自动化操作和防止饲料被污染。

② 索盘式喂饲机 由料斗、驱动机构、索盘、输料管、转角轮和盘筒式饲槽组成，见图1-6。工作时由驱动机构带动索盘，索盘通过料斗时将饲料带出，并沿输料管输送，再由斜管送入盘筒式饲槽，管中多余饲料由回料管进入料斗。

索盘是该设备的主要部件，它由一根直径5～6mm的钢丝绳和若干个塑料塞盘组成，塞盘采用低温注塑的方法等距离（50～100mm）地固定在钢丝绳上。

索盘式喂饲机既可用于平养，也可用于笼养。用于笼养时，为长形镀铸钢板，位于饲槽内的输料管侧面有一缝隙，饲料由此进入饲槽。

索盘式喂饲机的优点是饲料在封闭的管道中运送，清洁卫生，不浪费饲料；工作平稳无声，不惊扰鸡群；可进行水平、垂直与倾斜输送；运送距离可达300～500m。缺点是当钢索折断时，修复困难，故要求钢索有较高的强度。

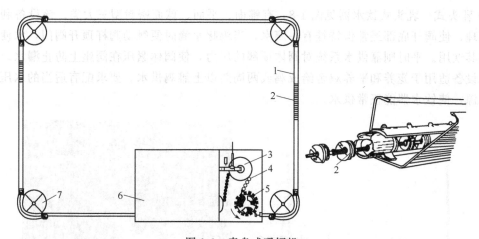

图 1-6　索盘式喂饲机

1—长饲槽；2—索盘；3—张紧轮；4—传动装置；5—驱动轮；6—料箱；7—转角轮

③ 链板式喂饲机　可用于平养和笼养。它由料箱、驱动机构、链板、长饲槽、转角轮、饲料清洁筛、饲槽支架等组成，见图 1-7。链板是该设备的主要部件，它由若干链板相连而构成一封闭环。链板的前缘是一铲形斜面，当驱动机构带动链板沿饲槽和料斗构成的环路移动时，铲形斜面就将料斗内的饲料推送到整个长饲槽。按喂料机链片运行速度又分为高速链式喂料机（18～24m/min）和低速链式喂料机（7～13m/min）两种。

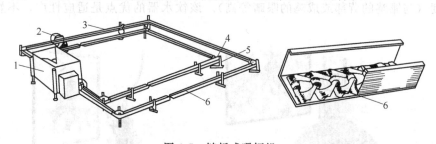

图 1-7　链板式喂饲机

1—料箱；2—清洁器；3—长饲槽；4—转角轮；5—升降器；6—输送链

一般跨度在 10m 左右的种鸡舍、跨度在 7m 左右的肉鸡和蛋鸡舍用单链，跨度在 10m 左右的蛋鸡、肉鸡舍常用双链。链板式喂饲机用于笼养时，三层料机可单独设置料斗和驱动机构，也可采用同一料斗和使用同一驱动机构。

链板式喂饲机的优点是结构简单、工作可靠，缺点是饲料易被污染和分级（粉料）。

④ 轨道车喂饲机　用于多层笼养鸡舍，是一种骑跨在鸡笼上的喂料车，沿鸡笼上或旁边的轨道缓慢行走，将料箱中的饲料分送至各层食槽中，根据料箱的配置形式可分为顶料箱式和跨笼料箱式。顶料箱行车式喂料机只有一个料桶，料箱底部装有搅龙，当喂料机工作时搅龙随之运转，将饲料推出料箱沿溜管均匀流入食槽。跨笼料箱喂料机根据鸡笼形式配置，每列食槽上都跨设一个矩形小料箱，料箱下部锥形扁口通向食槽中，当沿鸡笼移动时，饲料便沿锥面下滑落入食槽中。饲槽底部固定一条螺旋形弹簧圈，可防止鸡采食时选择饲料和将饲料抛出槽外。

3. 供水设备

（1）饮水器的种类

① 乳头式　乳头式饮水器见图 1-8，有锥面、平面、球面密封型三大类。该设备利用毛细管原理，使阀杆底部经常保持挂有一滴水，当鸡啄水滴时便触动阀杆顶开阀门，水便自动流出供其饮用。平时则靠供水系统对阀体顶部的压力，使阀体紧压在阀座上防止漏水。乳头式饮水设备适用于笼养和平养鸡舍给成鸡或两周龄以上雏鸡供水。要求配有适当的水压和纯净的水源，使饮水器能正常供水。

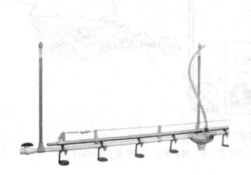

图 1-8　乳头式饮水器

② 吊塔式　吊塔式又称普拉松饮水器，见图 1-9，由饮水碗、活动支架、弹簧、封水垫及安在活动支架上的主水管、进水管等组成。靠盘内水的重量来启闭供水阀门，即当盘内无水时，阀门打开，当盘内水达到一定量时，阀门关闭。主要用于平养鸡舍，用绳索吊在离地面一定高度（与雏鸡的背部或成鸡的眼睛等高）。该饮水器的优点是适应性广，不妨碍鸡群活动。

图 1-9　吊塔式饮水器

③ 水槽式　水槽一般安装于鸡笼食槽上方，是由镀锌板、搪瓷或塑料制成的 V 形槽，每 2m 一根由接头连接而成。水槽一头通入常流动水，使整条水槽内保持一定水位供鸡只饮用，另一头流入管道将水排出鸡舍。槽式饮水设备简单，但耗水量大。安装要求在整列鸡笼几十米长度内，水槽高度误差小于 5cm，误差过大不能保证正常供水。

④ 杯式　杯式饮水设备分为阀柄式和浮嘴式两种。该饮水器耗水少，并能保持地面或笼体内干燥。平时水杯在水管内压力下使密封帽紧贴于杯体锥面，阻止水流入杯内。当鸡饮水时将杯舌下啄，水流入杯体，达到自动供水的目的。

⑤ 真空式　由水筒和盘两部分组成，多为塑料制品。筒倒扣在盘中部，并由销子定位。

筒内的水由筒下部壁上的小孔流入饮水器盘的环形槽内，能保持一定的水位。真空式饮水器主要用于平养鸡舍。

（2）供水系统　乳头式、杯式、吊塔式饮水器要与供水系统配套，供水系统由过滤器、减压装置和管路等组成。

① 过滤器　过滤器的作用是滤去水中杂质，使减压装置和饮水器能正常供水。过滤器由壳体、放气阀、密封圈、上下垫管、弹簧及滤芯等组成。

② 减压装置　减压装置的作用是将供水管压力减至饮水器所需的压力，减压装置分为水箱式和减压阀式两种。

三、环境控制设备

1. 降温设备

（1）湿帘-风机降温系统　该系统见图 1-10，由湿帘（或湿垫）、风机、循环水路与控制装置组成，具有设备简单、成本低廉、降温效果好以及运行经济等特点，比较适合高温干燥地区。

图 1-10　禽舍湿帘-风机降温系统示意图

在湿帘-风机降温系统中，关键设备是湿帘。国内使用比较多的是纸质湿帘，采用特种高分子材料与木浆纤维空间交联，加入高吸水、强耐性材料胶结而成，具有耐腐蚀、使用寿命长、通风阻力小、蒸发降温效率高、能承受较高的过流风速、安装方便以及便于维护等特点。湿帘-风机降温系统是目前最成熟的蒸发降温系统。

湿帘的厚度以 100～200mm 为宜，干燥地区应选择较厚的湿帘，潮湿地区所用湿帘不宜过厚。

（2）喷雾降温系统　用高压水泵通过喷头将水喷成直径小于 $100\mu m$ 雾滴，雾滴在空气中迅速汽化而吸收舍内热量使舍温降低。常用的喷雾降温系统主要由水箱、水泵、过滤器、喷头、管路及控制装置组成，该系统设备简单，效果显著，但易导致舍内湿度过高。若将喷雾装置设置在负压通风畜舍的进风口处，雾滴的喷出方向与进气气流相对，雾滴在下落时受气流的带动而降落缓慢，延长了雾滴的汽化时间，提高了降温效果。但鸡舍雾化不全时，易淋湿羽毛影响生产性能。

2. 采暖设备

（1）保温伞　保温伞适用于垫料地面和网上平养育雏期供暖，有电热式和燃气式两类。

① 电热式 热源主要为红外线灯泡和远红外板，伞内温度由电子控温器控制，可将伞下距地面5cm处的温度控制在26～35℃，温度调节方便。

② 燃气式 主要由辐射器和保温反射罩组成。可燃气体在辐射器处燃烧产生热量，通过保温反射罩内表面的红外线涂层向下反射远红外线，以达到提高伞下温度的目的。燃气式保温伞内的温度可通过改变悬挂高度来调节。

由于燃气式保温伞使用的是气体燃料（天然气、液化石油气和沼气等），所以育雏室内应有良好的通风条件，以防由于不完全燃烧产生一氧化碳而使雏鸡中毒。

（2）热风炉 热风炉供暖系统主要由热风炉、送风风机、风机支架、电控箱、连接弯管、有孔风管等组成。热风炉有卧式和立式两种，是供暖系统中的主要设备。它以空气为介质，采用燃煤板式换热装置，送风升温快，热风出口温度为80～120℃，热效率达70%以上，比锅炉供热成本降低50%左右，使用方便、安全，是目前推广使用的一种采暖设备。可根据鸡舍供热面积选用不同功率的热风炉。立式热风炉顶部的水套还能利用烟气余热提供热水。

（3）煤炉 是专业户小规模育雏常用的加温设备。煤炉可用铸铁或铁皮制成，煤炉上安装炉管，通过炉管将煤烟及煤气排出室外，炉管在室外的开口要根据风向设置，以免经常迎风导致煤炉倒烟，影响室内空气环境。在煤炉下部与上部炉管开口相对的位置设置一个进气孔和铁皮调节板，由调节板调节进气量以控制炉温，炉管的散热过程就是对室内空气的加热过程。煤炉的大小和数量应根据育雏室的大小与保温性能而定，一般保温良好的雏舍，每15～20m²采用一个煤炉即可。采用该法加温简单易行，投资少，但使用时比较麻烦，且室内较脏，影响空气质量，尤其应注意适当通风，防止煤气中毒。

（4）电热育雏笼 一般由加热育雏笼、保温育雏笼、雏鸡活动笼三部分组成，每一部分都是独立的整体，可根据需要进行组合。电热育雏笼一般为四层，每层四个笼为一组，每个笼宽60cm左右、高30cm、长110cm，笼内装有电热板或电热管为热源。通常情况下多采用一组加热笼、一组保温笼、四组活动笼的组合方式。立体电热育雏笼饲养雏鸡的密度，开始为每平方米70只左右，随着日龄的增长逐渐减少，20日龄时为50只左右，夏季还应适当减少。

（5）红外线灯 在育雏室一定高度悬挂红外线灯泡，利用红外线灯发出的热量育雏。红外线灯产热性能好，使用简单方便，室内清洁，垫料干燥，雏鸡可以选择合适的温度，育雏效果较好。灯泡功率一般为250W，悬挂在距地面35～55cm处，可根据育雏温度需要调节悬挂高度，一盏250W红外线灯可供100～250只雏鸡保温使用，也可几盏灯合并使用。

（6）太阳能空气加热器 是利用太阳辐射热能来加热进入畜禽舍空气的一种设备。平板式集热器是吸收太阳能加热空气的设备，一般装设在阳光充足的阳面位置，由透光层、吸收层和保温层构成气流通道。透光层一般由普通玻璃或透明塑料制成，可最大限度地让阳光透过，尽可能少地减少热量散失，因此要保持清洁和密封；吸收层要尽量多地吸收太阳辐射能，并加热空气流，一般采用高阳光吸收率材料涂在金属板或纤维板表面，并使表面粗糙，国外有人用涂黑的粗麻布或麻编帘子来制作，太阳能吸收率在50%以上，而且价格低廉；保温层要保存热能防止热传导引起热能损失。当舍外空气被通风机吸入太阳能加热器的气流通道后，由其集热器将它逐步加热，空气温度升高，然后被通风机送入畜禽舍内，这种加热器是禽舍冬季采暖的一种经济而有效的装置。

3. 通风设备

（1）轴流式风机　轴流式风机见图 1-11，主要由外壳、叶片和电机组成，叶片直接安装在电机的转轴上。轴流风机风向与轴平行，具有风量大、耗能少、噪声低、结构简单、安装维修方便以及运行可靠等特点，而且叶片可以逆转，以改变输送气流的方向，而风量和风压不变，因此，既可用于送风，也可用于排风。但风压衰减较快。禽舍的纵向通风常用节能、大直径、低转速的轴流风机。

（2）离心式风机　离心式风机见图 1-12，主要由蜗牛形外壳、工作轮和机座组成。这种风机工作时，空气从进风口进入风机，旋转的带叶片工作轮形成离心力将其压入外壳，然后再沿着外壳经出风口送入通风管中。离心风机不具逆转性，但产生的压力较大，多用于禽舍热风和冷风输送。

图 1-11　轴流式风机　　　　　　图 1-12　离心式风机

4. 照明设备

（1）人工光照设备　包括荧光灯和节能灯等。

（2）照度计　可以直接测出光照强度的数值。由于家禽对光照的反应敏感，禽舍内要求的照度比日光低得多，应选用精确的仪器。

（3）光照控制器　基本功能是自动启闭禽舍照明灯，即利用定时器的多个时间段自编程序功能，实现精确控制舍内光照时间。

5. 清粪设备

（1）刮板式清粪机　用于网上平养和笼养，安置在鸡笼下的粪沟内，刮板略小于粪沟宽度。每开动一次，刮板作一次往返移动，刮板向前移动时将鸡粪刮到鸡舍一端的横向粪沟内，返回时，刮板上抬空行。横向粪沟内的鸡粪由螺旋清粪机排至舍外。根据鸡舍设计，一台电机可负载单列、双列或多列。

在用于半阶梯笼养和叠层笼养时采用多层式刮板，其安置在每一层的承粪板上，排粪口设在安有动力装置相反一端。以四层笼养为例，开动电动机时，两层刮板为工作行程，另两层为空行，到达尽头时电动机反转，刮板反向移动，此时另两层刮板为工作行程，到达尽头时电动机停止。

（2）输送带式清粪机　适用于叠层式笼养鸡舍清粪，主要由电机和链传动装置以及主动辊、被动辊和承粪带等组成。承粪带安装在每层鸡笼下面，启动时由电机、减速器通过链条带动各层的主动辊运转，将鸡粪输送到一端，被端部设置的刮粪板刮落，从而完成清粪作业。

（3）螺旋弹簧横向清粪机　横向清粪机是机械清粪的配套设备。当纵向清粪机将鸡粪清理到鸡舍一端时，再由横向清粪机将刮出的鸡粪输送到舍外。作业时清粪螺旋直接放入粪槽内，不用加中间支承，输送混有鸡毛的黏稠鸡粪也不会堵塞。

四、卫生防疫设备

1. 多功能清洗机

多功能清洗机具有冲洗和喷雾消毒两种用途，使用 220V 电源作动力，适用于禽舍、孵化室地面冲洗和设备洗涤消毒，该产品进水管可接到水龙头上，水流量大、压力高，配上高压喷枪，比常规手工冲洗快而洁净，还具有体积小、耐腐蚀、使用方便等优点。

2. 禽舍固定管道喷雾消毒设备

这是一种用机械代替人工喷雾的设备，主要由泵组、药液箱、输液管、喷头组件和固定架等构成。饲养管理人员手持喷雾器进行消毒，劳动强度大，消毒剂喷洒不均。

采用固定式机械喷雾消毒设备，只需 2～3min 即可完成整个禽舍消毒工作，药液喷洒均匀。固定管道喷雾设备安装时，根据鸡舍跨度确定装几列喷头，一般 6m 以下装一列，7～12m 为两列，喷头组件的距离以每 4～5m 装一组为宜。此设备在夏季与通风设备配合使用，还可降低舍内温度 3～4℃，配上高压喷枪还可作清洗机使用。

3. 火焰消毒器

火焰消毒器是利用煤油等燃烧产生的高温火焰对禽舍设备及建筑物表面进行消毒的。火焰消毒器的杀菌率可达 97%，一般用药物消毒后，再用火焰消毒器消毒，可达到禽场防疫的要求，而且消毒后的设备和物体表面干燥。而只用药物消毒，杀菌率一般仅达 84%，达不到规定的必须在 93% 以上的要求。

火焰消毒器所用的燃料为煤油，也可用农用柴油，严禁使用汽油或其他轻质易燃易爆燃料。火焰消毒器不可用于易燃物品的消毒，使用过程中也要做好防火工作。对草、木、竹结构禽舍更应慎重使用。

五、人工智能设备

1. 计算机

随着计算机各类软件的开发，将生产中各种数据及时输入计算机内，经处理后可以迅速地作出各类生产报表，并结合相关技术和经济参数制订出生产计划或财务计划，及时地为各类管理人员提供丰富而准确的生产信息，作为辅助管理和决策的智能工具。

2. 禽舍环境控制系统

环境控制系统主要由环境控制器、计算机终端、远程控制中心三个部分组成。例如EI-3000 型环境控制器，采用微电脑原理将温度、湿度、纵横向风机、变频风机、小窗（侧窗）、湿帘、水量、光照、静压、氨气、家禽体重、喂料、公禽供料、母禽供料、电子称重和斗式称重（主要是称饲料重量）等饲养工艺参数关联起来统一控制，并将强弱电分开；多点采集温湿度以达到禽舍内温度均匀，满足禽舍内控温控湿稳定、合理，通风充分合理，自动定时光照，准确可靠，并可控制不同方式的加热器（如电加热器、燃气加热器等）；具有记忆、查询以往历史温度、湿度、通风、光照时间、家禽体重和历史报警信息、密码保护等多种十分实用的功能，并具有可供用户随意组合、预留、选配系统。除自动控制系统以外，还设有手动控制系统，以确保饲养过程的安全。

3. 视频监控系统

视频监控系统是将摄像头安装在禽舍内部，将视频信号传到计算机终端，可在计算机终端实时浏览禽舍内的生产状况、保存记录，并自动响应实时远程监控中心指令，向上传视频信号历史记录、向下控制摄像头等。

复习思考题

1. 如何选择鸡场场址？
2. 怎样规划家禽场？
3. 鸡舍防暑降温的措施有哪些？
4. 鸡舍采暖的设备有哪些？
5. 家禽场常用的生产设备有哪些？

实训一 养禽场建筑及设备的认识使用

【目的要求】

认识各种禽舍内部设备和用具，掌握其使用方法。

【材料和用具】

选择一个养禽场。

【内容和方法】

1. 参观讨论家禽场的场址、地形、建筑物总体布局和种类及其配置等的优缺点。

家禽场的建筑物种类，分为以下四种：

（1）行政用房 包括办公室、接待室、防疫室等；

（2）生产用房 包括孵化室、育雏舍、中雏舍、蛋鸡舍、肉鸡舍和种禽舍等；

（3）辅助用房 包括汽车房、配电房、抽水站、饲料加工房、仓库、修理房、隔离舍等；

（4）生活用房 包括宿舍、食堂、浴室等。

在总体布局上，依上述建筑物种类分为行政区、生产区、辅助区和生活区。观察讨论各区建筑物配置的优缺点和特点。

2. 掌握养禽场的各种消毒方法、消毒设备及注意事项。

3. 掌握养禽场的给料系统、供水系统、清粪系统等设备的配置和优缺点，掌握其工艺流程及设备的使用方法。

4. 掌握养禽场的通风方式、通风设备；供暖降温方法及设备；光照设备及使用；集蛋设备等的使用情况及优缺点。

5. 综合评价养禽场的排水、通风、光照、保暖等系统的效果。

【作业】

综合评价养禽场的排水、通风、光照、保暖等系统的优缺点。

实训二 中小型鸡场的设计

【目的要求】

掌握中小型鸡场的场址选择、规划布局和鸡舍的设计方法。

【材料和用具】

提供鸡场的性质、规模、当地自然条件、社会条件及养鸡现场等。

【内容和方法】

1. 选择鸡场的场址，主要从地形地势、土壤、水源、交通、供电、周围居民点等方面综合考虑。

2. 平面图设计

(1) 规划场区 鸡场规划出生活管理区、生产区及隔离区。根据场地地势和当地全年主风向，顺序安排以上各区。如果地势与风向不一致时则以风向为主。

(2) 鸡舍栋数的确定 蛋鸡实行两阶段饲养，即育雏育成为一个阶段、成鸡为一个阶段，需建两种鸡舍，一般两种鸡舍的比例是1∶2。三阶段饲养是育雏、育成、成鸡均分舍饲养，三种鸡舍的比例一般是1∶2∶6。

(3) 建筑物的排列与布置 各栋鸡舍的排列应横向成排（东西）、纵向成列（南北），根据场地形状、鸡舍的栋数和每幢鸡舍的长度，布置为单列、双列或多列式。生产区最好按方形或近似方形布置，尽量避免狭长形布置，在蛋鸡场按育雏鸡舍、育成鸡舍、产蛋鸡舍的顺序布置，饲料库、蛋库和粪场均布置在靠近生产区的地方。

(4) 鸡舍的朝向 鸡舍的朝向要根据地理位置、气候环境等来确定。在我国，鸡舍应采取南向或稍偏西南或偏东南为宜，利于冬季防寒保温、夏季防暑。

(5) 鸡舍的间距 鸡舍间距为前排鸡舍高度的3～5倍。一般密闭式鸡舍间距为10～15m；开放式鸡舍间距约为鸡舍高度的5倍。

(6) 鸡场的道路 场内道路分为清洁道和脏污道，两者不能相互交叉，道路应不透水，材料可选择柏油、混凝土、砖、石或焦渣等，路面断面的坡度为1%～3%，道路宽度根据用途和车宽决定。

(7) 场区绿化 场区设置防风林、隔离林、行道绿化、遮阳绿化、绿地等。绿化布置要根据不同地段的不同需要种植不同种的树木或花草。

3. 生产工艺设计

(1) 饲养制度 对于规模鸡场采用全进全出的饲养制度。

(2) 饲养方法 蛋鸡多采用两段饲养和三段饲养。

(3) 饲养方式和饲养密度 饲养方式分为平养和笼养两种。平养鸡舍的饲养密度小，建筑面积大，投资较高。笼养饲养密度较大，投资相对较少，便于防疫及管理。

4. 鸡舍的建筑设计

（1）确定鸡舍的形式

① 密闭鸡舍　密闭鸡舍的屋顶及墙壁都采用隔热材料封闭起来，设有进气孔和排风机；采用人工光照、机械通风，舍内的温、湿度主要通过改变通风量大小和气流速度的快慢来调控。降温采用湿帘-风机系统等。

② 有窗鸡舍　有窗鸡舍四面有墙，在两侧纵墙设有窗户。鸡舍内全部或大部分靠自然通风、自然光照，为补充自然条件下通风和光照的不足常增设通风和光照设备。

③ 全敞开、半敞开鸡舍　全敞开鸡舍四周无墙壁，用网、篱笆或塑料编织物与外部隔开，由立柱或砖条支撑房顶；半敞开鸡舍前墙和后墙上部敞开，敞开部分可以装上卷帘，高温季节便于通风，低温季节封闭保温。全敞开、半敞开鸡舍主要依靠自然通风、自然光照。

（2）确定鸡舍具体设计方案。

【作业】

根据当地实际情况设计一个 1 万只商品蛋鸡场。

模块二 家禽品种选择

【知识目标】

① 熟悉家禽外貌与健康和生产性能之间的关系。

② 了解家禽生物学特性在生产实际中的应用。

③ 清楚当前生产中应用的家禽主要品种。

【技能目标】

① 会正确测量家禽的体尺。

② 能够认识主要家禽品种的特征与性能。

项目一 家禽的外貌识别

一、各种常见家禽外貌

1. 鸡的外貌

(1) 头部

① 冠 冠形为品种特征之一，可分为单冠、豆冠、玫瑰冠、草莓冠、羽毛冠、肉垫冠和杯状冠7种。

冠的颜色大多为红色，色泽鲜红、细致、丰满、滋润是健康的征状。有病的鸡，冠常皱缩不红，甚至呈紫色（除乌骨鸡外）。母鸡的冠是产蛋或高产和停产的表征。产蛋母鸡的冠色鲜红、温暖、肥润；停产鸡冠色淡，手触有冰凉感，外表皱缩。产蛋母鸡的冠越红、越丰满的，产蛋能力越高。冠还是第二性征的征状。

② 喙 鸡具有角质化的喙，没有牙齿，喙的颜色因品种而异，一般与胫的颜色一致。

③ 脸 一般鸡脸为红色。蛋用鸡脸清秀，肉用鸡脸丰满。健康鸡色鲜红润无皱纹，老弱病鸡脸色苍白而有皱纹。

④ 眼 健康鸡眼有神而反应灵敏，虹彩的色泽因品种而异。

⑤ 耳叶 位于耳孔下侧，椭圆形而有皱褶，常见的有红、白两种。

⑥ 肉垂 颔下下垂的皮肤衍生物，左右组成一对，其色泽和健康的关系与冠同。

⑦ 胡须 胡为脸颊两侧羽毛，须为颔下的羽毛。

(2) 颈部 颈部羽毛具有第二性征，母鸡颈羽端部圆钝，公鸡羽端尖形，像梳齿一样，称为梳羽。

(3) 体躯 胸部是心脏与肺的所在位置，应宽、深、发达，即表示体质强健。腹部容纳消化器官和生殖器官，应有较大的腹部容积。特别是产蛋母鸡，腹部容积较大。腹部容积常采用以手指和手掌来量胸骨末端到耻骨末端之间距离和两耻骨末端之间的距离来表示。这两个距离越大，表示正在产蛋期或产蛋能力很好。鸡腰部叫做鞍部，母鸡鞍部短而圆钝，公鸡鞍部羽长呈尖形，像蓑衣一样披在鞍部，特叫蓑羽，尾部羽毛分主尾羽和覆尾羽两种，主尾羽公母鸡都一样，从中央一对起分两侧数去，共有 7 对，覆尾羽公鸡的发达，状如镰羽形，覆第一对主尾羽的大覆羽叫大镰羽，其余相对较小的叫小镰羽。梳羽、蓑羽、镰羽都是第二性征性状。

（4）四肢　鸟类适应飞翔，前肢发育成翼。翼羽中央有一较短的羽毛称为轴羽，由轴羽向外侧数，有 10 根羽毛称为主翼羽，向内侧数，一般有 11 根羽毛称为副翼羽。每一根主翼羽上覆盖一根短羽，称为覆主翼羽，初生雏如果只有覆主翼羽而无主翼羽，或覆主翼羽较主翼羽长，或两者等长，或主翼羽较覆主翼羽微长在 0.2mm 以下，其羽绒更换为幼羽时速度慢，称为慢羽。

如果初生雏的主翼羽长过覆主翼羽并在 0.2mm 以上，其羽绒更换为幼羽时速度快，称为快羽。慢羽和快羽是一对伴性性状，可以用作辨别雌雄使用。成年鸡的羽毛每年要更换一次，母鸡更换羽毛时要停产，根据主翼羽脱落早迟和更换速度可以估计换羽开始时间，因而可以鉴定产蛋能力。

鸟类后肢骨骼较长，其股骨包入体内，股骨肌肉发达，外形称为大腿骨，骨细长，外形常被称为胫部。胫部鳞片为皮肤衍生物，年幼时鳞片柔软，成年后角质化，年龄越大，鳞片越硬，甚至向外侧突起。因此可从胫部鳞片软硬程度和鳞片是否突起来判断鸡的年龄大小。胫部因品种不同而有不同的色泽。

2. 鸭的外貌

（1）一般特征　喙长扁平形，喙缘两侧呈锯齿形；上喙有一豆状突出称喙豆；喙的颜色是品种特征之一；前肢主翼羽尖狭而短小；有色羽的副翼羽上有翠绿色羽斑，称镜羽；后肢胫部较短；除第一趾外，趾间有蹼；公鸭尾部有 2～4 根性指羽。

（2）性别差异　公母鸭的性别差异见表 2-1。

表 2-1　公母鸭的性别差异

项目	公鸭	母鸭
头颈	较粗,有的带金属光泽	较细,无金属光泽
喙色	深	浅,小点
性指羽	有	无
叫声	嘶哑	洪亮

（3）蛋鸭与肉鸭　蛋鸭与肉鸭的区别见表 2-2。

表 2-2　蛋鸭与肉鸭的区别

项目	蛋鸭	肉鸭
头颈	较细、长	较粗、短
体躯	体躯小而细长,斜立	体躯肥大呈长方块形

3. 鹅的外貌

（1）性别差异　公母鹅的性别差异见表 2-3。

（2）中国鹅与欧洲鹅　中国鹅与欧洲鹅的区别见表 2-4。

4. 外貌识别在生产中的应用

（1）用于判断家禽的生产类型　通常肉用型家禽的外貌特征是头部粗大，颈部粗且较

表 2-3 公母鹅的性别差异

项目	公鹅	母鹅
颈部	较粗	较细
体躯	无蛋窝	腹部皮肤形成肉袋,俗称蛋窝
四肢	较长	较短

表 2-4 中国鹅与欧洲鹅的区别

项目	中国鹅	欧洲鹅
头部	有肉瘤和肉垂	无额包和咽袋
颈部	较长,微弯呈弓形	颈直,较粗短
体躯	前躯提起,腹部下垂	与地面平行,后躯不发达

短,胫部粗,胸部宽深;蛋用型家禽头部清秀,颈部细长,胸部较小而腹部较大,胫部较细。

(2)用于推断家禽的年龄 年龄越大则羽毛越粗乱,胫部和趾部鳞片干燥,爪长而弯曲,鸡的距长而尖、有弯曲。

(3)用于推断家禽的生产性能 高产和低产家禽的外貌特征有较为明显的不同。

(4)用于判断家禽的健康状况 不健康的家禽眼睛无神,羽毛散乱,双翅与体躯贴得不紧,胫部鳞片干枯,体躯瘦,腹部过大或过小。

(5)用于了解家禽的性发育情况 达到性成熟的家禽能够表现出明显的第二性征。

二、体尺测量

1. 体尺指标

(1)体斜长 用皮尺沿体表测量锁骨前上关节至坐骨结节间距离(cm)。

(2)胸宽 用卡尺测量两肩关节之间的距离(cm)。

(3)胸深 用卡尺测量第一胸椎到胸骨前缘间的距离(cm)。

(4)胸角 用胸角器在胸骨前缘测量两侧胸部角度。

(5)胸骨长 用皮尺测量体表胸骨前后两端间的距离(cm)。

(6)骨盆宽 用卡尺测量两坐骨结节间的距离(cm)。

(7)胫长 用卡尺测量胫部上关节到第三、四趾间的直线距离(cm)。

(8)胫围 胫骨中部的周长(cm)。

(9)半潜水长 用皮尺测量从嘴尖到髋骨连线中点的距离(cm)。

(10)颈长 头骨末端至最后一根颈椎间的距离(cm)。

2. 体尺测量在生产中的应用

(1)描述一个品种的重要指标 任何一个家禽品种在描述其特征和性能的时候都要提及部分体尺数据。

(2)判断家禽发育的重要指标 家禽的生长发育情况主要从体尺和体重两方面进行衡量。

(3)评价生产性能的参考指标 一些体尺指标能够反映家禽的生产性能,尤其是肉用性能(如胸宽、胸深、胸角、胫围等)。

项目二　家禽的解剖

一、家禽的生理特点

1. 新陈代谢旺盛

禽类生长迅速，繁殖能力高，因此，其基本生理特点是新陈代谢旺盛，表现如下。

（1）体温高　家禽的体温比家畜高，一般在 40～42℃，而大家畜的体温均在 40℃ 以下。

（2）心率高、血液循环快　家禽心率的范围一般在 160～470 次/min，鸡平均心率为 300 次/min 以上。而家畜中马仅为 32～42 次/min，牛、羊、猪为 60～80 次/min。同类家禽中一般体形小的比体形大的心率高，幼禽的心率比成年的高，以后随年龄的增长而有所下降。鸡的心率还有性别差异，母鸡和阉鸡的心率较公鸡高。心率除了因品种、性别、年龄的不同而有差别外，同时还受环境的影响，比如，环境温度增高、惊扰、噪声等，都将使鸡的心率增高。

（3）呼吸频率高　禽类呼吸频率随品种和性别的不同，其范围在 22～110 次/min。同一品种中，雌性较雄性高。此外，还随环境温度、湿度以及环境安静程度的不同而有很大差异。禽类对氧气不足很敏感，它的单位体重耗氧量为其他家畜的 2 倍。

2. 体温调节机能不完善

家禽与其他恒温动物一样，依靠产热、隔热和散热来调节体温。产热除直接利用消化道吸收的葡萄糖外，还利用体内贮备的糖原、体脂肪或在一定条件下利用蛋白质通过代谢过程产生热量，供机体生命活动包括调节体温需要。隔热主要靠皮下脂肪和覆盖贴身的绒羽及紧密的表层羽片，可以维持比外界环境温度高得多的体温。散热也像其他动物，依靠传导、对流、辐射和蒸发来进行。但由于家禽皮肤没有汗腺，又有羽毛紧密覆盖而构成非常有效的保温层，因而当环境气温上升达到 26.6℃ 时，辐射、传导、对流的散热方式受到限制，就必须靠呼吸排出水蒸气来散发热量以调节体温。随着气温的升高，呼吸散热则更为明显。一般来说，鸡在 5～30℃ 的范围内，体温调节机能健全，体温基本上能保持不变。若环境温度低于 5℃ 或高于 30℃ 时，鸡的调节机能就不够完善，尤其对高温的反应更比低温反应明显。当鸡的体温升高到 42～42.5℃ 时，则出现张嘴喘气，翅膀下垂，咽喉颤动。这种情况若不能纠正，就会影响生长发育和生产。通常当鸡的体温升高到 45℃ 时，就会昏厥死亡。

3. 繁殖能力强

雌性家禽虽然仅左侧卵巢与输卵管发育和机能正常，但繁殖能力很强，高产鸡和蛋鸭年产蛋可以达到 300 枚以上。家禽卵巢上用肉眼可见到很多卵泡，在显微镜下则可见到上万个卵泡。每枚蛋就是一个大的卵细胞。这些蛋经过孵化如果有 70% 成为雏鸡，则每只母鸡一年可以获得 200 多个后代。

雄性家禽的繁殖能力也是很突出的。根据观察，一只精力旺盛的公鸡，一天可以交配 40 次以上，每天交配 10 次左右是很平常的。一只公鸡配 10～15 只母鸡可以获得高受精率，配 30～40 只母鸡受精率也不低。家禽的精子不像哺乳动物的精子容易衰老死亡，一般在母鸡输卵管内可以存活 5～10d，个别可以存活 30d 以上。

禽类要飞翔须减轻体重，因而繁殖表现为卵生，胚胎在体外发育。可以用人工孵化法来进行大量繁殖。当种蛋被排出体外，由于温度下降胚胎发育停止，在适宜温度（15～18℃）

下可以贮存10d以上，仍可孵出雏禽。

家禽产蛋是卵巢、输卵管活动的产物，是和禽体的营养状况及外界环境条件密切相关的。外界环境条件中，以光照、温度和饲料对繁殖的影响最大。在自然条件下，光照和温度等对性腺的作用常随季节变化而变化，所以产蛋也随之而有季节性，春、秋季是产蛋旺季。随着现代化科学技术的发展，在现代养鸡业中，这一特征正在为人们所控制和改造，从而改变为全年性的均衡产蛋。

二、家禽的解剖特点

1. 骨骼与肌肉

家禽的骨骼致密、坚实并且重量很轻，这样既可以支持身体，又可以减轻体重，以利飞翔。骨骼大致分为长骨、短骨、扁平骨。骨重占体重的5.5%～7.5%。长骨有骨髓腔，骨髓有造血机能。大部分椎骨、盘骨、胸骨、肋骨和肱骨有气囊憩室，通过骨表面的气孔与气囊相通。

家禽的骨骼在产蛋期的钙代谢中起着重要作用。蛋壳形成过程中所需要的钙有60%～75%由饲料供给，其余的由骨中供给，然后再由饲料中的钙来补充。执行这一机能的骨叫髓质骨。鸡长骨的皮质骨与哺乳动物一样，而髓质骨是在产蛋期存在于母鸡的一种易变的骨质。其构造是由类似海绵状骨质的相互交接的骨针构成。骨针含有成骨细胞和破骨细胞。在产蛋期，髓质骨的形成和破坏过程交替进行。在蛋壳钙化过程中，大量的髓质骨被吸收，使骨针变短变窄。一天当中不形成蛋壳时钙就贮存在髓质骨中，在形成蛋壳时就要动用髓质骨中的钙，髓质骨相当于钙质的仓库。母鸡在缺钙时可以动用骨中38%的矿物质，如果再从皮质骨中吸取更多的钙，就容易发生瘫痪。

前肢（翅膀）由于指骨的消失和掌骨的融合而退化，肌肉并不发达。后肢骨骼相当长，股骨包入体内而且有强大的肌肉固着在上面，这样使后肢变得强壮有力。

锁骨、肩胛骨与乌喙骨结合在一起构成肩带，脊柱中颈椎和尾椎以及第七胸椎与腰椎、荐椎融合的固定现象，为飞翔提供了坚实而有力的结构基础。

骨骼中有许多是中空的，如颅骨、肋骨、锁骨、胸骨、腰椎、荐椎都与呼吸系统相通。如气管处于关闭状态，鸟类还可通过肱骨的气孔而呼吸。

7对肋骨中，第1、2对，有时第7对肋骨的腹端不与胸骨相连。其余各对肋骨均由两段构成，即与脊椎相连的上段称椎肋，与胸骨相连的下段称胸肋。椎肋与胸肋以一定的角度结合，并有钩状突伸向后方，对胸腔的扩大起着重要的作用。

禽类肌肉的肌纤维较细，共有两种：一种叫红肌纤维；一种叫白肌纤维。腿部的肌肉以红肌纤维较多，胸肌颜色淡白，主要是由白肌纤维构成。红肌收缩持续的时间长，幅度较小，不容易疲劳；白肌收缩快而有力，但较容易疲劳。

为适应飞翔，家禽的胸肌特别发达。此部分肌肉为全身躯干肌肉量的1/2以上，是整个体重的1/12，为可食肌肉的主要部分。

2. 消化系统

(1) 口腔　家禽没有唇也没有牙齿，只有角质化的坚硬喙，陆禽为圆锥形，水禽为扁平形。禽类唾液腺不发达，唾液内含少量的淀粉酶，在消化食物上所起的作用不大，饲料在口腔内被唾液稍微浸润即进入食道。舌较硬，肌组织较少，舌黏膜的味觉乳头不发达，分布于舌根附近。

（2）食道与嗉囊　食道是一条长管，从咽开始沿颈部进入胸腔，它起先位于气管背侧，然后偏于气管的右侧。食道较为宽阔，由于黏膜有很多皱褶，较大的食物通过时，易于扩张。食道在刚要进入胸部入口处之前膨大形成嗉囊，陆禽呈球形，水禽成纺锤形，具有贮存和软化食物的功能。嗉囊内容物常呈酸性。

（3）胃　禽类的胃分为腺胃和肌胃。腺胃呈纺锤形，主要分泌胃液，胃液含蛋白酶和盐酸，用于消化蛋白质。食物通过腺胃的时间很短。肌胃又称砂囊，呈椭圆形或圆形，肌肉很发达，大部分由平滑肌构成，内有黄色的角质膜（即中药鸡内金），是碳水化合物和蛋白质的复合物，其组织构造特殊，使此膜非常坚韧。由于发达肌肉的强力收缩，可以磨碎食物，类似牙齿的作用。鸡在采食一定的沙砾后，肌胃的这种作用更会加强，有利于消化。

（4）肠　禽类的肠道包括小肠和大肠两个部分。其中小肠段又由十二指肠、空肠、回肠组成，大肠包括一对盲肠和一段短的直肠。十二指肠与肌胃相连，除具有"U"形弯曲的特征外，将胰腺夹在中间。小肠的第二段相当于空肠和回肠，但并无分界。空肠与回肠的长度大致相等。盲肠位于小肠和大肠的交界处，分为两条平行肠道，其盲端是向心的，盲肠入口有盲肠括约肌，淋巴组织发达。盲肠之后为直肠，约 10cm，无消化作用，但吸收水分。

（5）泄殖腔　泄殖腔为禽类所特有，直肠末端与尿生殖道共同开口于泄殖腔。它被两个环行褶分为粪道、泄殖道和肛道。粪道直接同直肠相连，输尿管和生殖道开口于泄殖道，肛道是最后一段，以肛门开口于体外。

（6）肝脏和胰腺　鸡的肝脏较大，位于心脏腹侧后方，与腺胃和脾脏相邻，分左右两叶，右叶大于左叶。肝脏一般为暗褐色，但在刚出雏的小鸡，因吸收卵黄色素的关系而呈黄色，大约 2 周龄后即转为暗褐。右叶肝脏有一胆囊，以贮存胆汁。胆汁通过开口于十二指肠的胆管流入十二指肠内。左叶肝脏分泌的胆汁不流入胆囊而直接通过胆管流入十二指肠内。胰腺位于十二指肠的"U"形弯曲内，由十二指肠所包围，为一长形淡红色的腺体，有 2～3 条胰管与胆管一起开口于十二指肠。

小肠内有胰液和胆汁流入。胰液由胰腺分泌，含有蛋白酶、脂肪酶和淀粉酶，可以消化蛋白质、脂肪和淀粉。胆汁由胆囊和胆管流入小肠中，它能乳化脂肪以利消化。十二指肠可分泌肠液，肠液中含有蛋白酶和淀粉酶，食物中的蛋白质在胃蛋白酶和胰蛋白酶的作用下分解为多肽，在肠蛋白酶的作用下分解为氨基酸。脂肪在胆汁的乳化下，由胰脂肪酶分解成脂肪酸和甘油。食物中大部分淀粉在胰淀粉酶作用下，分解成葡萄糖、果糖类的单糖。氨基酸、脂肪酸、甘油和葡萄糖以及溶于水中的矿物质、维生素，都被肠黏膜吸收到血液和淋巴中。

家禽的盲肠有消化纤维素的作用，但由于从小肠来的食物仅有 6%～10% 进入盲肠，所以家禽（尤其是鸡和鹌鹑）对粗纤维的消化能力很低。家禽的大肠很短，结肠和直肠无明显界限，在消化上除直肠可以吸收水分外，无明显的作用。

家禽的消化道短，仅为体长的 6 倍左右，而羊为 27 倍、猪为 14 倍。由于消化道短，故饲料通过消化道的时间大大地短于家畜。如以粉料饲喂家禽，饲料通过消化道的时间，雏鸡和产蛋鸡约为 4h、停产鸡为 8h。

家禽对饲料的消化率受许多因素影响，但一般地讲，家禽对谷类饲料的消化率与家畜无明显差异，而对饲料中纤维素的消化率大大低于家畜。所以用于饲养家禽（除鹅外）的饲料，尤其是鸡和鹌鹑应特别注意粗纤维的含量不能过高（3%～5%），否则会因不易消化的粗纤维而降低饲料的消化率，造成饲料浪费。

3. 呼吸系统

禽类的呼吸系统由鼻腔、喉、气管、肺和特殊的气囊组成。禽类喉头没有声带，发出的啼叫音是由于气管分支的地方有一鸣管或鼓室（鸡称鸣管，鸭、鹅则称鼓室），气流经此处产生共鸣而发出不同声音。

家禽的胸腔由于肋骨分成两段，且又成一定角度，故易于扩张。家禽的肺缺乏弹性，并紧贴脊柱与肋骨。支气管进入肺后纵贯整个肺部的称初级支气管。初级支气管在肺内逐渐变细，其末端与腹气囊直接相连，沿途先后分出次级支气管。次级支气管除了与颈部和胸部的气囊直接或间接连通外，还分出许多分枝，称三级支气管。三级支气管不仅自身相互吻合，同时也沟通次级支气管。故禽类不形成哺乳动物的支气管树，而成为气体循环相通的管道。三级支气管连同周围的肺房和呼吸毛细管共同形成家禽肺脏的单位结构，称肺小叶。

气囊是装空气的膜质囊，一端与支气管相连，另一端与四肢骨骼及其他骨骼相通。家禽屠宰后气囊间的界限已不明显，不过当打开胸、腹腔时，可在内脏器官上见到一种透明的薄膜，这就是气囊。气囊共有9个，即1个锁骨间气囊、2个颈气囊、2个前胸气囊、2个后胸气囊和2个腹气囊。气囊有下列作用。

（1）贮存气体　气囊能贮存很多气体，比肺容纳的气体要多5~7倍。

（2）增加空气的利用率　气囊是膜质的，壁薄且具有弹性，故随呼吸动作易于扩大和缩小，这样就可以使空气在吸气和呼气时两次通过肺，增加了空气的利用率。

（3）调节体温　由于禽类的气囊容积大，故蒸发水分的表面积也大，从而可散发体热。

（4）增加浮力　气囊充满空气，相对减轻了体重，利于水禽在水面上的漂浮。

4. 循环系统

循环系统包括血液循环器官、淋巴器官和造血器官。

血液循环器官包括心脏和血管，禽类的心脏较大，相当于体重的0.4%~0.8%，而大动物和人体仅为体重的0.15%~0.17%。禽类的红细胞比哺乳动物的大，卵圆形。鸡的血液每立方毫米大约有$(2.5~3.5)\times10^6$个红细胞，公鸡的血细胞较母鸡多。鸡的血量约为体重的8%左右。家禽的淋巴结不发达，鸡没有真正的淋巴结，只有一些微小的淋巴结存在于淋巴管壁上，集合淋巴小结存在于消化道壁上。

禽类的脾脏不大，而且形状也与家畜的脾脏不同，为卵圆形或圆形，呈红棕色，位于腺胃和肌胃交界的右侧，悬挂于腹膜褶上。禽类脾脏是红细胞的贮存器官。

腔上囊（法氏囊）位于泄殖腔背侧，为一梨状盲囊。腔上囊黏膜形成许多皱褶，内有发达的淋巴组织，对抗体形成有重要作用。幼禽特别发达，随性成熟而萎缩，最后消失。

5. 泌尿系统

泌尿系统由肾脏和输尿管组成。肾脏分前、中、后三叶，嵌于脊柱和髂骨形成的陷窝内。家禽的肾脏没有肾盂，输尿管末段也没有膀胱，直接开口于泄殖腔。尿液在肾脏内生成后，经输尿管直接排入泄殖腔，其中水分为泄殖腔重新吸收，留下灰白糊糊状的尿酸和部分尿与粪便一起排出体外。因此，通常只看见家禽排粪，而不见排尿。

肾脏的功能是排泄体内的废物，维持体内一定的水分、盐类、酸碱度的重要器官。

6. 生殖系统

具体内容见模块三项目一。

7. 皮肤与羽毛

家禽的皮肤由表皮与真皮组成，都较薄，没有汗腺和皮脂腺，皮肤表面干燥，仅在尾部有一对尾脂腺。水禽尾脂腺特别发达。禽类经常用喙将尾脂腺分泌物涂抹在羽毛上，使羽毛光润、防水。禽类的皮肤颜色主要有黄、白、黑三种，它是品种特征之一。家禽的喙、爪、距和鳞是皮肤的角质化结构。

禽类的羽毛与家畜的被毛明显不同，呈现不同颜色，而且还形成一定图案。羽毛的图案取决于黑色素的分布，取决于黑色素与其他色素特别是与类胡萝卜素的平衡。羽毛颜色和图案是由遗传决定的，是品种的标志。家禽地方品种遗传构成复杂，毛色也复杂。鸡的现代商业品种经过高度选育，毛色单纯，以白色为主，辅以褐色，并可利用毛色进行初生雏的自别雌雄。

禽羽按其结构分为下列三种。

（1）轴羽　有羽轴和羽片。羽轴埋入皮肤部分称羽根，构成羽片部分称羽干。羽片是羽小枝之间通过羽纤枝相互勾连而成。

（2）绒羽　包括新生雏的初生羽及成禽的绒羽。有羽轴，但羽小枝间没有羽纤枝相互勾连，故不形成羽片。其保温作用较好。

（3）发羽（线羽）　没有羽轴、羽片之分，具有一条细而长的羽杆，在游离端处有一撮羽枝或羽小枝，形状像头发一样，细软。

家禽的羽毛从出雏到成年，要经过三次更换。雏禽出雏时全身被绒羽，绒羽在出壳后不久即开始脱换，由正羽代替绒羽。此时的正羽称幼羽。脱换顺序为翅——尾——胸腹——头部。通常在 6 周龄左右换齐，仅有少数存留。6 周龄到 13 周龄二次更换，称青年羽，由 13 周龄到开产前再更换一次，称成年羽。性成熟时羽毛丰满有光泽。更换为成年羽后从第二年开始，每年秋冬都要更换一次。换羽时，由于需要大量营养，鸡即停止产蛋。从开始产蛋到第二年换羽停止产蛋为止，叫做一个生物学产蛋年。生物学产蛋年的时间长短并不是一定的，而是随品种、个体的不同而不同。开产早、换羽迟的鸡，则生物学产蛋年就长，有可能远远超过 365 天；相反，开产迟、换羽早的鸡，则它的生物学产蛋年就短，有的还不到 300 天。因此，一个品种，如果它的生物学产蛋年时间长，一般说来是高产鸡，否则就是低产鸡。由于禽类羽毛重量占活体空腹重的 4%～9%，因此，禽类羽毛的年度更换，会给禽类造成一种很大的生理消耗，故换羽时应注意加强营养。

8. 感觉器官

禽类同家畜一样都有眼、耳、口、鼻等器官，但是禽类的视觉、听觉、味觉、嗅觉能力却与家畜不同。禽类的视觉较发达，眼较大，位于头部两侧，视野较广，视觉很敏锐，能迅速识别目标，但对颜色的区别能力较差，鸡只对红、黄、绿等光敏感。禽类的听觉发达，能迅速辨别声音。禽类的嗅觉能力差，味觉也不发达。家禽并不喜好糖，对食盐却很敏感，拒绝吃食盐稍多的食物，拒绝饮浓度超过 0.9% 的盐水。如饲料中含盐量过高，则易因饮水量加大而造成腹泻。

9. 内分泌器官

（1）垂体位于脑的底部，包括前叶和后叶两部分。前叶由腺组织构成，称腺垂体。此叶至少分泌 5 种激素，Ⅰ型细胞分泌促卵泡激素（FSH），刺激卵巢内卵泡的生长，分泌雌激素，在雄禽则刺激睾丸的细管生长及精子的产生；Ⅱ型细胞分泌促甲状腺激素，可以调节甲状腺的功能；Ⅲ型细胞分泌促黄体素，对雌禽可引起排卵，而在雄禽则刺激睾丸产生雄激素；Ⅳ型细胞分泌催乳激素，参与就巢，可能通过抑制促性腺激素而起作用；Ⅴ型细胞分泌生长激素。

垂体后叶由神经组织构成，称神经垂体，分泌加压素与催产素两种激素。加压素具有升高血压和减少尿分泌的作用；催产素刺激输卵管平滑肌收缩，促进排卵。

（2）甲状腺　成对暗红色的卵圆形结构，位于颈的基部。分泌甲状腺素，其机能为刺激一般代谢；调节整个机体的生长，特别是生殖器官，适度增加甲状腺激素的供应，可促进生长和提高产蛋量；甲状腺激素增多引起换羽，这可能是刺激新羽毛生长而引起换羽。

（3）甲状旁腺　为两对小的黄色腺体，紧接甲状腺后端。分泌甲状旁腺素（PTH），产蛋时它调节血钙水平，使大量的钙由髓质骨转移到蛋壳。

（4）胸腺　有一对，呈长索状，沿颈静脉分布于颈部后半部的皮下。雏鸡发达，具有淋巴器官的作用，与抗体形成有关。

（5）肾上腺　为一对扁平的卵圆形腺体，乳白色、黄色或橙色，位于肾脏前叶的内侧缘附近。肾上腺皮质分泌皮质激素，主要功能是调节机体代谢和维持生命。髓质分泌肾上腺素，具有增强心血管系统活动、抑制内脏平滑肌以及促进糖代谢等机能。

（6）胰腺　调节脂类和糖在体内的平衡。

项目三　家禽品种分类

一、蛋鸡品种

在现代蛋鸡生产中，要获得较好的经济效益，选择优良的蛋鸡品种是一个关键环节。以下有选择地介绍了国内外的一些优良蛋鸡品种。

目前世界上已知鸡的品种有2000多个，食用品种即蛋用和肉用品种最多。蛋用品种以产蛋多为主要特征。其特点是：一般体形较小，体躯较长，后躯发达，皮薄骨细，肌肉结实，羽毛紧密，性情活泼好动。一般开产月龄5～6个月，年产蛋200枚以上，产肉少，肉质差，无就巢性。

1. 按蛋壳颜色分类

为适应现代养鸡业的发展，便于研究和在实际中应用，人们将现代蛋鸡品种按所产蛋壳的颜色主要分为白壳蛋鸡、褐壳蛋鸡和粉壳蛋鸡，另外还有少量的绿壳蛋鸡。

（1）白壳蛋鸡　全部来源于单冠白来航鸡变种，可用羽速自别雌雄，属于轻型鸡。其主要特点是：体形小，耗料少，开产早，产蛋量高。与褐壳蛋鸡相比，蛋重略小，抗应激性较差。如北京白鸡、星杂288、巴布考克B-300、滨白鸡、海兰W-36、罗曼白、尼克白等。

（2）褐壳蛋鸡　是由肉蛋兼用型鸡发展到蛋用型，利用羽色和羽速基因自别雌雄，目前发展比较快。其主要特点是：体形适中，性情温顺，蛋重较大，蛋壳厚，抗应激性较强，且商品鸡雏可作羽色自别雌雄。与白壳蛋鸡相比，耗料略高，且蛋中肉斑、血斑率高。如伊莎褐、罗曼褐、海赛克斯褐、海兰褐、尼克红等。

（3）粉壳蛋鸡　是由白壳蛋鸡与褐壳蛋鸡杂交育成，实际用作培育粉壳蛋鸡的标准品种有：白来航、洛岛红、洛岛白、白洛克、澳洲黑等。其主要特点是：产蛋量高，饲料转化率高，只是生产性能不够稳定。如中国农大农昌2号、B-4鸡（农科院畜牧所）、京白鸡939、京白鸡989、加拿大星杂444、天府粉壳蛋鸡、伊利莎粉壳蛋鸡、尼克粉壳蛋鸡等。

（4）绿壳蛋鸡　是利用我国特有的原始绿壳蛋鸡遗传资源，运用现代育种技术，以家系选择和DNA标记辅助选择为基础，进行纯系选育和杂交配套育成的。其主要特点是：体形小，产蛋量较高，蛋壳颜色为绿色，蛋品质优良，与白壳蛋鸡相比，耗料少，蛋重偏小。如上海新杨绿壳蛋鸡、江西东乡绿壳蛋鸡、江苏三凰绿壳蛋鸡等。

2. 按产地分类

（1）地方品种　在育种技术水平较低的情况下，没有明确的育种目标，没有经过计划的杂交和系统的选育，而在某一地区长期饲养而成的品种，称地方品种。其特点是生产性能较低，体形外貌不大一致。但生活力强，耐粗饲。我国列入《中国家禽品种志》的鸡地方品种有 27 个。部分著名地方（不包含云南）蛋鸡品种生产性能一览见表 2-5，云南著名地方鸡品种见表 2-6。

表 2-5　我国部分著名地方品种生产性能一览

品种	类型	原产地	外貌特征	生产性能
仙居鸡（彩图 1）	蛋用	浙江仙居	体形轻巧紧凑，羽毛紧贴体躯，黄色居多，背部平直。喙、胫、皮肤黄色	成年体重公鸡 1.44kg、母鸡 1.25kg，开产日龄 150d 左右，年产蛋量 180～220 枚，平均蛋重 42g，蛋壳褐色
白耳黄鸡（彩图 2）	兼用	江西、浙江	体形矮小，体重较轻，羽毛紧密，黄色，耳叶银白，母鸡体躯似船形，公鸡呈三角形。喙、胫、皮肤黄色	成年体重公鸡 1.45kg、母鸡 1.19kg，开产日龄 151d 左右，年产蛋量 180 枚左右，平均蛋重约 54.23g，蛋壳深褐色
寿光鸡（彩图 3）	兼用	山东寿光	体躯高大，体长，胸深丰满，胫高而粗，体躯近似方形，以黑羽（闪绿光）、黑腿、黑嘴"三黑"著称，皮肤白色	成年体重公鸡 2.9～3.6kg、母鸡 2.3～3.3kg，开产日龄 5～9 个月，年产蛋量 120～150 枚，蛋重较大，平均蛋重 65g，蛋壳深褐色
庄河鸡（彩图 4）	兼用	辽宁庄河	体高颈长，胸深背长，羽色多为麻黄色，尾羽黑色，喙、胫黄色	成年体重大型公鸡 2.9kg、母鸡 3.3kg，开产日龄 210d 左右，年产蛋量 160 枚，蛋重较大，平均蛋重 62g，蛋壳褐色
固始鸡（彩图 5）	兼用	河南	体躯中等，体形紧凑，头部清秀、匀称，喙短青黄色，眼大略外突，单冠为多，脸、冠、肉垂、耳叶均为红色。羽毛丰满，公鸡呈深红、黄色，母鸡以黄、麻黄为主，佛手尾或直尾，胫踝青色，皮肤白色	成年体重公鸡 2.5kg、母鸡 1.8kg，开产日龄 205d，年产蛋量 141 枚，蛋形偏圆，蛋壳质量好，平均蛋重 52g，蛋壳褐色
萧山鸡（彩图 6）	兼用	浙江	体躯偏大近似方形，头部中等，单冠、耳叶、肉垂均为红色，公鸡体格健壮，昂头翘尾，羽毛紧密，红、黄色，母鸡体格较小，羽毛黄色或麻黄色，喙、胫黄色	成年体重公鸡 2.76kg、母鸡 1.94kg，开产日龄 170d 左右，年产蛋 120 枚，蛋黄颜色深，蛋品质好，平均蛋重 56g，蛋壳褐色
边鸡（彩图 7）	兼用	内蒙古	体形中等，身躯深宽，前胸发达，肌肉丰满，背平而宽，胫长、粗壮，全身羽毛蓬松，体躯呈元宝形。单冠为主，脸、冠、肉垂、耳叶均为红色。胫部有发达的胫羽	成年体重公鸡 1.83kg、母鸡 1.51kg，7 月龄左右开产，65 周龄产蛋量 150 枚左右，平均蛋重 60g，70～80g 也较多，蛋壳厚密，深褐色或褐色
彭县黄鸡（彩图 8）	兼用	成都	体形中等，体态浑圆，单冠，耳叶红色，喙肉色或浅褐色，公鸡羽毛黄红色，母鸡羽毛黄色。皮肤、胫肉色或白色，极少数黑色	成年体重公鸡 2.43kg、母鸡 1.66kg，开产日龄 216d 左右，年产蛋量 150～160 枚，平均蛋重 53.52g，蛋壳浅褐色
峨眉黑鸡（彩图 9）	兼用	四川	体形较大，体态浑圆，全身羽毛黑色，大多红色单冠，肉垂、耳叶、脸部红色，极少数颌下有胡须，喙、脚、趾黑色，部分有胫羽，皮肤多为白色，极少数乌色	成年体重公鸡 3.0kg、母鸡 2.2kg，年产蛋量 150 枚左右，平均蛋重 53.84g，蛋壳褐色或浅褐色

续表

品种	类型	原产地	外貌特征	生产性能
林甸鸡 (彩图10)	兼用	黑龙江	体形中等,头部、肉垂、冠均较小,单冠为主,少数玫瑰冠,有的鸡生羽冠或胡须,喙、胫、趾黑色或褐色,胫细,少数有胫羽,皮肤白色,羽毛深黄、浅黄及黑色	成年体重公鸡1.74kg、母鸡1.27kg,开产日龄210d左右,年产蛋量150~160枚,蛋较大,平均蛋重60g。蛋壳浅褐色或褐色
静原鸡 (彩图11)	兼用	甘肃、宁夏	体形中等,公鸡头颈高举,尾羽高耸,胸部发达,背部宽长,胫粗短,羽毛红色或黑红色,母鸡头小清秀,背宽腹圆,羽毛较杂,黄色、麻色较多	成年体重公鸡1.888kg、母鸡1.63kg,开产日龄210~240d,年产蛋量140~150枚,平均蛋重56.7~58g。蛋壳褐色
藏鸡 (彩图12)	兼用	西藏	体躯呈"U"形,头昂尾翘,体形较小,紧凑,体短胸深,胸肌发达,脚矮。冠、肉垂红色,耳叶白色,喙、脚多黑色。少数胫部有羽,母鸡羽色主要为麻、褐色,公鸡羽色多为黑红花色	晚熟鸡种,成年体重公鸡2.76kg、母鸡1.94kg,开产日龄170d左右,年产蛋量40~80枚,平均60.9枚,平均蛋重39g,蛋黄颜色深,蛋壳褐色或浅褐色

表2-6 云南著名地方鸡品种

品种	类型	原产地	外貌特征	生产性能
茶花鸡 (彩图13)	兼用	德宏、版纳等	体小轻巧,羽毛紧贴,肌肉结实,骨骼细致,体躯匀称,近似船形。冠、肉垂红色,喙、胫、趾黑色或略带黄色,皮肤白色居多,少数黄色	成年体重公鸡1.1~1.5kg、母鸡1.0~1.1kg,7~8月龄开产,年产蛋量100枚左右,个别高产时可达150枚,平均蛋重38.2g。蛋壳深褐色
武定鸡 (彩图14)	兼用	武定、禄劝	体形大,骨骼粗壮,肌肉发达,羽毛蓬松,外形近于方形。公鸡多为赤红色。头昂扬,尾羽高翘,背宽平,脑深,翅膀下倾。母鸡分为黑麻花、黄麻花和褐麻花三种羽色	公鸡一般5月龄开啼,成年公鸡3~4kg,阉割育肥后可达7kg重。母鸡1.5~3kg重,阉割育肥后可达5kg重,是当今鸡肉最上乘的品味
盐津乌骨鸡 (彩图15)	兼用	盐津、大关、威信	体形大、近方形,头尾翘立,腿较高,体格坚实,结构匀称,肌肉发育良好,平头、单冠,羽毛黑色居多,其次是麻黄、灰、黑黄、白、红等色都有。皮肤、腿、冠、耳、脸、喙、趾均为黑色	成年公鸡2.5~3.5kg重、母鸡2~2.5kg重。现代科学分析其肉含有20多种氨基酸,对多种疾病有疗效
无量山乌骨鸡	兼用	大理	体形大,头较小,颈长适中,胸部宽深,胸肌发达,背腰平直,骨骼粗壮结实,腿粗,肌肉发达,体躯宽深,呈方形。头尾昂扬,耳多为灰白,部分有绿耳,喙平,上喙弯曲,喙、胫、趾为铁青色,皮肤多为黑色,少部分为白色,脚有胫羽、趾羽,故称"毛脚鸡"	公鸡150~180d开啼,母鸡开产日龄160~200d;年产蛋90~130枚;300日龄平均蛋重52g。蛋壳色泽为粉白色,少部分为浅褐色。母鸡一年四季都能产蛋、孵化,每次产蛋18~20枚后停产就集;一般成年鸡体重为2.5~3.5kg
尼西鸡 (彩图16)	兼用	香格里拉	主产于香格里拉尼西乡。分布于海拔3300m以上的大中甸、小中甸、中心镇、格咱乡等地区。体质结实,灵活,敏锐,羽毛紧凑,尾羽发达上翘。单冠,公鸡羽毛多数为大红色、纯白色、黑白花色三种,母鸡羽色较杂	公鸡5月龄开啼,母鸡5~6月龄开产,年产蛋150~180枚,蛋重47.8g,成年公鸡1.4kg、母鸡1.23kg。能适应海拔3300m以上的寒冷高原山区生活
云龙矮脚鸡	兼用	云龙	体形中等,体质结实,羽毛颜色具有多样性,以灰白色和土黄色为主,颈上有一圈黑色羽毛,肤色多为淡粉红色。单冠	成年公鸡体重2kg、母鸡1.7kg。开产日龄180d,年产213枚蛋,蛋重58g,蛋壳呈白色
腾冲雪鸡	兼用	腾冲	全身雪白,故叫雪鸡。喙、皮、脚、冠有黑色、红色、棕褐色等。适应性强,耐粗放饲养	成年公鸡体重2.5~2.8kg、母鸡2~2.5kg,是肉蛋兼用型品种

（2）标准品种　20世纪50年代前经过人们有目的、有计划地系统选育，按育种组织制定的标准鉴定承认的，并列入《美国家禽志》和《大不列颠家禽标准品种志》的家禽品种，即国际上公认的家禽品种，称为标准品种。它强调血缘和外形外貌特征的一致性，均具有生产性能高、遗传稳定的优点，但对饲养管理条件要求较高。按美国标准图谱，鸡的标准品种列有近200个，我国列为标准品种的鸡有：狼山鸡、九斤鸡、丝毛乌骨鸡。标准品种在生产中有重要的经济价值，但与育成现代鸡种有关的不过十几种。部分著名标准蛋鸡品种类型、产地、外貌特征及生产性能见表2-7。

表2-7　部分著名标准品种生产性能一览表

品种	类型	原产地	外貌特征	生产性能
来航鸡 （彩图17）	蛋用	意大利	体小清秀，羽毛紧密、洁白，单冠，冠大鲜红，雄直立，雌侧倒，喙、胫、肤黄色，耳叶白色	成年体重雄2.5kg，雌1.75kg。性成熟早，产蛋量高，饲料消耗少，140日龄开产，72周龄产蛋量220～300枚，蛋重56g，蛋壳白色
洛岛红 （彩图18）	兼用	美国	羽色深红，尾羽黑色，体躯近长方形，喙、胫、肤黄色，冠、耳叶、肉垂、脸部鲜红色，背宽平	产蛋和产肉性能均良好，性成熟180d，年产蛋量160～170枚，高可达200枚以上，蛋重60～65g，褐壳
新汉夏 （彩图19）	兼用	美国	体形外貌与洛岛红鸡相似，但羽毛颜色略浅，背部较短，且只有单冠	年产蛋量180～200枚，蛋壳褐色，蛋重56～60g
横斑洛克 （彩图20）	兼用	美国	体形椭圆，发育好，生长快，全身羽毛为黑白相间的横斑纹，单冠，耳叶红色，喙、胫、皮肤黄色	早期生长快，肉质好，易肥育。成年雄4.0kg，雌3.0kg，年产蛋180枚，高可达250枚以上，蛋重中等，褐壳
浅花苏赛斯鸡 （彩图21）	兼用	英国	体躯长深宽，胫短、尾部高翘。单冠、肉垂、耳叶均为红色，喙、胫、趾黄色，皮肤白色	肉用性能良好，肉质好，易肥育。成年雄4.0kg，雌3.0kg，年产蛋量150枚，蛋重56g，蛋壳浅褐色
澳洲黑鸡	兼用	澳大利亚	单冠，胸部丰满，全身羽毛紧密呈黑色，耳叶红色，皮肤白色，喙、眼、胫均呈黑色，脚底为白色	年产蛋160枚左右，平均蛋重60～65g，蛋壳浅褐色。近年来育成的高产品系产蛋量较高
狼山鸡 （彩图22）	兼用	中国	体高腿长、胸部发达，背短，头尾翘立呈"U"形，全身羽毛黑色或白色，单冠，耳叶红色，喙、眼、胫黑色，胫外侧有羽毛，皮肤白色	7～8月龄开产，年产蛋160～170枚，最高达282枚，蛋重57～60g，蛋壳褐色。雄3.5～4.0kg，雌2.5～3.0kg
丝毛鸡 （彩图23）	兼用	中国	体小、轻巧、紧凑，头小、颈短、脚矮，全身白色丝状羽。眼、脸、喙、胫、趾、皮肤、肌肉、骨膜骨质、内脏及腹脂膜均为黑色。紫冠缨头，绿耳，有胡须，五趾，毛脚	成年雄4.5～4.7kg，雌3.5kg。年产蛋80～120枚，蛋重40～45g，抱性强

3. 现代蛋鸡品种生产性能

现代蛋鸡品种不是原来意义上的品种，而是配套品系，是近20多年来家禽育种工作者采用现代育种方法，在少数几个标准品种或地方品种基础上，先培育出专门化品系，然后进行两系、三系或四系杂交，经配合力的测定，从中筛选出的杂交优势最强的杂交组合。现代鸡种强调整齐一致、高水平的生产性能，不重视外貌特征，生活力强，适应大规模集约化饲养。著名白壳、褐壳、粉壳、绿壳商品蛋鸡的主要生产性能分别见表2-8和表2-9。

表 2-8　著名白壳商品蛋鸡的主要生产性能

鸡品种	50％开产周龄	72周龄入舍鸡产蛋/枚	产蛋总重/kg	平均蛋重/g	料蛋比	育成期成活率/％	产蛋期存活率/％
京白988	23	310	18.7	63	2.0∶1	96～98	94.5
滨白584	24	270～280	16.5	60	(2.5～2.6)∶1	92	90
海兰W-36	24	285～310	18～20	63	2.2∶1	97～98	96
巴布考克B-300	21～22	285	17.2	64.6	(2.3～2.5)∶1	98	94.5
星杂288	23～24	260～285	16.4～17.9	63	2.3∶1	98	92
迪卡白(彩图24)	21	295～305	18.5	61.7	2.17∶1	96	92
罗曼白	22～23	290～300	18～19	62～63	2.35∶1	96～98	95
伊莎白	21～22	322～334	19.8～20.5	61.5	(2.15～2.3)∶1	95～98	95

表 2-9　著名褐壳、粉壳、绿壳商品蛋鸡的主要生产性能

鸡品种	50％开产周龄	72周龄入舍鸡产蛋/枚	产蛋总重/kg	平均蛋重/g	料蛋比	育成期成活率/％	产蛋期存活率/％
海兰褐(彩图25)	22～23	317	20.2	63.7	2.11∶1	96	94
海兰褐佳	21～22	295	19.2～20.7	65～70	2.05∶1	96	94
宝万斯褐	20～21	321	20.07	62.5	2.24∶1	98	94
罗曼褐	23～24	295～305	18.2～20.5	63.5～64.5	2.10∶1	96	95
海赛克斯褐	23～24	290	18.3	63.2	2.39∶1	97	95
伊莎褐	24	285	18.2	63.5～64.5	(2.4～2.5)∶1	98	93
迪卡褐	22～23	305	19.8	65	(2.07～2.28)∶1	99	95
星杂444粉	22～23	265～280	17.7～17.8	61～63	(2.45～2.7)∶1	92	93
农昌2号粉	23～24	255	15.25	59.8	2.7∶1	90	93
京白939粉	21～22	299	17.9	60～63	2.33∶1	96	92
新杨绿壳蛋鸡	22	227～238	11.4	48～50	2.3∶1	95	93
三凤绿壳蛋鸡	21～22	190～205	10.1	50～52	2.3∶1	95	93

二、肉鸡品种

目前世界上肉鸡品种数目繁多，生产性能各异。但其共同特点是：生长快，体形大，胸部深广发达，向前突出，胸骨长而直，胸围大，背部长、直、宽，胸骨后缘与耻骨间距大，产肉多，肉质嫩。我国目前饲养的肉鸡品种有数十种，通常将肉鸡品种分为原始品种（标准品种）和现代品种。

1. 肉鸡标准品种

肉鸡标准品种主要有白洛克、白考尼什、浅花苏赛斯鸡。

（1）白洛克鸡　肉蛋兼用型，原产美国，按羽色分为七个品系变种，以芦花和白羽最普遍。由美国育种公司育成。羽毛白色，单冠，肉垂、耳叶红色，喙、胫、皮肤黄色，体大丰满。早期生长快，胸腿肌肉发达，羽色洁白，屠体美观，并保留一定的产蛋水平，常作为生产肉用仔鸡配套品系的专门化母系。成年公鸡4～4.5kg、母鸡3～3.5kg，年产蛋量150～

160 枚，高可达 200 枚以上，蛋重 60g，蛋壳浅褐色。

（2）白考尼什鸡　肉用型，原由英国育成深色考尼什，后由美国育成白考尼什，具有羽色不同的 4 个品系。目前常用于生产肉用仔鸡配套品系的专门化父系。豆冠，羽毛短而紧密，白色，肩胸很宽，以后引入白来航的显性白羽基因，不完全为豆冠。早期生长快，胸腿肌肉发达，胫粗壮。体大，成年公鸡 4.6kg、母鸡 3.6kg。肉用性能良好，但产蛋量少，年均 120 枚，蛋重 56g，蛋壳浅褐色。

（3）浅花苏赛斯鸡　肉蛋兼用型，原产地英国，体躯长深宽，胫短、尾部高翘。单冠，冠、肉垂、耳叶均为红色，喙、胫、趾黄色，皮肤白色。肉用性能良好，肉质好，易肥育。成年公鸡 4.0kg、母鸡 3.0kg，年产蛋量 150 枚左右，蛋重较小，平均 56g，蛋壳浅褐色。

2. 现代肉鸡品种

现代肉鸡品种是专门用于生产肉用仔鸡的配套品系，主要通过肉用型鸡的专门化父系和专门化母系杂交配套选育而成。商品鸡以体形大、体躯宽深，胸部肌肉发达，外形似方筒状；冠小、颈短而粗，胫短骨粗；腿肌发达，性情温驯，动作迟缓，生长迅速易肥育等为特征。

现代肉鸡一般分为快大型肉鸡和优质型肉鸡。

（1）快大型肉鸡

① AA 白羽肉鸡　又叫双 A 鸡，是爱拔益加肉鸡的简称。由美国爱拔益加种鸡公司培育而成，四系配套杂交，白羽。特点是体形大，生长发育快，饲料转化率高，适应性强。因其育成历史较长，肉用性能优良，为我国肉鸡生产的主要鸡种。祖代父本分为常规型和多肉型（胸肉率高）。

商品鸡羽毛整齐，均匀度好。公母平均 6 周龄体重 1.86kg，饲料转化率 1.74∶1。49日龄体重 2.94kg，饲料转化率 1.91∶1。成活率在 95.8％以上。

a. 常规系　商品代肉鸡 7 周龄公鸡重 3.18kg、母鸡 2.69kg，混养体重 2.94kg；通过雏鸡羽毛生长速度鉴别性别的商品代肉鸡 7 周龄公鸡重 3.31kg、母鸡 2.76kg，混养体重 3.04kg。

b. AA＋多肉系　AA＋父母代种鸡能够生产可羽速鉴别雏鸡雌雄的商品代肉鸡，即商品代母鸡为快羽、公鸡为慢羽。该品系母鸡 24 周末育雏育成期成活率平均为 96.5％；68 周龄母鸡死淘率平均为 10％；入舍母鸡总产蛋数量多，高峰产蛋率平均为 87％～90％；产蛋高峰（80％以上）维持 12 周以上；受精蛋孵化率 95％左右。

AA＋商品代肉鸡的实际生产数据表明，42 日龄体重可达 2.5kg，49 日龄达 2.9kg，料肉比为 2∶1。商品代肉鸡因其具有腿肉多和双胸的特点，特别适合大小肉鸡分割，适合快餐、速冻产品，从产品加工特性上体现在 A 级产品率高，胸肌形态优良，胸肉产出率高，适合上线加工，鸡肉生产成本低。

② 艾维茵 48 肉鸡　是在传统艾维茵肉鸡（见彩图 26）配套系基础上由科宝公司推出的新配套系。父母代种鸡育雏育成期成活率 95％，产蛋率达 5％的周龄为 25～26 周龄，高峰期产蛋率 83％，65 周龄入舍母鸡产蛋数 180.6 枚，可提供雏鸡 148.8 只，产蛋期成活率90％～91％。商品代肉鸡 35 日龄体重 2.0kg，料肉比为 1.59∶1；42 日龄体重 2.58kg，料肉比为 1.72∶1，49 日龄体重 3.1kg，料肉比为 1.85∶1。

③ 科宝 500 肉鸡　是美国泰臣食品国际家禽育种公司培育的白羽肉鸡品种。体形大，胸深背阔，全身白羽，鸡头大小适中，单冠直立，冠髯鲜红，虹彩橙黄，脚高而粗。商品代

生长快，均匀度好，肌肉丰满，肉质鲜美。40～45日龄上市，体重达2.0kg以上，料肉比为1.9∶1，全期成活率97.5%；屠宰率高，胸腿肌率34.5%以上。父母代24周龄开产，体重2.7kg，30～32周龄达到产蛋高峰，产蛋率86%～87%，66周龄产蛋量175枚，全期种蛋受精率87%。

目前，该公司还推出了科宝700肉鸡配套系，其胸肌更发达，适合作为分割鸡饲养。

④ 罗斯308肉鸡 罗斯308祖代肉种鸡是美国安伟捷公司的著名肉鸡，其父母代种用性能优良，商品代的生产性能卓越，尤其适应东亚环境特点。

罗斯308肉鸡父母代种鸡生产性能：64周鸡只产蛋总数为180枚，64周鸡只所产种蛋数为171枚，种蛋孵化率85%，23周入舍母鸡每只所产健雏总数145只，高峰期产蛋率84.3%，育成期成活率95%，产蛋期成活率95%。商品代生产性能见表2-10。

表2-10 罗斯308商品代肉鸡生产性能

项目	35日龄			42日龄			49日龄		
	公鸡	母鸡	平均值	公鸡	母鸡	平均值	公鸡	母鸡	平均值
活体重/g	2022	1741	1882	2676	2272	2474	3312	2791	3052
料肉比	1.558	1.621	1.590	1.676	1.765	1.721	1.786	1.913	1.850

(2) 优质型肉鸡 优质型肉鸡是以我国地方良种鸡为基础进行本品种选育或杂交培育出的优良种群或配套系。其特点体现为"好看"和"好吃"：这些鸡羽毛绝大多数为黄色、麻色，鸡冠大而红；由于饲养期较长，鸡肉的风味比较香。

① 白凤乌鸡 泰和乌鸡，性情温顺，体躯短矮，骨骼纤细，头长且小，颈短，具有显著而独特的外貌特征与生物特征，极易与其他品种区别。民间有如下"十全"之说，是指泰和乌鸡的十大特征。

a. 丝毛，全身披白色丝状绒毛；

b. 缨头，头的顶端有一撮白色直立细绒毛，公鸡尤为明显；

c. 丛冠，素有凤冠之称，公鸡多为玫瑰冠形，母鸡多为草莓冠及桑葚冠形；

d. 绿耳，耳呈孔雀蓝色；

e. 胡须，下颌长有较长的细毛，形似胡须；

f. 毛腿，两腿蹠部外侧长有丛状绒羽，多少不等，俗称裙裤；

g. 五爪，两只脚各有五爪；

h. 乌皮，全身皮肤、眼、嘴、爪均为黑色；

i. 乌骨，骨质及骨髓为浅黑色，骨表层的骨膜为黑色；

j. 乌肉，全身肌肉、内脏及腹内脂肪均呈黑色，胸肌和腿肌色为浅黑色。

成年公鸡体重1.4～1.8kg、母鸡体重1.2～1.4kg，母鸡年产蛋量80～100枚，蛋重38～42g，蛋形指数1.2～1.3，蛋壳以浅褐色和浅白色为主，种蛋受精率89%，受精蛋孵化率85%～88%。

② 康达尔优质型肉鸡 是深圳市康达尔养鸡公司选育而成的优质三黄鸡配套系，分黄鸡和麻鸡两种。

康达尔黄鸡父母代种鸡平均开产日龄175d，平均开产体重2.1kg，高峰产蛋率88%；68周龄母鸡平均产种蛋190枚，平均产雏鸡160只。商品鸡56日龄公鸡平均体重1.6kg、料肉比2.1∶1，母鸡体重1.25kg，料肉比2.2∶1；70日龄公鸡平均体重2.0kg、料肉比

2.3∶1，母鸡平均体重 1.6kg、料肉比 2.5∶1。

康达尔麻鸡父母代种鸡平均开产日龄 168d，平均开产体重 2.2kg，高峰产蛋率 87％；68 周龄母鸡平均产种蛋 185 枚，平均产雏鸡 155 只。商品鸡 56 日龄公鸡平均体重 1.8kg、料肉比 1.9∶1，母鸡体重 1.35kg、料肉比 2.1∶1；70 日龄公鸡平均体重 2.2kg，料肉比 2.2∶1，母鸡平均体重 1.7kg、料肉比 2.4∶1。

③ 江村黄鸡　由广州市江丰实业有限公司培育而成，分为 JH-1 号和 JH-2 号快大型鸡、JH-3 号中速型鸡。其中江村黄鸡 JH-2 号、JH-3 号 2000 年通过国家畜禽品种审定委员会审定。江村黄鸡各品系的特点是：鸡冠鲜红直立，喙黄而短，全身羽毛金黄，被毛紧贴，体形短而宽，肌肉丰满，肉质细嫩，鸡味鲜美，皮下脂肪特佳，抗逆性好，饲料转化率高。既适合于大规模集约化饲养，又适合于小群放养。

④ 良凤花鸡　南宁市良凤农牧有限责任公司培育。该品种体态上与土鸡极为相似，羽毛多为麻黄、麻黑色，少量为黑色。冠、肉垂、脸、耳叶均为红色，皮肤黄色，肌肉纤维细，肉质鲜嫩。公鸡单冠直立，胸宽背平，尾羽翘起。项鸡（刚开产小母鸡）头部清秀，体形紧凑，脚矮小。该鸡具有很强的适应性，耐粗饲，抗病力强，放牧饲养更能显出其优势，父母代 24 周龄开产，开产母鸡体重 2.1～2.3kg，每只母鸡年产蛋量 170 枚。商品代肉鸡 60 日龄体重为 1.7～1.8kg，料肉比为（2.2～2.4）∶1。

⑤ 新兴黄鸡　由广东温氏食品集团南方家禽育种有限公司和华南农业大学培育而成。新兴黄鸡 2 号、新兴矮脚黄鸡通过国家畜禽品种审定委员会的审定。新兴优质三黄公鸡，60～70d 上市，上市体重 1.5～1.6kg；新兴优质三黄母鸡，80～90d 上市，上市体重 1.3～1.4kg。新兴优质型肉鸡目前有多个配套系，包括黄羽和麻羽肉鸡，有速生型、优质型和特优型。

⑥ 岭南黄鸡　是广东省农业科学院畜牧研究所岭南家禽育种公司经过多年培育而成的黄羽肉鸡配套系。

Ⅰ号为中速型三系配套，父母代公鸡为快羽，金黄羽，胸宽背直，单冠，胫较细，性成熟早；母鸡为慢羽，矮脚，三黄，胸肌发达，体形浑圆，单冠，性成熟早，产蛋性能高，饲料消耗少，具有节粮、高产的特点。商品代外貌特征为快羽，三黄，胸肌发达，胫较细，单冠，性成熟早，外貌特征优美，整齐度高。种鸡 23 周龄开产，体重为 1.5kg，68 周龄入舍母鸡产蛋 185 枚，68 周龄体重 2.05kg。商品代公鸡 56 日龄体重 1.4kg，母鸡 70 日龄体重 1.5kg。

Ⅱ号为快大型四系配套，公鸡为快羽，羽、胫、皮肤均为黄色，胸宽背直，单冠，快长；母鸡为慢羽，羽、胫、皮肤均为黄色，体形呈楔形，单冠，性成熟早，蛋壳粉白色，生长速度中等，产蛋性能高。商品代可羽速自别雌雄，公鸡为慢羽，母鸡为快羽，准确率达 99％以上。公鸡羽毛呈金黄色，母鸡全身羽毛黄色，部分鸡颈羽、主翼羽、尾羽为麻黄色。黄胫、黄皮肤，体形呈楔形，单冠，快长，早熟。种鸡 24 周龄开产，体重为 2.35kg，68 周龄入舍母鸡产蛋 180 枚，68 周龄体重 2.8kg。商品代公鸡 56 日龄体重 1.75kg，母鸡 56 日龄体重 1.5kg。

⑦ 华青黄（麻）鸡　上海华青实业集团在引进肉鸡安卡红基础上，用我国优良品种崇仁麻鸡、仙居鸡和现代高产蛋鸡遗传基因，培育出华青青脚麻羽肉鸡。该品种 70 日龄体重可达 1.5kg，料肉比为 2.6∶1。

由于我国许多省区的大中型优质肉鸡生产企业都在根据当地市场需求，推出各种类型的优质肉鸡配套系或种群，使配套系的名目非常繁多。

三、鸭的品种

我国淮河流域以南广大地区是良种鸭的主要产地，北方地区则以北京鸭为代表，其他地方良种相对较少。被中国畜禽遗传资源库收录的地方良种鸭有 27 个品种，其中列入中国家禽品种志的地方良种鸭有 12 个品种。

1. 白羽肉鸭

以北京鸭为代表，绝大多数是在北京鸭的基础上进行选育的配套系。

（1）北京鸭（见彩图 27）　是世界著名的肉用鸭标准品种。原产于北京近郊，1873 年输往英国、美国，现已分布全世界，对世界养鸭业贡献巨大。北京鸭羽毛洁白，喙呈橘红色，体形大，肌肉纤维细致，脂肪在皮下及肌肉间分布均匀，肉味独特。60d 体重可达 2～2.5kg，雄鸭可长到 3～4kg。经过选育的北京鸭，雏鸭初生重 58～64g，3 周龄重 1.0～1.1kg，料肉比 2.0：1，7 周龄重 2.9～3.0kg，料肉比 3.3：1。我国选育的新型北京鸭品系杂交肉鸭 7 周龄体重已达 3kg 以上，料肉比在 3：1 之内。填鸭生产期平均为 57d，平均体重 2.7～2.8kg，料肉比 3.8：1 左右。北京鸭的繁殖性能强是肉用型品种难得的优点。性成熟期一般为 150～180 日龄，但经过选育的大型父本品系需 190 日龄才能开产。年产蛋量在 200 枚以上，管理精细的母本品系年产蛋可达 240 枚，蛋重 90g 左右，蛋壳白色。

（2）樱桃谷鸭　樱桃谷鸭是由英国樱桃谷公司以我国的北京鸭和埃里斯伯里鸭为亲本，经杂交育成的优良肉鸭品种。它是我国养殖量最大的白羽肉鸭品种。由于樱桃谷鸭的血缘来自北京鸭，所以体形外貌酷似北京鸭，属大型北京鸭型肉鸭。体形较大，头大额宽，颈粗短，胸部宽深，背宽而长，从肩到尾部稍倾斜，几乎与地面平行。翅膀强健，紧贴躯干，脚粗短。全身羽毛洁白，喙橙黄色，胫、蹼橘红色。

父母代成年公鸭体重 4.0～4.5kg，母鸭 3.5～4.0kg。商品代 7 周龄平均体重达 3.1kg，最重达 3.8kg，料肉比为 2.9：1，半净膛率为 85.5%，全净膛率为 71.8%，瘦肉率为 26%～30%，皮脂率为 28%。SM 系超级肉鸭，商品代肉鸭 46 日龄上市活重 3.0kg 以上，料肉比（2.6～2.7）：1。种鸭开产日龄为 180d 左右，平均产蛋量为 195～210 枚，平均蛋重 80g。每只母鸭提供初生雏 153～168 只。SM 系超级肉鸭，其父母代群 66 周龄产蛋 220 枚，每只母鸭可提供初生雏 155 只左右。

（3）奥白星　是法国克里莫公司培育成功的超级肉鸭（国内称雄峰肉鸭）。其外貌特征与樱桃谷肉鸭相似，体形优美，硕大丰满，挺拔强健，头颈粗短，躯体呈长方形，前胸突出，背宽平，胸骨长而直，躯体倾斜度小，几乎与地面平行。种公鸭尾部有 2～4 根向背部卷曲的性指羽；母鸭腹部丰满，腿粗短。商品代成年鸭全身羽毛白色，喙橙黄色。

超级肉鸭奥白星父母代种鸭性成熟期为 24 周龄，42～44 周的产蛋期内产蛋量为 220～230 枚，种蛋受精率 90%～95%。其商品代饲养 45～49 日龄，体重可达 3.2～3.3kg，料肉比为（2.4～2.6）：1。

（4）力佳鸭　是丹麦力佳公司育种中心育成的肉鸭。种母鸭入舍 40 周可产蛋 200～220 枚，平均蛋重 85g。每只母鸭可提供初生雏 142～170 只。其商品代仔鸭 49 日龄体重 2.9～3.7kg，料肉比为 2.95：1，该品种具有长羽快、抗应激能力强的特点。

（5）天府肉鸭　是由四川农业大学主持培育的肉鸭新品种，也是我国首次选育成功的大型肉鸭品种。天府肉鸭的羽毛颜色有两种，即白色和麻色。白羽类型是在樱桃谷肉鸭的基础上选育出的,其外貌特征与樱桃谷相似,初生雏鸭绒毛金黄色,绒羽随日龄增加逐渐变浅,至4周龄左右变为白色,喙、胫、蹼均为橙黄色,公鸭尾部有四根向背部卷曲的性羽,母鸭腹部丰满,脚趾粗壮;麻羽肉鸭是用四川麻鸭经过杂交后选育成的,羽毛为麻雀羽色,体形与北京鸭相似。父母代种鸭年产蛋240多枚;白羽商品肉鸭7周龄体重平均为2.84kg,胸肌率为10.3%~12.3%,腿肌率为10.7%~11.7%,料肉比2.84:1,皮脂率为27.5%~31.2%。

其他白羽肉鸭配套系还有:枫叶鸭、狄高鸭、海格鸭、仙湖肉鸭、三水白鸭等。

2. 麻鸭

在我国,麻鸭是农村养殖量最大的类型。我国著名的地方良种蛋鸭和兼用型鸭都是麻鸭。有些地方饲养的白羽鸭和黑羽鸭也是利用麻鸭羽色突变个体进行扩繁后获得的。

(1)绍兴麻鸭 绍兴鸭简称绍鸭,因原产地为旧绍兴府所属的绍兴、萧山、诸暨等县市而得名,是我国优良的蛋用鸭品种,具有良好的适应性。

绍兴麻鸭属小型麻鸭,头小,喙长,颈细长,体躯狭长,前躯较窄,臀部丰满,腹略下垂,结构紧凑,体态均匀,体形似琵琶。站立或行走时,前躯高抬,体轴角度为45°。雏鸭绒毛为乳黄色,成年后全身羽毛以褐色麻雀羽为主,有些鸭颈羽、腹羽、翼羽有一定变化,后经系统选育,按其羽色培育出两个高产品系——带圈白翼梢(WH系)和红毛绿翼梢(RE系)。

① 带圈白翼梢 该品系母鸭全身披覆浅褐色麻雀羽,并有大小不等的黑色斑点,但颈部羽毛的黑色斑点细小,颈中部有2~4cm宽的白色羽圈,主翼羽白色,腹部中下部白色,故称为"带圈白翼梢"鸭或"三白"鸭。公鸭羽毛以深褐色为基色,颈圈、主翼羽、腹中下部羽毛为白色,头、颈上部及尾部性羽均呈墨绿色,性成熟后有光泽。虹彩灰蓝色,喙、胫、蹼橘红色,喙豆和爪白色,皮肤黄色。

② 红毛绿翼梢 该品系母鸭全身以红褐色的麻雀羽为主,并有大小不等的黑斑,不具有WH系的白颈圈、白主翼羽和白色腹部的"三白"特征,颈上部深褐色无黑斑,镜羽墨绿色,有光泽,腹部褐麻色。总体感觉是本系母鸭的羽毛比WH系的颜色深。公鸭全身羽毛以深褐色为主,从头至颈部均为墨绿色,镜羽和尾部性羽墨绿色,有光泽。喙灰黄色,胫、蹼橘红色,喙豆和爪黑色,虹彩褐色,皮肤黄色。

刚出生雏鸭体重一般为37~40g,30日龄体重450g,60日龄体重860g,90日龄体重1.1kg,成年体重1.5kg左右,且公母鸭体重无明显差异。开产日龄为130日龄。带圈白翼梢母鸭年产蛋为250~290枚,300日龄蛋重约为68g,蛋壳颜色以白色为主;红毛绿翼梢母鸭年产蛋量260~300枚,300日龄平均蛋重为67g,蛋壳颜色以青色为主。绍鸭饲料利用率较高,产蛋期料蛋比为(2.7~2.9):1。经过系统选育的群体生产性能更高些。

青壳Ⅱ号(绍兴鸭青壳系)是由浙江省农业科学院畜牧兽医研究所等单位在绍兴鸭高产系的基础上应用现代育种最新技术选育而成的。500日龄产蛋325枚,总蛋重22.1kg,蛋料比1:2.62,产蛋高峰期长达300d;青壳率达85%以上。

(2)金定鸭(见彩图28) 中心产区位于福建省龙海县紫泥乡金定村。金定鸭体形中等,体躯狭长,结构紧凑。母鸭体躯细长紧凑、后躯宽阔,站立时体长轴与地面成45°角,腹部丰满。全身羽毛呈赤褐色麻雀羽,背部羽毛从前向后逐渐加深,腹部羽毛颜色较淡,颈部羽毛无黑斑,翼羽深褐色,有镜羽。公鸭体躯较大,体长轴与地面平行,胸宽背阔,头部、颈上部羽毛翠绿有光泽，因此又有"绿头鸭"之称，背部灰褐色，前胸红褐色，腹部灰白带深色斑纹，翼羽深褐色，有镜羽，尾羽黑褐色，性羽黑色并略向上翘。公、母鸭喙呈黄绿色，胫、蹼橘红色，爪黑色，虹彩褐色。

公雏初生体重约48g，母雏初生体重约47g，30日龄公鸭体重560g、母鸭550g；60日龄公鸭体重1.039kg、母鸭1.037kg，90日龄公母鸭体重1.47kg，成年公母鸭体重相近，公鸭比母鸭略轻些，公鸭体重1.76kg，母鸭体重1.78kg。性成熟日龄为110～120d，年产蛋量为270～300枚，一般为280枚。舍饲条件下，平均年产蛋量可达313枚。高产鸭在换羽期和冬季持续产蛋而不休产。平均蛋重72g，蛋壳青色。

(3) 高邮鸭（见彩图29） 主产于江苏省的高邮、兴化、宝应等县市。母鸭颈细长，胸部宽深，臀部方形，全身为浅褐色麻雀羽毛，斑纹细小，主翼羽蓝黑色，镜羽蓝绿色，喙紫色，胫、蹼橘红色。公鸭体躯呈长方形，背部较深。头和颈上部羽毛墨绿色，背部、腰部羽毛棕褐色，胸部羽毛棕红色，腹部羽毛白色，尾部羽毛黑色，主翼羽蓝色，有镜羽；喙青绿色，胫、蹼橘黄色。

成年体重，公鸭2.0～3.0kg、母鸭约2.6kg。经过系统选育的兼用型高邮鸭平均年产蛋量248枚左右，平均蛋重84g，双黄蛋占39%。蛋壳颜色有青、白两种，以白壳蛋居多，占83%左右。母鸭开产日龄120～140d，公母鸭配种比例为1：(25～30)，种蛋受精率达90%以上，受精蛋孵化率在85%以上。

由高邮鸭研究所新育成的高产品系苏邮Ⅰ号（种用），成年体重1.65～1.75kg，开产日龄110～125d，年产蛋量285枚，平均蛋重76.5g，料蛋比为2.7：1，蛋壳青绿色；苏邮Ⅱ号（商品用），成年体重1.5～1.6kg，开产日龄100～115d，年产蛋量300枚，平均蛋重73.5g，料蛋比为2.5：1，蛋壳青绿色。

(4) 莆田黑鸭 是我国蛋用鸭品种中唯一的黑色羽品种。中心产区位于福建省莆田县。该品种是在海滩放牧条件下发展起来的蛋用型鸭，具有较强的耐热性和耐盐性，尤其适应于亚热带地区硬质滩涂放牧饲养。

莆田黑鸭体形轻巧紧凑，行动灵活迅速。公母鸭外形差别不大，全身羽毛均为黑色，喙墨绿色，胫、蹼、爪黑色。公鸭头颈部羽毛有光泽，尾部有性羽，雄性特征明显。成年公鸭体重1.4～1.5kg，母鸭1.3～1.4kg。莆田黑鸭年产蛋260～280枚，平均蛋重65g，蛋壳颜色以白色居多，料蛋比为3.84：1。母鸭开产日龄为120d左右，公母鸭配种比例为1：25，种蛋受精率在95%左右。

(5) 连城白鸭 连城鸭是中国麻鸭中独具特色的小型白色变种，也称为"白鹜鸭"，产于福建省的连城县，分布于长汀、宁化、清流和上杭等县市。连城鸭体躯狭长，头清秀，颈细长，行动灵活，觅食能力较强。全身羽毛白色，紧密而丰满，喙呈暗绿色或黑色，因此又称其为"绿嘴白鸭"。胫、蹼均为青绿色（羽毛白色，而喙、胫、蹼青绿色的鸭种在我国仅有一个，国外也极少见到）。成年公鸭尾部有3～5根性羽，除此之外，公母鸭外形上没有明显区别。

成年体重公鸭1.4～1.5kg，母鸭1.3～1.4kg；母鸭开产日龄120～130d，年产蛋量为220～240枚，平均蛋重58g，白壳蛋占多数。公母鸭配种比率1：(20～25)，种蛋受精率在90%以上。母鸭利用年限为三年，公鸭利用年限为一年。

(6) 咔叽-康贝尔鸭 是英国康贝尔（Campbell）氏用当地的芦安鸭与印度跑鸭杂交，其后代母鸭再与野鸭及鲁昂鸭杂交，经多代培育而成为高产品种，有黑色、白色和黄褐色三个变种。咔叽-康贝尔鸭的体形为长方形，体躯结实、宽深。头部清秀，眼大而明亮，颈细长而直，背部宽广平直，胸部丰满，腹部发育良好，大而不下垂，两翼紧贴，两腿中等长，距离较宽。站立或行走时体长轴与地面夹角较小。母鸭的羽毛为暗褐色，头、颈部羽毛和翼羽为黄褐色，喙绿色或浅黑色，胫、蹼的颜色与体躯颜色接近呈暗褐色。公鸭的头、颈部、尾羽和翼羽均为青铜色，其他部位的羽毛为暗褐色，喙蓝褐色（个体越优者，颜色越深），胫、蹼为深橘红色。

30 日龄平均体重 630g，60 日龄公鸭体重 1.82kg、母鸭 1.58kg。90 日龄公鸭 1.87kg，母鸭 1.63kg。成年公鸭体重 2.4kg，母鸭 2.3kg。康贝尔鸭肉质鲜美，有野鸭肉的香味。年产蛋量为 260~300 枚，平均蛋重 70~75g，蛋壳以白色居多，少数青色。母鸭开产日龄为 120~130d，公、母鸭配种比例 1：（15~20），种蛋受精率 85% 左右，公鸭利用一年，母鸭利用两年，但第二年生产性能有所下降。咔叽-康贝尔鸭与绍鸭杂交具有明显的杂种优势，杂种代的产蛋量和蛋重均有提高。

（7）江南系列蛋鸭 包括江南 1 号和江南 2 号。江南 1 号雏鸭黄褐色，成鸭羽深褐色，全身布满黑色大斑点。江南 2 号雏鸭绒毛颜色更深，褐色斑更多；全身羽浅褐色，并带有较细而明显的斑点。江南 1 号母鸭成熟时平均体重 1.6~1.7kg。产蛋率达 90% 时的日龄为 210 日龄前后。产蛋率达 90% 以上的高峰期可保持 4~5 个月。500 日龄平均产蛋量 305~310 枚，总蛋重 21kg。江南 2 号母鸭成熟时平均体重 1.6~1.7kg，产蛋率达 90% 时的日龄为 180d 前后，产蛋率达 90% 以上的高峰期可保持 9 个月左右。500 日龄平均产蛋量 325~330 枚，总蛋重 21.5~22.0kg。

（8）青壳 1 号蛋鸭 是由浙江省农业科学院畜牧兽医研究所科技人员在江南 2 号的基础上，根据消费者对青壳鸭蛋的特殊需求，引进了莆田黑鸭青壳蛋品系，进行配套杂交而成。它的商品代的主要特点是早熟、蛋形较小，全部产青壳蛋，成年鸭羽毛大多呈黑色，体重 1.4~1.5kg，500 日龄产蛋数 290~320 枚，产蛋总重 20~22kg。

其他麻鸭品种还有建昌鸭（见彩图 30）、三穗鸭、巢湖鸭、攸县麻鸭、大余鸭、荆江鸭、桂西麻鸭等。

四、鹅的品种

我国鹅种较多，其中列入中国畜禽遗传资源库的地方良种鹅有 26 个品种，收录入中国家禽品种志 12 个品种。近年来我国从欧洲也引进了一些优良鹅种。

1. 小型鹅品种

（1）豁眼鹅 原产于山东莱阳地区，广泛分布于辽宁昌图、吉林通化地区以及黑龙江延寿县等地。因其上眼睑中间有个小豁口，为该品种独有的特征，故称豁眼鹅。本品种在山东称五龙鹅，吉林称疤拉眼鹅，辽宁称豁鹅。1982 年，经《中国家畜家禽品种志》编委组织调查核实，实系同种异名，故按其外貌特征统一定名为豁眼鹅。豁眼鹅是我国最高产的小型白色鹅种。体形小而紧凑，额前肉瘤不大，眼呈三角形，上眼睑有一疤状缺口，体躯卵圆形，背平宽，腹部略下垂。喙、肉瘤、跖、蹼橘红色，眼睑淡黄色，虹彩蓝灰色。羽毛白色、雏鹅绒毛黄色。成年公鹅体重 3.7~4.5kg，母鹅 3.1~3.8kg。开产期 7~8 月龄，年产蛋量 100 个左右，蛋重 120~130g，蛋壳白色。没有就巢性。

（2）太湖鹅 原产于江苏省南部的苏州、无锡和浙江省北部的湖州、嘉兴等地区。因这一带均是太湖沿岸，故称太湖鹅。太湖鹅是小型的白色鹅种，没有就巢性，产蛋率高，是该品种的主要特点。体形小而紧凑，颈细长，肉瘤圆而突起，无咽袋。喙、跖、蹼橘红色，喙端色较淡。爪白色。眼睑淡黄色，虹彩灰蓝色。肉瘤淡黄褐色。全身羽毛白色，少数个体在眼梢、头顶、腰背部有少量灰褐色斑点。雏鹅的绒毛乳黄色，喙、跖、蹼橘红色。成年公鹅体重 3.8～4.4kg，母鹅 3～3.5kg。开产期 160～190d，年产蛋量 60～70 个，平均蛋重 135g，蛋壳白色。

（3）籽鹅 产于黑龙江省的松嫩平原，以肇东市和肇源、肇州等县饲养最多。它是我国白色羽毛鹅中的小型高产品种，因高产多子而名籽鹅。体形较小，体躯呈卵圆形，颈细长，肉瘤较小，多数鹅头顶上有缨状羽毛。颌下垂皮（咽袋）小，腹不下垂。全身羽毛白色。喙、跖、蹼橘黄色。虹彩灰蓝色。成年公鹅体重 4～4.5kg、母鹅 3～3.5kg，开产期 6～7 月龄，年产蛋量 100 个左右，平均蛋重 130g 左右。蛋壳白色。没有就巢性。

2. 中型鹅品种

（1）雁鹅（见彩图 31） 原产于安徽省的霍邱、寿县、六安、舒城、肥西及河南省的固始等县，分布于安徽各地，以江苏省西南部与安徽省接壤的镇宁丘陵地区发展较快。目前，安徽的郎溪、广德一带是雁鹅的饲养中心。雁鹅是中国鹅灰色品种中的代表类型。头顶肉瘤黑色，呈桃形或半球形向前方突出。肉瘤边缘及喙的后部有半圈白羽，喙扁阔、黑色，眼球黑色，虹彩灰蓝色。颈细长，胸深广，背宽平，腹下有皱褶，腿粗短，跖、蹼橘黄色（少数有黑斑），爪黑色。雏鹅全身绒毛墨绿色或棕褐色；喙、跖、蹼均为灰黑色。成年鹅羽毛灰褐色或深褐色，颈的背侧有 1 条明显的灰褐色羽带；体躯的羽色由上向下从深到浅，至腹部成为灰白色或白色；除腹部的白色羽毛外，背、翼、肩及腿羽都是镶边羽（即灰褐色羽镶白色边），排列整齐。成年公鹅体重 6kg 左右，母鹅 4.5～5kg。开产期 7～9 月龄，年产蛋量 25～35 个，平均蛋重 150g，蛋壳白色。就巢性较强，一般年就巢 2～3 次。

（2）浙东白鹅 主要产区在浙江东部的奉化、象山、定海一带，故称浙东白鹅。浙东白鹅是我国中型鹅中肉质较好的地方品种之一。体躯长方形，颈细长，无咽袋。额上肉瘤高突，呈半球形覆盖于头顶，随年龄增长而突起明显（公鹅比母鹅更突出）。喙、跖、蹼幼年时橘黄色，成年后橘红色，爪白色，眼睑金黄色，虹彩灰蓝色。全身羽毛白色，仅有少数个体在头颈部或背腰处杂生少数黑色斑块。成年公鹅体重约 5kg，母鹅 4kg 左右。开产期 6 月龄左右，年产蛋量 35～45 个，平均蛋重 140～150g，蛋壳乳白色。绝大多数个体都有较强的就巢性，每年就巢 3～5 次。一般连续产蛋 9～11 个后就巢 1 次。

（3）四川白鹅 产于四川省温江、乐山、宜宾、永川和达县等地，广泛分布于平坝和丘陵水稻产区。四川白鹅是我国中型的白色鹅种中唯一无就巢性而产蛋量较高的品种。公鹅体形较大，颈粗，肉瘤突出。母鹅头清秀，颈细长，肉瘤不明显。公母鹅的全身羽毛白色；喙、跖、蹼橘红色，虹彩灰蓝色。成年公鹅体重 4.5～5kg，母鹅 4.3～4.9kg。开产期 6～8 月龄，年产蛋 60～80 个，平均蛋重 146g，蛋壳白色。没有就巢性。

3. 大型鹅品种

狮头鹅（见彩图 32）：原产于广东省饶平县溪楼村，现在的主要产区在广东省澄海县及汕头市郊区，即潮汕平原一带。狮头鹅是我国最大型的鹅种。因成年鹅的头部形状颇像狮头而得名。体躯似方形。头大颈粗，肉瘤发达，并向前方突出，覆盖于喙的上方，两颊有左右对称的黑色肉瘤 1～2 对，尤其是公鹅和 2 岁以上的母鹅，肉瘤突出更为明显。喙短小呈黑色；跖、蹼橘红色，带有黑斑。脸部皮肤松软，眼皮突出，看上去好像眼球下陷。颌下咽袋发达，一直延伸至颈部。全身羽毛以灰色为基调，前胸和背部的羽毛以及翼羽均为棕褐色。

由头顶至颈部直达背部形成 1 条鬃状的深褐色羽毛带。腹部毛色较浅，呈白色或灰白色。成年公鹅体重 8.5～9.5kg，母鹅 7.5～8.5kg；60 日龄公鹅 4.6～5.5kg，60 日龄母鹅 4.2～5.2kg。经 3～4 周填饲，平均肥肝重可达 600～750g。6～7 月龄开产，第一年年产蛋量 20～24 个，2 年以上 24～30 个。平均蛋重第一年 170～180g，第二年 210～220g。蛋壳乳白色。母鹅都有较强的就巢性，一般产蛋 6～10 个就巢 1 次，全年就巢 3～4 次。

复习思考题

1. 家禽有哪些外貌特征？
2. 家禽的体尺指标有哪些？如何进行测量？
3. 家禽的生理特点有哪些？
4. 家禽的解剖特点有哪些？
5. 家禽的品种如何分类？
6. 我国有哪些优良的地方鸡、鸭、鹅品种？
7. 当前生产中应用的家禽主要品种有哪些？

实训　家禽外貌鉴定

【目的要求】

掌握家禽的保定方法，熟悉家禽的外貌部位及其名称，掌握家禽外貌鉴定的方法。

【材料和用具】

鉴定用公母鸡、家禽鉴别笼、台秤、禽体外貌部位名称图以及鸡的冠型图、羽毛种类、品种图片等。

【内容和方法】

1. 鸡的保定

用左手大拇指与食指夹住鸡的右腿，无名指与小指夹住鸡的左腿，使鸡胸腹部置于左掌中，并使鸡的头部向着鉴定者。

2. 禽的外貌部位识别

① 按头、颈、肩、翼、背、胸、腹、臀、腿、胫、趾和爪的顺序，熟悉鸡各部位的名称（实训图 2-1）。

② 注意各部位特征与家禽健康的关系及禽体在生长发育上有无缺陷。

③ 冠峰、冠叉、冠叶、冠基的认识与单冠、玫瑰冠、豆冠区别。

④ 各部位羽的名称、结构，新旧羽的区别以及主翼羽、覆主翼羽、副翼羽、覆副翼羽、大镰羽、小镰羽、梳羽及蓑羽的认识（实训图 2-2）。

3. 禽的外貌鉴定

（1）根据表（实表 2-1）中的方法对产蛋鸡和停产鸡进行比较鉴定。

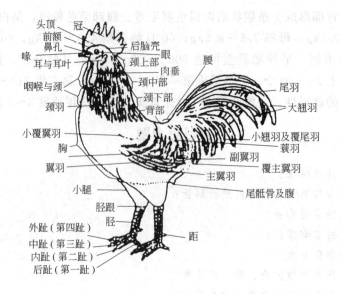

实训图 2-1　鸡体外貌部位名称

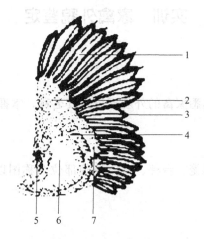

实训图 2-2　鸡翼羽各部位名称

1—主翼羽；2—覆主翼羽；3—轴羽；4—副翼羽；

5—翼前；6—翼肩；7—覆副翼羽

实表 2-1　产蛋鸡与停产鸡的比较项目

项目	产蛋鸡	停产鸡
冠,肉垂	大而鲜红,丰满,温暖	小而皱缩,色淡或暗红色,干燥,无温暖感
肛门	大而丰满,湿润,呈椭圆形	小而皱缩,干燥,呈圆形
触摸品质	皮肤柔软细嫩,耻骨薄而有弹性	皮肤和耻骨硬而无弹性
腹部容积	大	小
换羽	未换羽	已换或正在换羽
色素	肛门、喙、胫已褪色	肛门、喙、胫为黄色

（2）根据实表 2-2 中的方法对高产鸡和低产鸡进行比较鉴定。

实表 2-2　高产鸡和低产鸡比较项目

鉴定项目	部位	高产鸡	低产鸡
外貌和身体结构的差异	头部	清秀、适中、顶宽、呈方形	粗大或狭窄
	喙	粗宽而短、微弯曲	长而窄直
	冠和肉垂	大而红润、有温感	发育不良、粗糙色暗
	胸部	宽深前突、胸骨长直	窄浅、胸骨短或弯曲
	体躯	背部长平宽、匀称	背部短窄或呈弓形
	脚和趾	两脚距宽、趾平直	两脚距小、趾过细或弯曲
腹部容积的差异	胸耻间距	4 指以上	3 指以下
	耻骨间距	3 指以上	2 指以下
触摸品质差异	冠、肉垂	细致、温暖	粗糙、冷凉
	腹部	柔软有弹性、无腹脂硬块	粗糙弹力差、有腹脂硬块
	耻骨	薄而有弹性	硬而厚、弹力差

4. 品种识别

认识主要现代品种的体形、外貌特征，并能区分其经济类型。

【作业】

1. 说明在生产中如何区分高产鸡与低产鸡。
2. 说明在生产中如何区分产蛋鸡与停产鸡。
3. 指出公鸡和母鸡在外貌上的区别。

模块三　家禽繁育技术

【知识目标】
①掌握家禽的生殖系统构成。
②掌握蛋的结构与形成过程。
③掌握家禽的繁育技术。
④掌握家禽的孵化技术。

【技能目标】
①能够进行人工采精与输精。
②能够对种蛋的消毒进行准确操作。
③能够进行初生雏的处理。

项目一　配　种

一、家禽的生殖生理

1. 公禽的生殖系统

公禽的生殖器官包括：性腺即睾丸。输精管道即附睾和输精管以及外生殖器官（交媾器）。

（1）睾丸　位于肾脏前叶的腹面、肺叶的后面，以短的系膜悬在腹腔顶壁正中两侧，其体表投影在最后两肋的背侧端。睾丸的外面包以浆膜和白膜，白膜由致密的结缔组织构成，其深入睾丸实质的部分形成分布在精细管间的结缔组织，称为睾丸间质。睾丸的实质主要由大量长而卷曲的网状精细管构成，精细管的内壁是生精上皮，它是精子生成的场所。

睾丸的大小和颜色随年龄和性活动时期的不同而有很大变化。幼龄时睾丸如大麦粒状，而后，其直径增大呈豆粒状，颜色为淡黄色或带有其他色斑，性成熟后睾丸体积增大，重量一般可达体重的 $1\%\sim2\%$。

睾丸的生理作用一是产生精子；二是产生激素。睾丸中合成和分泌的激素主要是雄激素和抑制素等。

（2）附睾　禽类的附睾相对于家畜而言显得细小，呈纺锤状，紧附于睾丸的背侧，由于被睾丸系膜所遮蔽，因而不明显。它是精子输出睾丸的通道，也是精子临时贮存和成熟的重要场所。

（3）输精管　输精管前与附睾相连、后与泄殖腔相通，位于左右两侧肾脏腹面的正中，与输尿管并行。输精管既是精子的贮存场所，也是精子成熟的场所。据实验报道，直接从睾丸中取出的精子无受精能力，取自附睾的精子的受精率仅有 13%，而取自输精管下部的精子受精率可达 73%。

（4）**外生殖器** 公禽的交配器官可分为两个类型：一是以鸡、火鸡为代表的凸起型；二是以鸭、鹅为代表的伸出型。

2. 母禽的生殖系统

母禽的生殖器官包括性腺（卵巢）和生殖道（输卵管）两部分，而且只有左侧能正常发育，右侧在胚胎发育后期开始退化，只有极少数的个体其右侧的卵巢或（和）输卵管能正常发育并具备生理机能（图 3-1）。

（1）**卵巢** 正常情况下，母禽的卵巢位于腹腔的左侧、左肾前叶的头端腹面、肾上腺的腹侧、左肺叶的后方，以较短的卵巢系膜韧带悬于腰部背壁。另外，卵巢还与腹膜褶及输卵管相连接。幼龄时期鸡卵巢的重量不足1g，以后缓慢增长，16周龄时仍不足5g，性成熟后可达50～90g，这主要是来自十多个大、中卵泡的重量，而卵巢的主要组织重量仅增至6g。卵巢的重量还取决于性器官的功能状况，休产期卵巢萎缩，重量仅为正常的10%左右。

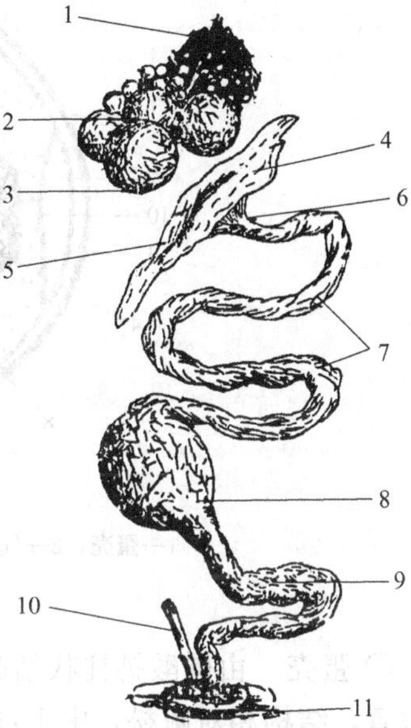

卵巢的功能主要有两方面：一是形成卵泡；二是分泌激素。卵巢分泌的激素有雌激素、孕激素等。

（2）**输卵管** 位于腹腔左侧，前端在卵巢下方，后端与泄殖腔相通。幼龄时输卵管较为平直，贴于左侧肾脏的腹面，颜色较浅；随周龄增大其直径变粗，长度加长，弯曲增多；当达到性成熟，则显得极度弯曲，外观为灰白色。休产期会明显萎缩，重量仅为产蛋期的10%左右。

根据结构和生理作用差别可将输卵管分为五个部分，其各自的功能如下。

图 3-1 母禽生殖器官
1—卵巢基；2—发育中的卵泡；
3—成熟的卵泡；4—喇叭部；
5—喇叭部入口；6—喇叭部的颈部；
7—蛋白分泌部；8—峡部；
9—子宫部；10—退化的右
侧输卵管；11—泄殖腔

① **漏斗部** 也称伞部，形如漏斗，是输卵管的起始部。其开口处是很薄的、游离的指状突起，平时闭合，当排卵时该部不停地开闭、蠕动。漏斗部的机能主要是摄取卵巢上排出的卵子（即卵黄），其中下部内壁的皱褶（又称精子窝）中还可以贮存精子，因此，这里也是受精的部位。

② **膨大部** 也称蛋白分泌部，是输卵管最长和最弯曲的部位，管腔较粗，管壁较厚，长度约为输卵管总长的50%～65%。内壁黏膜形成宽而深的纵褶，其上有很发达的管状腺体和单细胞腺体。其肌肉层发达，外纵肌束呈螺旋状排列，蠕动时可推动卵黄向后旋转前进。蛋白质及大部分盐类（如钠、钙、镁等）是在这里分泌的。

③ **峡部** 又称管腰部，是输卵管中后部较狭窄的一段，它与膨大部之间的界限不太明显。内壁的纵褶不显著。蛋的内外壳膜在此形成，它决定了蛋的形状。

④ **子宫部** 也称壳腺部，是峡部之后的一较短的囊状扩大部，肌肉层很厚，在与峡部的交界处环形面加厚形成括约肌。黏膜被许多横的和斜的沟分割成叶片状的次级褶，腺体狭小，又称壳腺。该部一方面分泌子宫液（水分为主，含少量盐类如钾），另一方面可分泌碳酸钙用于形成蛋壳，蛋壳上的色素也是在此分泌的。

⑤ **阴道部** 是输卵管的末端，呈"S"状弯曲，开口于泄殖腔的左侧。阴道部的肌肉层

较厚，黏膜白色，有低而细的皱褶。阴道部与子宫部的结合处有子宫阴道腺，当蛋产出时经过此处，其分泌物涂抹在蛋壳表面会形成胶护膜。另外，该部腺体可以贮藏和释放精子，交配后或输精后精子可暂时贮存于其中，在一定时期内陆续释放，维持受精。

3. 蛋的结构与形成过程

（1）蛋的结构　禽蛋由外到内依次为：蛋壳、壳膜、蛋白、蛋黄（图3-2）。

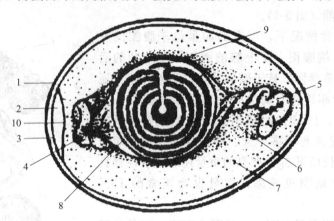

图 3-2　禽蛋构造
1—蛋壳；2—气室；3—外壳膜；4,5—系带；6—浓蛋白；7—稀蛋白；
8—蛋黄；9—胚盘；10—内壳膜

① 蛋壳　由碳酸钙柱状结晶体组成，每个柱状结晶体的下部为乳头体，是与壳膜接触的位置，结构相对疏松，中上部的结构比较致密，是蛋壳的主要成分。在柱状结晶体之间存在缝隙，即气孔。蛋壳的厚度：鸡蛋 0.30～0.35mm，鸭蛋 0.35～0.4mm，鹅蛋约 0.4～0.5mm。蛋的不同部位壳厚度有差异：通常蛋的锐端（小头）较厚，钝端（大头）较薄。

在新鲜蛋壳的外表面有一层非常薄的膜（胶护膜），遮蔽着气孔，能够防止外界细菌进入蛋内和防止蛋内水分蒸发。随着蛋存放时间的延长会逐渐消失，水洗后也容易脱落。

② 壳膜　贴紧蛋壳内壁的一层是外壳膜，在其内部并包围在蛋白表面的是内壳膜，也称为蛋白膜。在气室处内外壳膜是分离的，在其他部位则是紧贴在一起的。外壳膜结构较疏松，内壳膜较致密。

蛋的钝端内部有一个气室，它是由于蛋产出后蛋白和蛋黄温度下降而体积收缩，空气由厚度较薄的蛋的钝端气孔进入形成的。

③ 蛋白　是蛋中所占比例最大的部分，主要是水分和蛋白质。由外向内分为4层：外稀蛋白层、浓蛋白层、内稀蛋白层和系带层。蛋白中水分含量比较高，约为80%。

④ 蛋黄　位于蛋的中心位置。最中心是蛋黄心，围绕蛋黄心深色蛋黄和浅色蛋黄叠层排列，蛋黄的表面被蛋黄膜所包围。在蛋黄的上面有一个颜色与周围不同的圆斑，是胚盘或胚珠的位置。胚珠是处于次级卵母细胞阶段的卵细胞，其外观比较小，胚珠是无精蛋的标志；胚盘是处于囊胚期或原肠胚早期的胚胎，外观比较大，胚盘是受精蛋的标志。

（2）卵泡发育与排卵　卵泡的发育过程就是卵黄的沉积过程。在正常的卵巢表面有数千个大小不等的卵泡，性成熟前 3 周发育较快，卵泡成熟前 7～9d 内所沉积的卵黄占卵黄总重量的 90% 以上。卵泡发育时主要是卵黄物质（磷脂蛋白）在卵泡内沉积，初期沉积的卵黄颜色比较浅，中后期的卵黄颜色比较深，饲料中色素（包括天然的与合成的）含量对卵黄颜色深浅的影响很大。

性成熟后在母禽卵巢上面有 3～5 个直径在 1.5cm 以上的大卵泡，有 5～8 个直径在 0.5～1.5cm 的中型卵泡，直径在 0.5cm 以下的小卵泡有很多。卵泡生长到一定程度后，在排卵诱导素的作用下卵泡膜变脆，表面血管萎缩，卵泡膜从其顶端的排卵缝处破裂，卵黄从中排出。

（3）蛋在输卵管内的形成过程　成熟的卵（黄）从卵巢排出后被输卵管的伞部接纳，伞部的边缘包紧并压迫卵黄向后运行，约经 20min 卵黄通过伞部进入膨大部。

当卵黄进入膨大部后刺激该部位腺体分泌黏稠的蛋白包围在卵黄的周围。由于膨大部的肌纤维是以螺旋形式排列的，卵黄在此段内以旋转的形式向前运行，最初分泌的黏稠蛋白形成系带和内稀蛋白层，此后分泌的黏稠蛋白包围在内稀蛋白层的外周，大约经过 3h 蛋离开膨大部进入峡部。

峡部的腺体分泌物包围在黏稠蛋白周围形成内、外壳膜，一般认为峡部前段的分泌物形成内壳膜、后段分泌物形成外壳膜。在这个部位，壳膜的形状将决定蛋的形状。蛋经过峡部的时间约为 1h。

蛋离开峡部后进入子宫部，在子宫部停留 18～20h。在最初的 4h 内子宫部分泌子宫液并透过壳膜渗入蛋白内，使靠近壳膜的黏稠蛋白被稀释而形成外稀蛋白层，并使蛋白的重量增加近 1 倍。此后腺体分泌的碳酸钙沉积在外壳膜上形成蛋壳，在蛋产出前碳酸钙持续地沉积。蛋壳的颜色是由存在于壳内的色素决定的，血红蛋白中的卟啉经过若干种酶的分解后形成各种色素，经过血液循环到达子宫部而沉积在蛋壳上。产有色蛋壳的品种是其体内缺少某几种酶，而产白色蛋壳的则是体内有相关的各种酶，能最终将色素完全分解。

蛋产出前经过子宫阴道腺时该腺体分泌物涂抹于蛋壳表面，蛋产出后干燥形成胶护膜并堵塞气孔。蛋经过阴道部的时间仅有几分钟。

（4）产蛋　当蛋在输卵管内形成后，在家禽体内相关激素的作用下，刺激子宫部肌肉发生收缩，将蛋推出体外。有人研究发现，大多数蛋在子宫部的时候是锐端向前，而在产出时则是钝端朝前。不同家禽的产蛋时间有差异，鸡的集中产蛋时间是在当天光照开始后的 3～6h 的时段内；鸭的产蛋时间是集中在凌晨 2～5 点（即当天光照开始前），上午 9 点以前仍有少量个体产蛋，9 点以后产蛋的则很少；鹅的产蛋时间一般在下半夜至翌日上午。

垂体后叶分泌的催产素是调控产蛋的主要激素，它能够刺激子宫部肌肉的收缩，推动蛋向前运动。孕激素也是调控产蛋的重要激素，在蛋产出前 12h 血液中的孕激素达到最高水平。前列腺素也是参与产蛋调节的重要激素，它能够刺激子宫部肌肉的收缩。

（5）畸形蛋与异物蛋

① 畸形蛋　主要指外形异常的蛋，如过圆、过长、腰箍、蛋的一端有异物附着、蛋的外形不圆滑等。引起蛋形异常的根本原因是输卵管的峡部和子宫部发育异常或有炎症。引起这两个部位出现问题的原因既有遗传方面的，也有感染疾病方面的。

② 异物蛋　主要指在蛋的内部有血斑、肉斑，甚至有寄生虫的存在。血斑蛋中在靠近蛋黄的部位有绿豆大小的深褐色斑块，它是排卵卵泡膜破裂时渗出的血滴附着在蛋黄上形成的；肉斑蛋在蛋白中有灰白色的斑块，它是在蛋形成过程中蛋黄通过输卵管膨大部时，该部位腺体组织脱落造成的；含寄生虫的蛋则是寄生在输卵管中的特殊寄生虫（蛋蛭）被蛋白包裹后形成的。

③ 过大蛋　常见的有蛋包蛋、多黄蛋。蛋包蛋是在一个大蛋内包有一个正常的蛋，它

是当一个蛋在子宫部形成蛋壳的时候母禽受到刺激，输卵管发生异常的逆蠕动，把蛋反推向膨大部，然后又逐渐回到子宫部并形成蛋壳，再产出体外。多黄蛋中常见的有双黄蛋，比较少见的还有三黄蛋、四黄蛋，它的形成是处于刚开产期间的家禽体内生殖激素合成多，激素分泌不稳定，卵巢上多个卵泡同时发育，在相近的时间内先后排卵形成多黄蛋的。

④ 过小蛋　这种情况一是出现在初开产时期，此时卵黄比较小，形成的蛋也小，随着种禽日龄和产蛋率的增加会迅速减少。另一种是无黄蛋，它是由于母禽输卵管膨大部腺体组织脱落后，组织块刺激该部位蛋白分泌腺形成的蛋白块，包上壳膜和蛋壳而成的。它的出现经常伴随的是家禽生产性能的下降。

⑤ 薄壳蛋、软壳蛋及破裂蛋　导致薄壳蛋及软壳蛋出现的因素有：饲料中钙、磷含量不足或两者比例不合适，维生素 D_3 缺乏，饲料突然变更；许多疾病会影响蛋壳的形成过程，如传染性支气管炎、喉气管炎、非典型性新城疫、产蛋下降综合征、禽流感、各种因素引起的输卵管炎症；高温会使蛋壳变薄，破损增多，笼具设计不合理也会增加破蛋率；每天拣蛋时间和次数、鸡是否有啄癖、家禽是否受到惊吓等管理因素也有影响。

4. 影响产蛋量的生理因素

(1) 开产日龄（即性成熟期）　个体记录，以产第 1 枚蛋的平均日龄计算；群体记录，蛋鸡按饲养日产蛋率达 50% 的日龄计算，肉鸡、肉鹅按饲养日产蛋率达 5% 日龄计算。过早、过迟都会影响产蛋量。

(2) 产蛋强度　即在一定时间内的产蛋量，用产蛋率来表示。产蛋强度大的鸡全年产蛋量就多。现在，育种工作者更强调 16～18 个月的产蛋强度。蛋用鸡此期间产蛋率应不低于 60%。

(3) 产蛋持久性　母鸡开产至换羽停产的产蛋期长短称为持久性。产蛋持久性越好的鸡产蛋量越多。产蛋持久性除与遗传性有关外，还与饲养、环境、应激、疾病等有关。好的商品蛋鸡能持续产蛋 14～15 个月。

(4) 就巢性　即抱性。通常抱性越强，产蛋量越少。抱性有高度遗传性，可通过淘汰办法消除抱性。

(5) 冬休性　春季孵出的母鸡开产后常发生休产，尤其在冬季，如果休产在 7d 以上又不是抱性时，叫冬休性。有冬休性的鸡全年产蛋量少。

产蛋量受家禽本身生理因素和外界环境、营养条件以及遗传因素的共同影响。鸡饲养只日产蛋量的遗传力为 0.25～0.35，而入舍母鸡年产蛋量的遗传力为 0.05～0.1。说明母鸡产蛋量的多少在同一品种内主要受环境因素的影响。

二、家禽的繁殖技术

1. 家禽的自然交配

(1) 家禽自然交配方式　自然交配的繁殖方式适用于地面散养或网上平养的家禽，如鸭、鹅和快大型肉种鸡等。

① 大群配种　在一个数量较大的母禽群体内按性比例要求放入公禽进行随机配种，母禽数量为 100～500 只。这种配种方法只能用于种禽的扩群繁殖和一般的生产性繁殖场。

② 小群配种　小群配种又称小间配种，它是在一个隔离的小饲养间内根据家禽的种类、类型不同放入 8～15 只母禽和 1 只公禽，或 20 只左右母禽配入 2～3 只公禽。这种方法可以用于家系育种，也用于种鹅配种生产。

③ 人工辅助配种　多用于种鹅繁殖，是在工作人员的帮助下种鹅顺利完成自然交配过程的一种配种方式。通常在小圈内进行，把需要配种的母鹅放进圈内，再把公鹅放入。操作人员用手握母鹅两脚和翅膀，让母鹅伏卧在地面，引诱公鹅靠近，当公鹅踏上母鹅背上时，可一手抓住母鹅，另一手把母鹅尾羽提起，以便交配，训练几次，公鹅看到人捉住母鹅就会主动接近交配。

（2）自然交配管理注意事项

① 自然交配的配偶比例　配偶比例（或称公母比）是指 1 只公禽能够负担配种的能力，即多少只母禽应配备 1 只公禽才能保证正常的受精率。在配种过程中需要根据家禽种类的不同分别制定配偶比例（表 3-1）。

表 3-1　各种家禽适宜的配偶比例

家禽种类	公母比	家禽种类	公母比
鸡	1：(8～10)	肉用麻鸭	1：(10～15)
白羽肉鸭	1：5	中型鹅	1：(5～7)
蛋用鸭	1：(15～20)	大型鹅	1：4

在生产实践中配偶比例的确定还应该考虑多方面的因素，如饲养方式、种禽年龄、配种方式、繁殖季节、种公禽体质等。

② 种禽利用年限　种鸡和鸭的产蛋率以第一个产蛋年为最高，其后每年约降低 15％～20％，因此一般只利用一个繁殖年度。大多数品种的鹅在第三年产蛋性能最好，可以利用四个繁殖年度，有的品种如太湖鹅、扬州鹅只利用一个繁殖年度。

③ 种水禽配种要有水面　鸭和鹅在水中交配的成功率高于在陆地，因此，饲养种水禽要有合适的水面供其活动。水的质量会影响交配效果。

2. 家禽人工授精技术

种鸡人工授精技术是伴随种鸡笼养技术的推广而得到普及的。

（1）家禽人工授精的优越性

① 减少公禽饲养量　在自然交配情况下每只公鸡仅能够承担 10 只左右母鸡的配种任务，若采用人工授精技术则能够负担 30～50 只，相比之下，公鸡的饲养量可以减少至 1/3。

② 提高优秀种公禽的利用率　由于人工授精所需要的公禽数量少，这样就加大了选择强度，使公禽中质量最好的能得到充分利用，对提高后代的品质具有明显效果。

③ 克服配种双方的某些差异　如雌雄家禽个体的体格差异大、公禽的择偶习性、腿部受伤的公禽、种属之间的杂交等会影响到自然交配的效果，可以通过人工授精技术加以解决。

④ 可以提高育种工作效率及准确性　种鸡采用笼养，采用个体记录，试验结果的准确性十分可靠，能很快通过后裔鉴定，选出最优秀的个体，加快育种速度。

⑤ 有利于防止疾病的相互传播　交配过程中公禽不再与母禽直接接触，避免了一些疾病传播的可能。

（2）人工授精器械

① 采精器械　小玻璃漏斗形采精杯或 10mL 试管。

② 贮精器械　使用 10～20mL 刻度试管。

③ 保温用品　普通保温杯，以泡沫塑料作盖，上面 3 个孔，分别为集精杯、稀释液管

和温度计插孔，内贮30～35℃温水。

④ 输精器械　多数采用普通细头玻璃胶头滴管或家禽输精枪、微量移液器。

（3）采精前的准备

① 种公禽的选择　种公禽外貌特征要符合该品种的标准，体格发育好，健康状况好，第二性征明显。

② 隔离饲养　选留的种公禽采用个体笼或小单间饲养，每只公禽占用1个独立的空间，减少相互间的争斗和假交配。隔离饲养至少应在性成熟前3周开始。

③ 种公禽的特殊饲养　按照所饲养的家禽品种类型提供公禽专门用饲料，可以适当增加复合维生素的用量，采用自由采食，满足饮水。每天光照时间为14～16h，保持室内环境条件适宜。

④ 剪毛　在采精训练之前应将公禽肛门周围的羽毛剪去，使肛门能够充分显露，以免妨碍操作或污染精液。

⑤ 用具的准备和消毒　根据采精需要备足采精杯、贮精杯等，经高温或高压消毒后备用。若用酒精消毒，则必须在消毒后用生理盐水或稀释液冲洗并经干燥后备用。

⑥ 采精训练　公禽达到性成熟后就可以进行采精训练了，也可以在输精前7～10d进行训练。公鸡每天训练1～2次，经2～3d后大部分可采取精液，公鹅、公鸭训练4～7d即可采出精液，此后坚持训练以使其建立条件反射。

（4）鸡的按摩采精技术　目前，生产上采用最多的方法是双人按摩采精，训练的目的是建立条件反射，训练的方法与以后的采精方法有差异。

① 公鸡的保定　助手双手握住公鸡两侧大腿的基部，并用大拇指压住部分主翼羽以防翅膀扇动，使其双腿自然分开，尾部朝前、头部朝后，保持水平位置或尾部稍高，固定于右侧腰部旁边，高度以适合采精者操作为宜。

② 采精训练操作　采精者左手持采精杯或试管，夹于中指与无名指或食指中间，站在助手的右侧，采精杯的杯口向内并将杯口握在手心，以防污染采精杯。右手大拇指与其余四指分开，手掌贴在公鸡的背部，从背部向尾部按摩3～5次，公鸡尾羽上翘，泄殖腔外翻，接着右手顺势将尾部羽毛翻向背部，拇指和食指轻轻挤压泄殖腔上沿柔软的地方，精液排出，左手迅速将采精杯的口置于翻开的泄殖腔下方接住精液。

另一种方法是左手按摩公鸡背腰部3～5次，当公鸡有性反射表现时，左手握住公鸡尾巴，大拇指和中指分别放在公鸡泄殖腔两侧并挤压，使泄殖腔外翻，右手持采精杯或试管接取精液。

③ 应用采精操作　在实际生产中，训练好的公鸡在采精的时候一般不需要按摩。当保定人员将公鸡保定好后，采精者只要用左手把其尾巴压向背部，拇指、食指在其泄殖腔上部两侧稍施加压力即可采出精液。采精者也可以直接用左手握住公鸡尾巴并用大拇指和中指挤压泄殖腔两侧，右手持采精杯或试管即可直接接取精液。

④ 采精操作注意事项

a. 要保持采精场所的安静和清洁卫生。

b. 采精人员要固定，不能随便更换。

c. 在采精过程中一定要保持公鸡舒适，捕捉、保定时动作不能过于粗暴，不惊吓公鸡或使公鸡受到强烈刺激，否则会采不出精液或量少或受污染。

d. 挤压公鸡泄殖腔要及时和用力适当。

e. 整个采精过程中人员和用品应遵守清洁操作规程。

f. 每采完 10～20 只公鸡精液后，应立即开始输精，待输完后再采。采出的精液要在 30min 内输精完毕。

（5）鸭、鹅的按摩采精　采精时助手将公鸭、公鹅保定在采精台上或保定人员坐在椅子上将鸭、鹅放在腿上（小型蛋鸭采精时的保定方法与鸡相同）。采精者右手放在鸭或鹅的后腹部，左手由背向尾按摩 5～7 次后抓住尾羽，再用右手拇指和食指插入泄殖腔两侧，沿着腹部柔软部分上下来回按摩，当泄殖腔周围肌肉充血膨胀、向外突起时将左手拇指和食指紧贴于泄殖腔上下部，右手拇指和食指贴于泄殖腔左右两侧，两手拇指和食指交互作有节奏捏挤的方式按摩充血突起的泄殖腔，公鸭（鹅）即可使阴茎外露，精液外排，此时右手捏住泄殖腔左右两侧以防其阴茎缩回泄殖腔，左手持采精杯置于阴茎下接住精液。

（6）采精频率　在繁殖生产中，鸡、鸭、鹅的采精次数为每周三次或隔日采精。若配种任务大时每采两天（每天 1 次）休息 1 天。

（7）家禽的输精技术

① 鸡的输精技术　目前最常见的输精方法是输卵管口外翻输精法。输精时助手打开笼门用左手抓住母鸡双腿，将母鸡后躯拉出笼门，右手的大拇指放在肛门下方，其余四指放在肛门上方稍施压力，泄殖腔即可翻开露出输卵管开口。输精人员将输精管插入输卵管即可输精。

② 鸭、鹅的输精操作　通常采用手指引导输精法，助手将母禽固定于输精台上（可用 50～60cm 高的木箱或加高的方凳），输精员的右手（或左手）食指插入母禽泄殖腔，探到输卵管后插入食指，左手（或右手）持输精器沿插入输卵管的手指的方向将输精管插入进行输精。

③ 输精时间与间隔　鸡一般在下午输精，此时母鸡基本都已产过蛋；鸭一般在夜间或清晨产蛋，故输精工作宜在上午进行；鹅的输精也可安排于下午进行，亦有人认为虽然上午鹅的输卵管里有蛋存在，但上午输精仍有很高的受精率。

④ 输精深度与剂量　以输卵管开口处计算，输精器插入深度：鸡 2～3cm；鸭、鹅 3～5cm。若未经稀释，鸡每次输精剂量为 0.025～0.03mL，鸭、鹅 0.03～0.05mL；若按有效精子数计算，每次输入量鸡不少于 0.7 亿个，鸭为 0.8 亿个，鹅不少于 0.5 亿个。

⑤ 输精注意事项

a. 精液采出后应尽快输精，未稀释的精液存放时间不得超过半小时。精液应无污染，并保证每次输入足够的有效精子数。

b. 抓取母禽和输精动作要轻缓，插入输精管时不能用力太大，以免损伤输卵管。

c. 在输入精液的同时要放松对母禽腹部的压力，防止精液回流。在抽出输精枪之前，不要松开输精管的皮头，以免输入的精液被吸回管内，然后轻缓地放回母禽。

d. 防止漏输。

e. 母鸡排便时的处理：输精时按压母鸡后腹部使其泄殖腔外翻的同时有可能会导致母鸡排粪，有的母鸡粪便会黏附在泄殖腔的内壁，甚至在输卵管开口处。遇到这种情况，需要用棉球将粪便擦去，然后再输精，以免粪便污染输精枪头而对母鸡输卵管造成感染。

f. 在进行人工输精的过程中，每只鸡更换 1 支输精枪头，否则很容易在输精过程中传播疾病。

项目二　孵　化

一、种蛋的选择、消毒、保存及运输

1. 种蛋的选择

合格种蛋的选择，必须从以下几方面考虑。

（1）种蛋来源　种蛋应来源于生产性能高、经过系统免疫、无经蛋传播的疾病、受精率高、饲喂全价料、管理良好的鸡群，蛋用种禽受精率90％以上，肉用种禽受精率85％以上为好。受精率在80％以下，患有严重传染病或患病初愈和有慢性病的种鸡所产的蛋，均不宜作种蛋。若种蛋需外购，应先调查种蛋来源和种鸡群健康状况及饲养管理水平，然后签订种蛋供应合同，并协助种鸡场搞好饲养管理和疫病防治工作。

（2）种蛋表面要清洁　合格种蛋不应被粪便或其他污物污染，凡是蛋壳表面被污染的种蛋不宜用来孵化。轻度污染的种蛋，认真擦拭或用消毒液洗后可以入孵。

（3）适宜的蛋重　种蛋过大或过小都影响孵化率和雏鸡质量，蛋重应符合品种标准。一般要求蛋用鸡种蛋重为50～65g，肉用鸡种蛋52～68g，优质型肉鸡种蛋42～60g，鸭蛋60～80g。种鸡26～66周龄所产的蛋较适宜孵化，双黄蛋不宜孵化。

（4）蛋形要良好　合格种蛋蛋形应为椭圆形，蛋形指数（长径/短径）为1.30～1.35，剔除细长、短圆、橄榄形（两头尖）、腰凸等异形蛋。

（5）蛋壳颜色要正常　蛋壳颜色是品种特征之一，育成品种或纯系所产种蛋的蛋壳颜色应符合品种标准，如京白鸡壳色应为白色、伊莎褐的壳色应为褐色。选育程度不高的地方品种或杂交鸡可适当放宽些，饲养管理不正常或发病禽群所产的蛋颜色也不太正常，要注意辨别。

（6）蛋壳厚度适宜　要求蛋壳均匀致密，厚薄适度。壳面粗糙、皱纹蛋不作种用。蛋壳过厚、孵化时蛋内水分蒸发过慢，出雏困难；蛋壳过薄，蛋内水分蒸发过快，造成胚胎代谢障碍。鸡蛋蛋壳适宜厚度为0.27～0.37mm，鸭蛋0.35～0.40mm。

（7）剔除破蛋、裂纹蛋　破蛋、裂纹蛋孵化时水分蒸发过快，微生物容易感染，不但孵化不出雏禽，而且对其他种蛋造成威胁。所以应及早挑出，裂纹蛋眼睛不易发现，通过碰击听声来辨别。方法是两手各拿3枚蛋，转动五指，轻轻碰撞，正常蛋声音清脆，有裂纹蛋则有破裂声。

（8）照蛋透视　通过以上肉眼选择后，还可再用照蛋器或专门的照蛋设备透视蛋壳、气室、蛋黄、血斑。挑出有下列特征的蛋。

① 裂纹蛋　蛋壳表面有树枝状亮纹。

② 砂壳蛋　蛋壳表面有许多不规则亮点。

③ 钢壳蛋　蛋壳透明度低，蛋色暗。

④ 气室异常　气室破裂、气室不正、气室过大（陈蛋）。

⑤ 蛋黄上浮　运输过程中受震引起系带断裂或种蛋保存时间过长，蛋黄阴影始终在蛋的上端。

⑥ 蛋黄沉散　运输过程中受剧烈震动或细菌侵入，引起蛋黄膜破裂，看不见蛋黄阴影。

⑦ 血肉斑　可见能转动的黑点。

（9）剖视抽验　多用于外购种蛋或孵化率异常时。方法是将蛋打开倒在衬有黑纸（或黑绒）的玻璃板上，计算受精率、血肉斑率，观察新鲜度及蛋的品质。

① 新鲜蛋　系带完整，蛋白浓厚，浓稀蛋白界限清楚，蛋黄高突，蛋黄指数（高/直径）0.401～0.442。

② 陈蛋　系带不完整或脱落，蛋白稀薄成水样，浓稀蛋白界限不清楚，蛋黄扁平甚至散黄。

一般只用肉眼观察即可，育种蛋则可用蛋白高度仪等仪器测定。

2. 种蛋消毒

禽蛋蛋壳表面有许多细菌，尤其是蛋壳污染有粪便等其他污物时，细菌更多，经存放一段时间后，这些微生物还会迅速繁殖，如蛋库温度高、湿度大时，微生物繁殖就更快。这些细菌可进入蛋内，影响种蛋的孵化率和雏禽质量。所以对保存前和入孵前的种蛋，必须各进行一次严格消毒。如果消毒不严，可导致种蛋在孵化过程中胚胎死亡。

（1）消毒时间　种蛋保存前消毒，最好在种蛋产出后 2h 内进行。每次集蛋完毕就马上消毒，然后入库保存。据报道，鸡蛋刚产下时，蛋壳上有 100～300 个细菌，15min 后增到 500～600 个，60min 后达 4000 个以上，种蛋切不可在禽舍内过夜。种蛋入孵前再消毒一次，消毒时间安排在入孵前 12～15h 较好。

（2）消毒方法　消毒种蛋的方法有熏蒸消毒法、药液喷雾消毒法、药液浸泡消毒法、紫外线消毒法及臭氧发生器消毒法等，生产中常用的是甲醛熏蒸消毒法。

① 熏蒸消毒法　熏蒸消毒必须在密闭的容器内进行，禽舍内用消毒柜（可用塑料棚代替），入孵消毒一般在选蛋码盘后把蛋车推入熏蒸室或孵化机内进行熏蒸消毒。

a. 甲醛熏蒸消毒　用福尔马林（37%～40%甲醛溶液）和高锰酸钾发生反应，产生白色甲醛气体进行熏蒸消毒。为了节约消毒药品，可用塑料布封罩蛋架车进行熏蒸，甲醛熏蒸消毒的药量和方法见表 3-2。

表 3-2　甲醛熏蒸消毒的药量和方法

序号	地点	每立方米体积用药量		消毒时间 /min	环境条件	
		福尔马林/mL	高锰酸钾/g		温度/℃	相对湿度/%
1	鸡舍内每次拣蛋后消毒柜中	28	14	30	25～27	75～80
2	孵化前同孵化器一起消毒	28	14	30	30	70～80
3	落盘后在出雏器中消毒	14	7	30	37～38	65～75

甲醛对早期胚胎发育不利，应避免在入孵后的 24～96h 内进行熏蒸。

b. 过氧乙酸熏蒸消毒　每立方米用含 16%的过氧乙酸溶液 40～60mL，加高锰酸钾 4～6g，熏蒸 15min。稀释液现配现用，过氧乙酸应在低温下保存。

② 药液喷雾消毒法　用喷雾器将消毒药品直接喷在种蛋表面进行消毒。可用以下药品进行消毒：

a. 新洁尔灭药液喷雾　新洁尔灭原液浓度为 5%，加水 50 倍配成 0.1%的溶液，用喷雾器喷洒在种蛋的表面（注意上下蛋面均要喷到），经 3～5min，药液干后即可入孵。

b. 过氧乙酸溶液喷雾消毒　用 10%的过氧乙酸原液，加水稀释 200 倍，用喷雾器喷于种蛋表面。过氧乙酸对金属及皮肤均有损害，用时应注意避免用金属容器盛药和勿与皮肤接触。

另外，还可以使用百毒杀、强力消毒灵等进行消毒，用量按包装说明。

③ 药液浸洗消毒法

a. 碘液浸洗　把种蛋置于0.1%碘溶液中浸洗0.5～1min，药液温度保持在37～40℃，取出晾干即可装盘入孵。碘液的配制：20mL水中加碘片1g、碘化钾2g，研碎溶解后再加热水980mL，即成为0.1%的碘液。经数次浸泡种蛋的碘液，其浓度逐渐降低，适当延长浸泡时间（1.5min），浸洗10次更换新液，才能达到良好的消毒效果。

b. 高锰酸钾溶液浸洗　将种蛋浸泡在0.5%的高锰酸钾溶液中1～2min，取出晾干入孵。

采用药液浸泡消毒法，要注意水温和擦洗方法，切勿使劲擦拭蛋面，以免破坏蛋面胶护膜的完整性。浸洗时间不能超过规定时间，以免影响孵化效果。浸泡消毒法容易导致破蛋率增高，只适宜小规模孵化采用。

④ 紫外线及臭氧发生器消毒法　紫外线消毒法是安装40W紫外线灯管，距离蛋面40cm，照射1min，翻过种蛋的背面再照射一次即可。

臭氧发生器消毒是把臭氧发生器装在消毒柜或小房内，放入种蛋后关闭所有气孔，使室内的氧气变成臭氧，达到消毒的目的。

3. 种蛋保存

当天产的种蛋不能及时入孵，需存放数天，才够一批入孵或销售。受精的种蛋，在母禽输卵管内蛋的形成过程中已开始发育，即已存在着生命，因此从母禽产出至入孵这段时间内，必须注意种蛋保存的环境条件，应给予合适的温度、湿度等条件。否则，即使来自优秀禽群，又经过严格挑选的种蛋，如保存不当，也会降低孵化率，甚至造成无法孵化的后果。

（1）贮蛋室（库）的要求　贮蛋库要求保温和隔热性能良好，通风便利，卫生清洁，防止太阳直晒和穿堂风，并能杜绝苍蝇、老鼠等的危害。若有条件，最好建成无窗、四壁有隔热层并备有空调的贮蛋库，这样在一年四季内都能有效地控制贮蛋库的温度、湿度。贮蛋库的高度不能低于2m，并在顶部安装抽气装置。

（2）种蛋保存的适宜温度　种蛋产出母体外，胚胎发育暂停止。胚胎发育的临界温度是23.9℃，种蛋保存中若温度超过此温度，胚胎会开始发育，但不是最佳温度，胚胎在发育时会因老化而死亡，还会给蛋中各种酶的活动以及残余细菌创造有利条件，不利于以后胚胎的发育，容易导致胚胎早期死亡；温度低于10℃，虽然胚胎发育处于静止状态，但是胚胎活力严重下降，甚至死亡，低于0℃则失去孵化能力。

种蛋保存最适宜温度是：保存1周以内的，以15～17℃为好，保存超过1周的则以12～14℃为宜，保存超过2周应降至10.5℃。

（3）种蛋保存适宜湿度　种蛋保存期间，蛋内水分通过气孔不断蒸发，其速度与贮存室湿度成反比，为了尽量减少蛋内水分蒸发，贮蛋室的相对湿度应保持在75%～80%为宜。

保存种蛋的环境要求见表3-3。

（4）种蛋保存时间　种蛋即使贮存在最适宜的环境条件下，孵化率也会随着存放时间的增加而下降，孵化时间也会延长，因为随着时间的延长，蛋内的水分耗失多，改变了蛋内的酸碱度（pH值），引起系带和蛋黄膜变脆，并因蛋内各种酶的活动，使胚胎活力降低，残余细菌的繁殖也对胚胎造成危害。有空调设备的贮蛋室，种蛋保存2周，孵化率下降幅度较小，保存2周以上，孵化率明显下降，保存3周以上，孵化率急剧下降。存蛋时间对孵化率和孵化期的影响见表3-4。

表 3-3　保存种蛋的环境要求

项目	保存时间						
	1～4d 内	1 周内	2 周内		3 周内		
			第 1 周	第 2 周	第 1 周	第 2 周	第 3 周
温度/℃	17	15	15	13	15	13	10.5
相对湿度/%	70～75		75		75		
蛋的摆向	钝端向上						

表 3-4　存蛋时间对孵化率和孵化期的影响

贮存时间/d	入孵蛋孵化率/%	超过正常孵化时间/h
0	87.16	—
4	85.96	0.71
8	82.34	1.66
12	76.30	3.14
16	67.86	5.44
20	57.00	9.03
24	43.73	14.61

因此，原则上种蛋入孵越早越好，一般以保存 7d 以内为宜。冬春气温较低，以 7d 以内为佳；夏季气温较高，最好不要超过 5d。

（5）种蛋保存时放置位置　种蛋贮存 10d 内，蛋的锐端向上放置，其孵化率要比钝端向上存放的高。种蛋保存期间需翻蛋，其目的是防止胚盘与壳膜粘连，以免造成胚胎早期死亡。一般认为，保存时间在 1 周以内的不用翻蛋，超过 1 周，应每天翻蛋 1～2 次。种蛋保存时间及是否翻蛋对孵化率的影响见表 3-5。

表 3-5　种蛋保存时间及是否翻蛋对孵化率的影响

处理	次数	孵化率/%		
		保存时间/d		
		14	21	28
保存期间每天翻蛋	1	72.1	58.4	36.6
	2	72.6	63.1	47.2
保存期间不翻蛋	—	72.1	51.1	30.7

另外，种蛋在保存期间不宜洗涤，以免胶护膜被溶解破坏而加速蛋的变质。蛋库内应无特殊气味，空气清新，避免阳光直射，并有防鼠、防蚊、防蝇的设施。

4. 种蛋的运输

种蛋运输要尽量减少途中的颠震，避免种蛋破损、系带和卵黄膜松弛及气室破裂等而使孵化率下降，因此包装和运输技术都很重要。

（1）种蛋的包装　包装种蛋常用的器具有：种蛋箱、纸蛋托、打包机、打包带、剪刀等。种蛋应采用规格化的专用种蛋箱包装，箱子要结实，有一定的承受压力，蛋托最好用纸质的，每个蛋托装蛋 30 枚，每 12 托装一箱，最上层应覆盖一个不装蛋的蛋托保护种蛋。也可用一般的纸箱或箩筐等装种蛋，但蛋与蛋之间、层与层之间应用柔软物品（如碎稻草、木屑、稻壳等）隔开并填实。包装种蛋时，钝端向上放置。种蛋箱外面应注明"种蛋"、"防震"、"易碎"等字样或标记，印上种禽场名称、时间及许可证编号，开具检疫合格证。

（2）种蛋的运输　运输时要求快速平稳安全，防日晒雨淋，防冻，严防震荡，因为震荡易使种蛋系带松弛，使胚盘与蛋壳膜粘连，造成死胎或破壳、裂纹，降低孵化率。应轻拿轻放，防止倒置，最好采用空运和火车运输。种蛋一运到目的地，最好将种蛋摊开，立即准备入孵。

二、种蛋的孵化条件

家禽胚胎发育的外界条件即为孵化条件，包括温度、湿度、通风、翻蛋、凉蛋等。掌握孵化条件是获得理想孵化效果的关键所在。

1. 温度

温度是孵化的首要条件。孵化过程中温度是否得当，直接影响到孵化效果，只有在适当的温度下才能保证家禽胚胎正常发育。

（1）胚胎发育的最适温度范围和孵化最适温度　家禽胚胎的发育对温度也有一定的适应能力，温度在 35～40.5℃(95～105℉) 的较大范围内，都能孵出雏禽，但孵化率低，雏禽品质差。胚胎发育的适宜温度为 37～39℃(99～102℉)。在孵化室温为 22～26℃ 的前提下，鸡胚孵化的最适温度为 37.8℃(100℉)，出雏时的温度为 37.3℃(99℉)。

（2）高温、低温对胚胎发育的影响　温度过高或过低都对胚胎发育不利，严重时造成胚胎死亡。

① 高温影响　一般情况下，温度较高则胚胎发育快，孵化期缩短，胚胎死亡率增加，雏鸡质量下降。死亡率的高低，随温度增加的幅度及持续时间的长短而异，孵化温度超过 42℃经过 2～3h 以后则造成胚胎死亡。

② 低温影响　低温下胚胎的生长发育迟缓，孵化期延长，死亡率增加。如温度低于 24℃经 30h 便全部死亡。较小偏离最适温度的高低限，对孵化 10 天后的胚胎发育抑制作用要小些，因为此时胚蛋自温可起适当调节作用。

种蛋最适的孵化温度受多种因素影响，如家禽种类、品种、蛋的大小、种蛋的贮存时间、蛋壳质量、孵化时的湿度、孵化室温度、孵化季节、胚胎发育的不同时期等，并且这些因素又相互影响，所以上述的最适温度是指平均温度。

③ 变温孵化与恒温孵化制度　在生产上有恒温孵化和变温孵化两种供温制度。恒温孵化是在孵化的过程中温度保持不变，出雏时温度略降（生产上多采取分批交错上蛋的方法进行恒温孵化）。变温孵化也称降温孵化，是指在孵化期随胚龄的增加逐渐降低孵化温度。鸡、鸭、鹅的两种孵化施温方案如表 3-6 所示。

2. 相对湿度

（1）胚胎发育的相对湿度范围和孵化最适湿度　湿度对胚胎发育的影响不及温度重要，但适宜的湿度对胚胎发育是有益的：孵化初期能使胚胎受热良好，孵化后期有利于胚胎散热，出雏时有利于胚胎破壳。出雏时湿度与空气中的 CO_2 作用，使蛋壳的碳酸钙变成碳酸氢钙，壳变脆。所以在出雏前提高湿度是很重要的。

表 3-6　鸡、鸭、鹅蛋的孵化温度（℉）

禽种类型	室温	入孵机内温度				出雏机内温度
		恒温（分批）	变温（整批）			
		1～17d	1～5d	6～12d	13～17d	18～20.5d
鸡	65	101.0	102.0	101.0	100.0	
	75	100.5	101.5	100.5	99.5	98.5
	85	100.0	101.0	100.0	99.0	
	90～95	99.0	100.0	99.0	98.0	
		1～23d	1～7d	8～16d	17～23d	24～30.5d
鹅	65	99.5	100.5	99.5	98.5	
	75	99.0	100.0	99.0	98.0	97.5
	85	98.5	99.5	98.5	97.5	
	90～95	97.5	98.5	97.5	96.5	
		1～23d	1～5d	6～11d	12～16d	17～23d	24～28d
蛋鸭	75～85	100.5	101.5	100.5	100.0	99.5	99.0
	85～90	100.0	100.5	100.0	99.5	99.0	98.5
大型肉鸭	75～85	100.0	100.5	100.0	99.5	99.0	98.5
	85～90	99.5	100.0	99.5	99.0	98.5	98.0

注：$℃=(℉-32)\times 5/9$。

胚胎发育对环境相对湿度的适应范围比温度要宽些，一般为 40%～70%。入孵机内的湿度要求在 60%～65%，出雏机内的湿度则以 70%～75% 为宜。孵化室、出雏室的相对湿度为 75%。

（2）湿度过低对胚胎发育的影响　湿度过低，蛋内水分蒸发过多，容易引起胚胎和壳膜粘连，引起雏鸡脱水；湿度过高，影响蛋内水分正常蒸发，雏腹大，脐部愈合不良。两者都会影响胚胎发育中的正常代谢，均对孵化率以及雏的健壮有不利的影响。

孵化器内湿度的调节可通过放置水盘的多少、控制水温和水位的高低来实现。

3. 通风换气

（1）通风与胚胎的气体交换　胚胎在发育过程中除最初几天外，都必须不断地与外界进行气体交换，而且随着胚龄的增加而加强。尤其是孵化 19d 后，胚胎开始用肺呼吸，其耗氧量更多。

（2）孵化器中 O_2 和 CO_2 含量对孵化率的影响　O_2 含量为 21% 时，孵化率最高，每减少 1%，孵化率下降 5%。O_2 含量过高孵化率也降低，在 30%～50% 范围内，每增加 1%，孵化率下降 1% 左右。新鲜空气含 O_2 21%、CO_2 0.03%～0.04%，这对于孵化是合适的。一般要求 O_2 含量不低于 20%，CO_2 含量为 0.4%～0.5%，不能超过 1%。CO_2 超过 0.5%，孵化率下降，超过 1.5%，孵化率大幅度下降。只要孵化器通风设计合理，运转、操作正常，孵化室空气新鲜，一般 CO_2 不会过高，应注意不要通风过度。

（3）通风与温度、湿度的关系　在孵化后期，通风还可以帮助驱散余热。孵化过程中，胚蛋周围空气中 O_2 的含量为 21%，换气、温度、湿度三者之间有密切关系。通风良好，温度低，湿度就小；通风不良，空气不流畅，湿度就大；通风过度，则温度和湿度都难以保证。

（4）通风换气与胚胎散热的关系　孵化过程中，胚胎不断与外界进行热能交换。胚胎产热随胚龄的递增呈正比例增加。尤其是孵化后期，胚胎代谢更加旺盛，产热更多，如果热量散不出去，温度过高，将严重阻碍胚胎的正常发育，甚至烧死。所以，孵化器的通风换气，不仅可以提供胚胎发育所需的 O_2 和排出 CO_2，而且还有一个重要作用，即可使孵化器内的温度均匀，驱散余热。

（5）通风换气的控制　孵化初期，可关闭进、排气孔，随胚龄的增加逐渐打开，至孵化后期全部打开，使通风换气量加大。

4. 翻蛋

（1）翻蛋的生物学意义　翻蛋的主要目的在于改变胚胎方位，防止胚胎与壳膜粘连；另外，翻蛋可促进胚胎运动，保持胎位正常；还可使胚胎受热均匀。

（2）翻蛋的次数及停止翻蛋的时间　一般每天翻蛋6～8次即可。机器孵化每1～2h自动翻蛋一次，土法孵化可4～6h翻一次。温度低时可适当增加翻蛋次数。前两周翻蛋更为重要，尤其是第1周。据试验，鸡胚孵化期间（1～18d）不翻蛋，孵化率仅为29%；第1周翻蛋，孵化率为78%；第1～14天翻蛋，孵化率为95%；第1～18天翻蛋，孵化率为92%。机器孵化一般到第18天即停止翻蛋并进行移盘。

（3）翻蛋的角度　鸡蛋以水平位置前俯后仰45°为宜。而鸭蛋以50°～55°为宜，鹅蛋以55°～60°为宜。翻蛋时注意动作要轻、慢、稳。

5. 凉蛋

（1）适用范围　凉蛋是指孵化到一定时间，关闭电热甚至将孵化器门打开，让胚蛋温度下降的一种孵化操作程序。因胚胎发育到中后期，物质代谢产生大量热能，需要及时凉蛋。其目的是驱散孵化器内余热，防止胚胎自烧至死，同时让胚蛋得到更多的新鲜空气。

鸭蛋、鹅蛋含脂量高，物质代谢产热量多，必须进行凉蛋，否则，易引起胚胎"自烧至死"。孵化鸡蛋在夏季孵化的中后期，应该进行凉蛋。若孵化器有冷却装置则不必凉蛋。

（2）凉蛋的方法　凉蛋的方法依孵化器的类型、禽蛋和种类、孵化制度、胚龄、季节而定。鸡蛋在封门前、水禽蛋在合拢前采用不开机门、关闭电源、风扇转动的方法。以后采用打开机门、关闭电源、风扇转动甚至抽出孵化盘、喷冷水等措施。每天凉蛋的次数、每次凉蛋时间的长短视外界温度与胚龄而定，一般每日凉蛋1～3次，每次凉蛋15～30min，以蛋温不低于30～32℃为佳。

6. 影响孵化效果的其他因素

（1）海拔与气压　海拔越高，气压越低，氧气含量越少，孵化时间长，孵化率低。据统计，海拔高度超过1000m，对孵化率有较大的影响。

（2）孵化方式　一般情况下，机器孵化比土法孵化效果好；自动化程度高，控温、控湿精确的孵化比旧式电机的孵化效果好。整批装蛋的变温孵化比分批装蛋的恒温孵化，其孵化率要高。

（3）季节与孵化室环境　孵化室的适宜温度为22～26℃，因外界环境温度会直接影响到孵化器内的温度，故孵化的理想季节是春季（3～5月份）、秋季（9～10月份），夏冬季节孵化效果差一些。同时夏季高温，种蛋品质较差，冬季低温，种鸡活力低，种蛋受冻，孵化率低。孵化器小气候受孵化室大气候的影响，所以要求孵化室通风良好，温湿度适中，清洁卫生，保温性能好。

（4）禽种与品种　不同种类的家禽，其种蛋的孵化率是不同的，鸡蛋的孵化率高于鸭、鹅蛋；不同经济用途的品种，其孵化率也有差异，蛋用鸡的孵化率高于肉鸡，同一品种近交时孵化率下降、杂交时孵化率提高。

三、家禽的胚胎发育

1. 家禽的孵化期

受精蛋从入孵至出雏所需的时间（d）即为孵化期。各种家禽有较固定的孵化期，具体见表 3-7。

表 3-7 各种家禽的孵化期　　　　　　　　　　　　　单位：d

家禽种类	鸡	鸭	鹅	火鸡	鸽子	珠鸡	鹌鹑	瘤头鸭
孵化期	21	28	31	28	18	26	17～18	33～35

2. 家禽的胚胎发育过程

家禽的胚胎发育分为母体内（蛋的形成过程中）的胚胎发育和孵化期间胚胎的发育。

（1）胚胎在蛋的形成过程中的发育　成熟的卵细胞从卵巢排出，进入输卵管并在输卵管喇叭部受精，受精卵进入峡部发生第一次卵裂，分裂至 8～16 个细胞。在 20min 内又发生第二次卵裂。在进入子宫部后的 4h 内，胚盘经 9 次分裂达 512 细胞期。当胚胎发育至原肠期，已分化形成内胚层和外胚层，之后蛋即产出体外，因环境温度降低而停止发育。剖视受精蛋，肉眼可见圆盘状的胚盘（未受精的蛋为云雾状的胚珠）。

（2）胚胎在孵化过程中的发育　受精卵如果获得适宜的外界条件，胚胎将继续发育，很快在内外胚层中间形成第三个胚层：中胚层。以后继续发育，内、中、外三个胚层分别发育成新个体的所有组织和器官。

① 胚胎发育分早期、中期、后期、出壳四个阶段。

a. 发育早期（鸡 1～4d，鸭 1～5d，鹅 1～6d）　内部器官发育阶段。首先形成中胚层，再由三个胚层形成雏禽的各种组织和器官。

外胚层：形成皮肤、羽毛、喙、趾、眼、耳、神经系统以及口腔和泄殖腔的上皮等。

中胚层：形成肌肉、生殖系统、排泄器官、循环系统和结缔组织等。

内胚层：形成消化器官和呼吸器官的上皮及内分泌腺体等。

b. 发育中期（5～14d，6～16d，7～18d）　外部器官发育阶段。脖颈伸长，翼、喙明显，四肢形成，腹部愈合，全身被覆绒羽，胫出现鳞片。

c. 后期（15～19d，17～27d，19～29d）　禽胚生长阶段，胚胎逐渐长大，肺血管形成，卵黄收入腹腔内，开始利用肺呼吸，在壳内鸣叫、啄壳。

d. 出壳（21d，28d，30～31d）　雏禽长成，破壳而出。

家禽胚胎发育的主要外形特征见表 3-8。

表 3-8 胚胎发育不同日龄的外形特征

特　征	胚龄/d		
	鸡	鸭	鹅
出现血管	2	2	2
羊膜覆盖头部	2	2	3
开始眼的色素沉着	3	4	5
出现四肢原基	3	4	5

特　　征	胚龄/d		
	鸡	鸭	鹅
肉眼可明显看出尿囊	4	5	5
出现口腔	7	7	8
背出现绒毛	9	10	12
喙形成	10	11	12
尿囊在蛋的尖端合拢	10	13	14
眼睑达瞳孔	13	15	15
头覆盖绒毛	13	14	15
胚胎全身覆盖绒毛	14	15	18
眼睑合闭	15	18	22～25
蛋白基本用完	16～18	21	22～26
蛋黄开始吸入，开始睁眼	19	23	24～26
颈压迫气室	19	25	28
眼睁开	20	26	28
开始啄壳	19.5	25.5	27.5
蛋黄吸入，大批啄壳	19d18h	25d18h	27.5
开始出雏	20～20d6h	26	28
大批出雏	20.5	26.5	28.5
出雏完结	20d18h	27.5	30～31

　　② 胎膜的形成及功能　家禽的胚胎发育是一个极其复杂的生理代谢过程，促使胚胎能正常生长发育的内在环境是胎膜，也称胚外膜，包括羊膜、卵黄囊、绒毛膜和尿囊膜四种。

　　a. 卵黄囊　是形成最早的胚外膜，在孵化第 2 天开始形成；以后逐渐向卵黄表层扩展，第 4 天卵黄囊血管包围 1/3 蛋黄；第 6 天，包围 1/2；第 9 天，几乎覆盖整个蛋黄表面。孵化第 19 天，卵黄囊及剩余蛋黄绝大部分进入腹腔；20d，完全进入腹腔；出壳时，约剩余 5g 蛋黄；6～7 日龄时被小肠吸收完毕，仅留一卵黄蒂（小突起）。卵黄囊表面分布有很多血管汇成循环系统，通入胚体，供胚胎从卵黄中吸收营养；卵黄囊在孵化初期还有与外界进行气体交换的功能，其内壁还能形成原始的血细胞，因而又是胚胎的造血器官。

　　b. 羊膜　羊膜在孵化的第 2 天即覆盖胚胎的头部并逐渐包围胚胎全身；第 4 天在胚胎背上方合并（称羊膜脊）并包围整个胚胎，而后增大并充满液体（羊水），第 5～6 天羊水增多，17d 开始减少，18～20d 大幅度减少以致枯萎。羊膜腔内有羊水，胚胎在其中可受到保护；羊膜上还有能伸缩的肌纤维，产生有规律的收缩，促使胚胎运动，防止胚胎和羊膜粘连。

　　c. 绒毛膜（浆膜）　绒毛膜与羊膜同时形成，孵化前 6 天紧贴羊膜和蛋黄囊外面，其后由于尿囊发育而与尿囊外层结合形成尿囊绒毛膜。浆膜透明无血管，不易看到单独的浆膜。

　　d. 尿囊　孵化第 2 天末至第 3 天初开始生出，由后肠形成一个突起，4～10d 迅速生长，6d 达壳膜内表面，10～11d 包围整个胚胎内容物，并在蛋的小头合拢，以尿囊柄与肠连接。17d 尿囊液开始下降，19d 动静脉萎缩，20d 尿囊血液循环停止。出壳时，尿囊柄断裂，黄白色的排泄物和尿囊膜留在壳内壁上。尿囊在接触壳膜内表面继续发育的同时，与绒毛膜结合成尿囊绒毛膜。这种高度血管化的结合膜由尿囊动、静脉与胚胎循环相连接，其位置紧贴在多孔的壳膜下面，起到排出 CO_2、吸收外界 O_2 的作用，并吸收蛋壳的无机盐供给胚胎。尿囊还是胚胎蛋白质代谢产生废物的贮存场所。所以尿囊既是胎儿的营养和排泄器官，又是胎儿的呼吸器官。

孵化过程中胚胎的物质代谢变化主要取决于胎膜的发育，孵化头两天物质代谢极为简单，孵化两天以后物质代谢逐渐增强。

四、孵化效果的检查与分析

无论孵化成绩好坏，都应经常检查和分析孵化效果，以指导孵化工作和种禽的饲养管理。

1. 孵化效果的检查

通过照蛋、胚蛋失重的测定、出雏观察及死胚的病理剖检，并结合种蛋品质及孵化条件等综合分析，对孵化效果做出客观判断。并以此作为改善种禽饲养管理、种蛋管理和调整孵化条件的依据，是提高孵化率的重要措施之一。

（1）照蛋　用照蛋灯透视胚胎发育情况，方法简便，效果好。一般在整个孵化期间进行 1～3 次，见表 3-9。

表 3-9　照蛋日期和胚胎特征

照蛋	孵化时间/d			胚胎特征
	鸡	鸭	鹅	
头照	5	6～7	7～8	黑色眼点（起珠或单珠）
抽验	10～11	13～14	15～16	尿囊绒毛膜（合拢）
二照	19	25～26	28	气室倾斜（闪毛）

① 时间安排及目的　除上述的 3 次照蛋之外，还可在 3、4、17、18 胚龄时进行抽验。这对不熟悉孵化器性能或孵化成绩不稳定的孵化场，更有必要。对孵化率高且稳定的孵化场，一般在整个孵化过程中，仅在第 5～10 天照蛋一次即可，孵化褐壳种蛋，可在第 10～11 天进行照蛋。采用我国传统孵化法，抽验次数可适当增加。

照蛋的主要目的是观察胚胎发育是否正常，并以此作为调整孵化条件的依据，同时结合观察，挑出无精蛋、裂纹蛋和死胚蛋。头照排出无精蛋和死精蛋，尤其是观察胚胎发育情况。抽验仅抽查孵化器中不同点的胚蛋发育情况。二照在移盘时进行，剔除死胚蛋。一般头照和抽验作为调整孵化条件的参考，二照作为掌握移盘时间和控制出雏环境的参考。

② 发育正常的胚蛋和各种异常胚蛋的识别

发育正常的活胚蛋：剖视新鲜的受精蛋，可看到蛋黄上有一中心部位透明、周围浅深圆形胚盘（有显著的明暗之分）。头照可明显看到黑色眼点，血管成放射状，蛋色暗色（图 3-3a）。

抽验时，尿囊绒毛膜"合拢"，整个胚蛋除气室外全部布满血管（图 3-3b）。二照时，气室向一侧倾斜，有黑影闪动，胚蛋暗黑（图 3-3c）。

无精蛋：俗称"白蛋"。剖视新鲜蛋时，可见一圆形、透明度一致的胚珠。照蛋时，蛋色浅黄、发亮，看不到血管或胚胎。蛋黄影子隐约可见。头照时一般不散黄，以后散黄（图 3-4）。

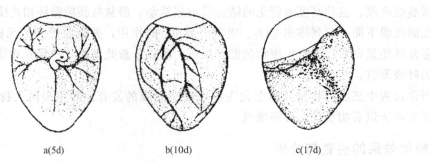

a(5d)   b(10d)   c(17d)

图 3-3 不同日龄胚胎的发育

死胚蛋：俗称"血蛋"。头照只见黑色的血环（或血点、血线、血弧）紧贴壳上，有时可见到死胚小黑点贴壳静止不动，蛋色浅白，蛋散沉散（图 3-4）。抽验时，看到很小的胚胎与蛋分（散）离，固定在蛋的一侧，色粉红、淡灰或黑暗，胚胎不动，见不到"闪毛"。

弱胚蛋：头照胚体小，黑色眼点不明显，血管纤细，有的看不到胚体和黑眼点，仅仅看到气室下缘有一定数量的纤细血管。胚蛋色浅红（图 3-4）。抽验时，胚蛋小头淡白（尿囊绒毛膜未合拢）。二照时，气室较正常胚蛋的小，且边缘不整齐，可看到红色血管。因胚蛋小头仍有少量蛋白，所以照蛋时，胚蛋小头浅白发亮。

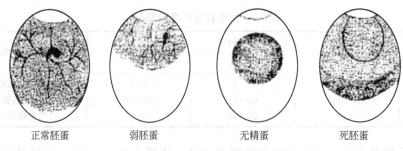

正常胚蛋   弱胚蛋   无精蛋   死胚蛋

图 3-4 头照时各种胚蛋

破蛋：照蛋时可见裂纹（呈树枝状亮痕）或破孔，有时气室跑到一侧。

腐败蛋：整个胚蛋褐紫色，有恶臭味，有的蛋壳破裂，表面有很多粒状的黄黑色渗出物。

（2）胚蛋在孵化期间的重量变化 在孵化过程中由于蛋内水分蒸发，胚蛋逐渐减轻，其失重多少，随孵化器中的相对湿度、蛋重、蛋壳质量（蛋壳通透性）及胚胎发育阶段而异。

① 胚蛋失重分布 孵化期间胚蛋的失重是不均匀的。孵化初期失重较小，第二周失重较大，而第 17～19 天（鸡）失重很多。第 1～19 天，鸡蛋失重为 12%～14%（参见图 3-5）。胚蛋在孵化期间的失重过多或过少均对孵化率和雏禽质量不利。可以根据失重情况，了解胚胎发育和孵化的温湿度。

② 胚蛋失重的测定方法 先称一个孵化盘的重量，然后将种蛋码在该孵化盘内再称其重量，减去孵化盘重量，得出入孵时总蛋重；以后定期称重，求出各期减重的百分率。上述方法比较繁琐，有经验的孵化人员，可以根据种蛋气室在孵化期间的大小变化及后期的气室形状，来了解孵化湿度和胚胎发育是否正常。

胚蛋在相同湿度下孵化，蛋的失重有时可能差别很大，而且无精蛋和受精蛋的失重无明显差别。所以不能用失重多少作为胚胎发育是否正常或影响孵化率的标准，仅以此作参考指标。

（3）出雏期间的观察

① 出雏时间及持续时间　孵化正常时，出雏时间较一致，有明显的出雏高峰，一般21d全部出齐；孵化不正常时，无明显的出雏高峰，出雏持续时间长，到第22天仍有较多的胚蛋未破裂壳，这样，孵化效果肯定不理想，同时影响健雏率。

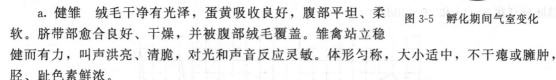
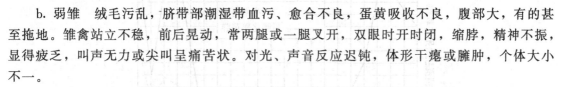

图3-5　孵化期间气室变化

② 对初生雏的观察　主要观察绒毛、脐部愈合状况、精神状态和体形等。

a. 健雏　绒毛干净有光泽，蛋黄吸收良好，腹部平坦、柔软。脐带部愈合良好、干燥，并被腹部绒毛覆盖。雏禽站立稳健而有力，叫声洪亮、清脆，对光和声音反应灵敏。体形匀称，大小适中，不干瘪或臃肿，胫、趾色素鲜浓。

b. 弱雏　绒毛污乱，脐带部潮湿带血污、愈合不良，蛋黄吸收不良，腹部大，有的甚至拖地。雏禽站立不稳，前后晃动，常两腿或一腿叉开，双眼时开时闭，缩脖，精神不振，显得疲乏，叫声无力或尖叫呈痛苦状。对光、声音反应迟钝，体形干瘪或臃肿，个体大小不一。

c. 残雏、畸形雏　弯喙或交叉喙。脐部开口并流血，蛋黄外露甚至拖地。脚和头部麻痹，瞎眼扭脖。雏体干瘪，绒毛稀短焦黄，有的甚至出现三条腿等。

（4）死雏、死胚的检查

① 外表观察　首先观察蛋黄吸收情况、脐部愈合状况。死胚要观察啄壳情况（是啄壳后死亡还是未啄壳，啄壳洞口有无黏液，啄壳部位等），然后打开胚蛋，判断死亡时的胚龄。观察皮肤、内脏及胸腔、腹腔、卵黄囊、尿囊等有何病理变化，如充血、出血、水肿、畸形、雏体大小、绒毛生长情况等，初步判断死亡时间及其原因。对于啄壳前后死亡或不能出雏的活胚，还要观察胎位是否正常（正常胚胎是头颈部埋在右翼下）。

② 病理剖检　种蛋品质差或孵化条件不良时，死雏或死胚一般表现出病理变化。如维生素 B_2 缺乏时，出现脑膜水肿；维生素 D_3 缺乏时，出现皮肤浮肿；孵化温度短期强烈过热或孵化后半期长时间过热时，则出现充血、溢血等现象。因此，应定期抽查死雏和死胚，找出死亡的具体原因，以指导以后的生产工作。

③ 微生物学检查　定期抽查死雏、死胚及胎粪、绒毛等，作微生物学检查。当种禽群中有疫情或种蛋来源较混杂或孵化效果不理想时尤应取样化验，以便确定疾病的性质及特点。

2. 孵化效果的分析

（1）孵化效果的衡量指标

① 受精率(%)＝(受精蛋数/入孵蛋数)×100

② 早期死胚率(%)＝1～5胚龄死胚数/受精蛋数×100

③ 受精蛋孵化率(%)＝出雏数/受精蛋数×100

④ 入孵蛋孵化率(%)＝出雏数/入孵蛋数×100

⑤ 健雏率(%)＝健雏数/出雏数×100

⑥ 死胎率(%)＝死胎蛋数/受精蛋数×100

注：出雏数包括健雏、弱雏、残雏、死雏数。

（2）孵化效果的具体分析过程

① 胚胎死亡曲线的分析

a. 孵化期间胚胎死亡的分布　无论是自然孵化还是人工孵化，是高孵化率鸡群还是低孵化率鸡群，胚胎死亡在整个孵化期间不是均匀分布的，而是存在两个死亡高峰：第一个死亡高峰出现在孵化前期，鸡胚在孵化的第3～5天。第二个死亡高峰出现在孵化后期，鸡胚孵化的第18天以后。一般来说，第一高峰的死胚数占全部死胚数的15％，第二高峰约占50％。但是，对高孵化率鸡群来说，鸡胚多死于第二高峰；而低孵化率鸡群，第一和第二高峰的死亡率大致相同（图3-6）。其他家禽在整个孵化期中胚胎死亡，也出现类似的两个高峰，鸭胚死亡高峰分别在孵化的第3～6天和24～27d；火鸡分别在第3～5天和第25天；鹅胚分别在2～4d和26～30d。

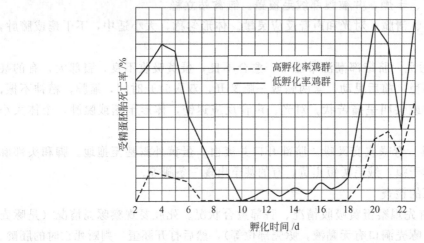

图 3-6　胚胎死亡分布曲线

b. 胚胎死亡高峰的原因分析　胚胎死亡第一个高峰正是胚胎生长迅速、形态变化显著时期，各种胚膜相继形成而作用尚未完善。胚胎对外界环境的变化是很敏感的，稍有不适，胚胎发育便有可能受阻，甚至造成死亡。第二个死亡高峰正是胚胎从尿囊绒毛膜呼吸过渡到肺呼吸时期，胚胎生理变化剧烈，需氧量剧增，其自温猛增，传染性胚胎病的威胁更突出。对孵化环境（尤其是 O_2）要求高，如果通风换气、散热不好，必然有一部分本来就较弱的胚胎不能顺利破壳出雏。孵化期其他时间胚胎的死亡，主要是受胚胎生活力强弱的影响。

c. 孵化各期胚胎死亡的原因

ⓐ 前期死亡（1～6d）　种鸡的营养水平和健康状况不良，主要是缺乏维生素 A 和维生素 B_2；种蛋贮存时间过长、保存温度过高或受冻，消毒熏蒸过度；孵化前期温度过高；种蛋运输时受剧烈振动。

ⓑ 中期死亡（7～12d）　种鸡的营养水平及健康状况不良，如缺乏维生素 B_2，胚胎死亡高峰在第10～13天；缺乏维生素 D_3 时出现水肿现象；种蛋消毒不好；孵化温度过高，通风不良；转蛋不当等。

ⓒ 后期死亡（13～18d）　种鸡的营养水平差，如缺维生素 B_{12}，胚胎多死于16～18d；胚胎如有明显充血现象，说明有一段时间高温；发育极度衰弱，是温度过高；气室小，说明湿度过高；小头打嘴，是通风不良或是小头向上入孵造成的。

ⓓ 闷死壳内　出雏时温度、湿度过高，通风不良；胚胎软骨畸形，胎位异常；卵黄囊

破裂，胫、腿麻痹软弱等。

ⓔ 啄壳后死亡　若破壳处多黏液，是高温高湿；第20～21天通风不良；胚胎利用蛋白时高温，蛋白吸收不完全，尿囊合拢不良，卵黄未进入腹腔；移盘时温度骤降；种鸡健康状况不良，有致死基因；小头向上入孵；头两周未转蛋；后两天高温低湿等。

② 影响孵化效果因素的分析　影响孵化效果的因素很多，总体来说有内部因素和外部因素，内部因素是指种蛋的内部品质，而种蛋的内部品质又受种鸡饲养管理的影响，外部因素是指胚胎发育的孵化条件，即归结起来有如下三个方面因素：种鸡质量、种蛋管理和孵化条件。只有入孵来自优良种鸡、喂给营养全面的饲料、精心管理的健康种鸡的种蛋，并且种蛋管理适当，孵化技术才有用武之地。

3. 提高孵化率的途径

(1) 饲养高产健康种鸡，保证种蛋质量　必须科学地饲养健康、高产的种鸡，抓好种鸡场综合卫生防疫措施，确保种蛋品质优良、不带传染性病原微生物。为此，种鸡营养要全面，必须认真执行"全进全出"等卫生防御制度。

(2) 加强种蛋管理，确保入孵前种蛋质量　一般开产最初两周的种蛋不宜孵化，因为孵化率低，雏的活力也差。人们普遍较重视冬、夏季种蛋管理，而忽视春、秋季种蛋管理，这是不正确的，任何季节都应重视种蛋的保存（7～8月孵化率约低4%～5%）。

按蛋重对种蛋进行分级入孵，可以提高孵化率，主要是可以更好地确定孵化温度，而且胚胎发育比较一致，出雏更集中。

必须纠正重选择轻保存、重外观轻种蛋来源的倾向。

照蛋透视蛋法可以剔除肉眼难以发现的裂纹蛋，剔除对孵化率影响较大的气室不正、气室破裂以及血、肉斑蛋，要加以应用。

加强产蛋箱管理（干燥、卫生），勤捡蛋。

(3) 创造良好的孵化条件　掌握三个主要的孵化条件：孵化温度、孵化场和孵化器的通风及其卫生，对提高孵化率和雏鸡质量至关重要。

① 正确掌握适宜的孵化温度　最适温度或孵化器生产厂家所推荐的孵化温度，仅供孵化定温时参考。实际上最适孵化温度，除受孵化器类型、孵化室（出雏室）温度影响外，还受遗传（品种）、蛋壳质量、蛋重、蛋的保存时间和孵化器中的入孵蛋数等因素影响。所以应根据以上情况，特别是对新购进的孵化器，可通过几个批次的试孵，摸清孵化器的性能（保温情况、温差等），结合本地区的气候条件、孵化室（出雏室）的环境，确定最适孵化温度。

② 保持良好的通风换气　胚胎的气体交换和热量交换是通过孵化器的进出气孔、风扇和孵化场的进气排气系统来完成的，随胚龄的增长成正比例增加，孵化前5天可以关闭进出气孔以保温，以后随胚龄增加逐渐打开进出气孔。

③ 孵化场卫生　分批入孵，最好有备用孵化器，以便对孵化器进行定期消毒。若无，则应定期停机消毒。

(4) 抓住孵化过程中的两个关键时期　整个孵化期，都要认真管理，重点是两个关键时期：1～7d 和 18～21d（鸭、火鸡：24～28d，鹅26～32d），目的是提高孵化率和雏鸡质量。一般是前期注意保温，后期重视通风。

① 前期（1～7d）为了尽快缩短达到适宜孵化温度的时间，可采取下列措施：

a. 种蛋入孵前预热。

b. 孵化 1～5d，进出气孔全部关闭。

c. 熏蒸消毒孵化器内种蛋时，应在蛋壳表面的水珠干后进行，并避免在 24～96h 胚龄进行。

d. 5d（鸭、火鸡 6d，鹅 7d）前不照检，以免温度下降，照检时应将小头朝上的蛋倒过来，剔除破蛋。

e. 提高孵化室的环境温度。

f. 避免长时间停电：万一停电，除提高室温外，还可在水盘中加热水。

② 后期（18～21d）通风换气要充分，为解决供氧和散热问题，可采取下列措施：

a. 避免在 18d（鸭、火鸡 22～23d，鹅 25～26d）移盘，可在 17d（甚至 15～16d）或 19d（约 10％鸡胚啄壳）时移盘。

b. 啄壳出雏时提高湿度，同时降低温度，避免高温高湿。此期出雏器温度一般不超过 37～37.5℃，湿度提高到 70％～75％。

c. 注意通风换气，必要时加大通风量。

d. 保证正常供电，即使短时间停电，对孵化效果的影响也是很大的，万一停电，应打开机门，进行上下倒盘，测蛋温。

e. 捡雏时间的选择：在 60％～70％雏鸡出壳时，将绒羽已干的雏鸡捡出，在此之前仅捡去空蛋壳；大批出雏后，将未出雏的胚蛋集中在出雏器顶部，以便出雏。最后再捡一次雏，并扫盘。

f. 观察窗遮光，使雏鸡安静。

g. 防止雏鸡脱水：雏鸡不可长时间待在出雏器里和放在雏鸡处置室里，应及时送交育雏室或用户。

五、初生雏禽的处理

1. 初生雏鸡的雌雄鉴别

对初生雏鸡进行雌雄鉴别，有重要的经济意义，尤其是商品代蛋鸡，只养母鸡，不养公鸡，要等到 4 周龄能从外观上区别雌雄时再淘汰，则每只小公鸡要投入 600g 左右的饲料。及早鉴别淘汰公雏还可以节省设施和设备，降低饲养密度，节省许多劳动力和各种饲养费用，提高母雏的成活率和均匀度。因公雏发育快，吃食与活动能力强，公母混群饲养，会影响母雏的生长发育。需要留养的公雏，也应根据公雏的生理特点及其对营养的需求情况进行合理的饲养管理。

雌雄鉴别法在生产中用得较多的有两种。

（1）伴性遗传鉴别法　伴性遗传鉴别是利用伴性遗传原理，培育自别雌雄品系，通过不同品系间杂交，根据初生雏鸡羽毛的颜色、羽毛生长速度准确地辨别雌雄：

① 快慢羽鉴别法　控制羽毛生长速度的基因存在于性染色体上，且慢羽（K）对快羽（k）为显性。用慢羽母鸡与快羽公鸡杂交，其后代中凡快羽的是母鸡、慢羽的是公鸡。区别快慢羽的方法是：初生雏鸡若主翼羽长于覆主翼羽为快羽，若主翼羽短于或等于覆主翼羽则为慢羽，现代白壳蛋鸡和粉壳蛋鸡多羽速自别雌雄。

② 羽色鉴别法　利用初生雏鸡绒毛颜色的不同区别雌雄。如：褐壳蛋鸡品种伊莎、罗斯、罗曼、海兰等就可利用其羽色自别雌雄。银白色为显性（S），金黄色（s）为隐性，用金黄色羽的公鸡与银白色羽的母鸡杂交，商品代雏鸡中，凡绒毛金黄色的为母雏、银白色的

为公雏。现代褐壳蛋鸡可羽速自别雌雄。

③ 羽斑鉴别法　用非横斑公鸡（白来航等显性白羽鸡除外）与横斑母鸡交配，其子一代呈交叉遗传，即公雏全部是横斑羽色，母雏全部是非横斑羽色。例如用洛岛红公鸡和横斑母鸡交配，则子一代公雏皆为横斑羽色（黑色绒毛，头顶上有不规则的白色斑点），母雏全身黑色绒毛或背部有条斑。

(2) 翻肛鉴别法　翻肛鉴别法是根据初生雏鸡有无生殖隆起以及生殖隆起在组织形态上的差异，以肉眼分辨雌雄的一种鉴别方法。

① 初生雏鸡生殖隆起的形态和分类　雄雏生殖隆起分为正常型、小突起型、分裂型、肥厚型、扁平型和纵型；雌雏分为正常型、小突起型和大突起型。初生雏鸡生殖突起的形态特征见表 3-10。

② 初生雏鸡雌雄生殖隆起的组织形态差异　初生雏鸡有无生殖隆起是鉴别雌雄的主要依据，但部分初生雌雏的生殖隆起仍有残迹，这种残迹与雄雏的生殖隆起在组织上有明显的差异。正确掌握这些差异，是提高鉴别率的关键。

表 3-10　初生雏鸡生殖突起的形态特征

性别	类型	生殖突起	八字皱襞
雌雏	正常型	无	退化
	小突起	突起较小,不充血,突起下有凹陷,隐约可见	不发达
	大突起	突起大,不充血,突起下有凹陷	不发达
雄雏	正常型	大而圆,形状饱满,充血,轮廓明显	很发达
	小突起	小而圆	比较发达
	分裂型	突起分为两部分	比较发达
	肥厚型	比正常型大	发达
	扁平型	大而圆,突起变扁	发达,不规则
	纵型	尖而小,着生部位较深,突起直立	不发达

③ 鉴别操作方法

a. 抓雏、握雏　雏鸡的抓握法一般有两种：一种是夹握法（图 3-7），右手朝着雏鸡运动的方向，掌心贴雏背将雏抓起，然后将雏鸡头部向左侧迅速移至放在排粪缸附近的左手，雏背贴掌心，肛门向上，雏颈轻夹在中指与无名指之间，双翅夹在食指与中指之间，无名指与小指弯曲，将两脚夹在掌面；技术熟练的鉴别员，往往右手一次抓两只雏鸡，当一只移至左手鉴别时，将另一只夹在右手的无名指与小指之间。另一种是团握法（图 3-8），左手朝雏尾部的方向，掌心贴雏背将雏抓起，雏背向掌心，肛门朝上，将雏鸡团握在手中；雏的颈部和两脚任其自然。两种抓握法没有明显差异，虽然右手抓雏移至左手握雏需要时间，但因右手较左手敏捷而得以弥补。团握法多为熟练鉴别员采用。

b. 排粪、翻肛　在鉴别观察前，必须将粪便排出，其手法是左手拇指轻压腹部左侧髋骨下缘，借助雏鸡呼吸将粪便挤入排粪缸中。

翻肛手法较多，下面介绍常用的三种方法。

第一种方法：左手握雏，左拇指从前述排粪的位置移至肛门左侧，左食指弯曲贴于雏鸡背侧，与此同时右食指放在肛门右侧，右拇指侧放在雏鸡脐带处（图 3-9）。右拇指沿直线往上顶推，右食指往下拉、往肛门处收拢，左拇指也往里收拢，三指在肛门处形成一个小三角区，三指凑拢一挤，肛门即翻开。

第二种方法：左手握雏，左拇指置于肛门左侧，左食指自然伸开，与此同时，右中指置

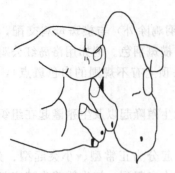 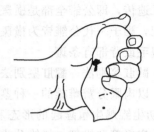

图 3-7　握鸡法之一（夹握法）　　　　　图 3-8　握鸡法之二（团握法）

于肛门右侧，右食指置于肛门端（图 3-10）。然后右食指往上顶推，右中指往下拉，左拇指向肛门处收拢，三指在肛门形成一个小三角区，由于三指凑拢，肛门即翻开。

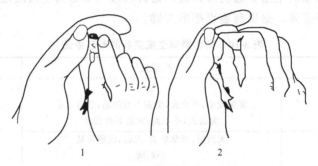

图 3-9　翻肛手法之一

第三种方法：此法要求鉴别员右手的大拇指留有指甲。翻肛手法基本与翻肛手法一相同（图 3-11）。

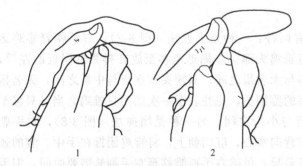 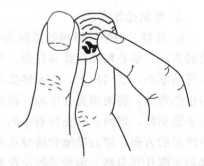

图 3-10　翻肛手法之二　　　　　　　图 3-11　翻肛手法之三

c. 鉴别、放雏　根据生殖隆起的有无和形态差别，便可判断雌雄。如果有粪便或渗出物排出，可用左拇指或右食指抹去，再行观察。遇生殖隆起一时难以分辨时，也可用左拇指或右食指触摸，观察其充血和弹性程度。鉴别后的雏鸡根据习惯把公雏放在左侧雏鸡盒内，母雏放在右侧雏鸡盒内。

④ 鉴别的适宜时间与鉴别要领

a. 鉴别的适宜时间　最适宜的鉴别时间是出雏后 12～24h，在此时间内，雌雄雏鸡生殖隆起的性状差异最显著，也容易抓握、翻肛。而刚孵出的雏鸡，身体软绵、呼吸弱，蛋黄吸收差，腹部充实，不易翻肛，技术不熟练者甚至造成雏鸡死亡。

孵出 24h 以上的雏鸡，肛门发紧，难以翻开，而且生殖隆起萎缩，甚至陷入泄殖腔深处，不便观察。因此，鉴别时间以出壳后不超过 24h 为宜。

b. 鉴别要领　生产中要求翻肛分辨雌雄准确率达到 95％以上，技术熟练者每小时可鉴别 1000 只左右。提高鉴别的准确性和速度，关键在于正确掌握翻肛手法和熟练而准确无误地分辨雌雄雏的生殖隆起。翻肛时，三指的指关节不要弯曲，三角区宜小，不要外拉和里顶才不致人为地造成隆起变形而发生误判。一般容易发生误判的有以下几种情况：雌雏的小突起型误判为雄雏的小突起型；雌雏的大突起型误判为雄雏的正常型；雄雏的肥厚型误判为雌雏的正常型。只要不断实践是不难分辨的。

⑤ 鉴别注意事项

a. 动作要轻捷　鉴别时动作粗鲁容易损伤肛门或使卵黄囊破裂，影响以后发育，甚至引起雏鸡死亡；鉴别时间过长，肛门容易被粪便或渗出液掩盖或过分充血，而无法辨认。

b. 姿势要自然　鉴别员坐的姿势要自然。

c. 光线要适中　肛门雌雄鉴别法是一种针对细微结构的观察，故光线要充足而集中，从一个方向射来，光线过强或过弱都容易使眼睛疲劳。自然光线一般不具备上述要求，常采用有反光罩的 40～60W 乳白灯泡的光线。光线过强，不仅刺激眼睛，而且炽热烤人。

d. 盒位要固定　鉴别桌上的鉴别盒分三格，中间一格放未鉴别的混合雏，左边一格放雄雏，右边一格放雌雏。要求位置固定，不要更换，以免发生差错。

e. 鉴别前要消毒　为了做好防疫工作，鉴别前，要求鉴别员穿戴工作服、鞋、帽、口罩，并用消毒液洗手。

2. 水禽的雌雄鉴别

雏鸭的雌雄鉴别有翻肛鉴别法和鸣管鉴别法两种，使用最普遍、准确率最高的是翻肛鉴别法。

（1）翻肛鉴别法

① 方法　鉴别者左手握雏鸭，雏鸭背部贴手掌，尾部在虎口处，大拇指放在雏鸭肛门右下方、食指放在尾根部；右手大拇指放在雏鸭肛门左下方、食指放在肛门左上方。右手大拇指和左手食指向外轻拉，左手拇指向上轻顶，雏鸭的泄殖腔就会外翻。初生的公雏鸭，在肛门口的下方有一长 2～3mm 的小阴茎，状似芝麻，翻开肛门时肉眼可以看到（图 3-12）。

② 注意事项　鉴别要在光线较强的地方进行，这样才容易看清楚有无外生殖器；雏鸭的肛门比较紧，翻肛时的力度比雏鸡鉴别时稍大，在出壳 48h 内鉴别。

（2）鸣管鉴别法　鸣管又称下喉，是在颈的基部两锁骨内，位于气管分叉顶端的球状软骨（图 3-13）。公雏鸭的鸣管较大，直径有 3～4mm，横圆柱形，微偏于左侧。母雏鸭的鸣管则很小，比气管略大一点。触摸时，左手大拇指与食指抬起鸭头，右手从腹部握住雏鸭，食指触摸颈基部，如有直径 3～4mm 的小突起，鸣叫时能感觉到振动，即是公雏鸭。

（3）捏肛法　经验丰富的鉴别师，采用捏肛法鉴别雌雄。

① 方法　鉴别鸭雌雄时，左手抓鸭（鹅），鸭（鹅）头朝下，腹部朝上，背靠手心，鉴定者右手拇指和食指捏住肛门的两侧，轻轻揉搓，如感觉到肛门内有个芝麻似的小突起，上端可以滑动，下端相对固定，这便是阴茎，即可判断为公鸭（鹅）；如无此小突起的即是母鸭（鹅）（母雏在用手指揉搓时，虽有泄殖腔的肌肉皱襞随着移动，但没有芝麻点的感觉）。

② 注意事项　采用捏肛鉴别法时，术者必须手皮薄、感觉灵敏方能学会。有经验的人捏摸速度很快，每小时可鉴别 1000 余只，准确率达98％～100％。

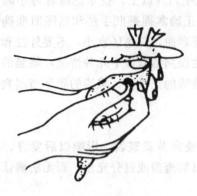

图 3-12　雏鸭翻肛鉴别手势

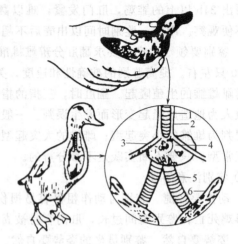

图 3-13　鸭的鸣管示意图
1—气管；2—气管骨肉层；3—胸骨气管肌；
4—鸣管；5—初级支气管；6—肺

雏鹅的雌雄鉴别不像雏鸭那样容易判断，主要是用捏肛和翻肛鉴别，方法同鉴别雏鸭雌雄一样。

3. 初生雏免疫

马立克病是由疱疹病毒所引起的一种淋巴组织增生性疾病，对养鸡业危害较大。为预防马立克病，在雏鸡出壳后 24h 内接种马立克苗，每只雏鸡用连续注射器将稀释后的疫苗在颈部皮下注射 0.2mL。注射时捏住皮肤，确保针头插入皮下，稀释后的疫苗须在 0.5h 内用完。马立克苗在孵化厂接种。

4. 初生雏的挑选分级

选择初生雏的目的是为了将初生雏按大小、强弱分群单独培育，减少疾病的传播，提高成活率。一般通过眼看、手摸、耳听进行选择，选择的同时计数、装箱，准备运往育雏地点。

（1）眼看选择初生雏　即看初生雏的精神状态，羽毛整洁程度，动作是否灵活，喙、腿、趾、翅、眼有无异常，肛门有无粪便黏着，脐孔愈合是否良好等。

（2）手摸选择初生雏　即将初生雏抓握在手中，触摸初生雏的膘情、体重，是否挣扎有力。

（3）耳听选择初生雏　即听初生雏的叫声来判断初生雏的强弱。

此外，选择初生雏还应结合种禽群的健康状况、孵化率的高低和出壳时间的早晚来进行综合考虑。来源于高产健康种禽群的、孵化率比较高的、正常出壳的初生雏质量比较好；来源于患病禽群的、孵化率较低的、过早或过晚出壳的初生雏质量较差。

5. 初生雏的剪冠、去爪

（1）剪冠　在 1 日龄进行，剪冠是为防止鸡冠啄伤、擦伤和冻伤而采取的技术措施，冠大也影响采食。方法是一手握住雏鸡，拇指和食指固定雏鸡头部，另一手用消毒过的弯剪紧贴冠基由前向后一次剪掉。

（2）去爪　为防止自然交配时种公鸡踩伤母鸡背部或为了做标记，在 1 日龄用断趾器将第一、二趾的指甲根部的关节切去并灼烧以防流血。

6. 初生雏的运输

运输初生雏是一项技术要求高的细致性工作。随着商品化养鸡生产的发展，初生雏的长途运输频繁发生。运输初生雏的基本原则是迅速及时、舒适安全、清洁卫生。否则，稍有不慎就会给养殖户或养鸡场带来较大的经济损失。

因此，要求运输人员要有一定的专业知识和运输经验，要有很强的责任心，最好由养殖场的人负责押运。由于初生雏体内残留部分未被利用的蛋黄，可以作为初生阶段的营养来源。所以远途运输初生雏，可在48h或稍长时间不喂。但从保证雏鸡的健康和正常生长发育考虑，待初生雏绒毛干后，应将初生雏分级、鉴别、接种疫苗后尽早运达育雏舍，在孵化室停留时间越长，对初生雏就越不利，一般初生雏最好在24～36h内运至育雏室。

运输初生雏应用专用雏箱，也可用厚纸箱。纸箱四壁应有孔洞。注意每箱数量要适当，不可过分拥挤。装运时要注意平稳、通气，箱与箱或箱与车体之间要留有空隙，并根据季节、气候情况做好保温、防暑、防震、防雨工作。如早春运雏要带防寒物品，夏季运雏要带防雨用具，运输途中要注意观察初生雏状态，每隔0.5～1h检查一次，如发现过热、过凉或通风不良，要及时采取措施，防止因闷、压、凉或日光直射而造成伤亡或继发疾病。

大型孵化厂有专用送雏车，环境条件可以控制。

复习思考题

1. 简述母禽输卵管的结构与功能。
2. 简述蛋的构造。
3. 采精时应该注意的事项有哪些？
4. 输精时应该注意的事项有哪些？
5. 简述提高孵化率的综合措施。
6. 种蛋的选择方法有哪些？
7. 种蛋的消毒方法有哪些？
8. 胚胎发育需要什么条件？
9. 孵化前需要做好哪些准备？
10. 怎样对孵化效果进行检查？
11. 孵化过程中停电了怎么办？
12. 对初生雏需要做哪些处理？

实训一　蛋的构造和品质评价

【目的要求】

熟悉蛋的构造，掌握蛋的品质评价方法。

【材料和用具】

1. 新鲜鸡蛋、保存一周和一个月左右的鸡蛋以及煮熟的新鲜鸡蛋、鸭蛋、鹅蛋或火鸡蛋。

2. 照蛋器、蛋秤、粗天平、液体比重计、游标卡尺、蛋壳厚度测定仪、放大镜、培养皿、搪瓷筒或玻璃缸（容量最好为 3～5L）、小镊子、吸管、滤纸、0.02mol/L 高锰酸钾、酒精棉、食盐（精盐）、直尺、蛋壳强度测定仪、罗氏（Roche）比色扇。

【内容和方法】

1. 蛋重测定

用蛋秤或粗天平称测各种家禽的蛋重。鸡蛋的重量在 40～70g，鹅蛋在 120～200g，鸭蛋和火鸡蛋重的变动范围均为 70～100g。

2. 蛋形指数测定

蛋形由蛋的长径（纵径）和短径（横径）的比例即蛋形指数来表示，用游标卡尺测定蛋的长径和短径。正常鸡蛋蛋形指数为 1.3～1.39，1.35 为标准形。鸭蛋正常蛋形指数在 1.20～1.58，标准形为 1.30。

3. 蛋的相对密度测定

蛋的相对密度不仅能反映蛋的新陈程度，也与蛋壳厚度有关。测定方法是在每 1 升水中加入不同数量的食盐，配制成不同相对密度的溶液，用比重计校正后分盛于 9 个大烧杯内。每种溶液的相对密度依次相差 0.005，详见实表 3-1。

实表 3-1　溶液的相对密度与相应的加入食盐量

溶液相对密度	加入食盐量/g	溶液相对密度	加入食盐量/g
1.060	92	1.085	132
1.065	100	1.090	140
1.070	108	1.095	148
1.075	116	1.100	156
1.080	124		

测定时先将蛋浸入清水中，然后依次从低相对密度到高相对密度食盐溶液中通过。当蛋悬浮在溶液中即表明其相对密度与该溶液的相对密度相等。蛋壳质量良好的蛋的相对密度在 1.080 以上。种蛋的适宜相对密度，鸡蛋为 1.085、火鸡蛋为 1.080、鸭蛋为 1.090、鹅蛋为 1.100。

4. 蛋的照检

用照蛋器检测蛋的构造和内部品质，可检视气室大小、蛋壳质地、蛋黄颜色深浅和系带的完整与否等。

照检时要注意观察蛋壳组织及其致密程度。也要判断系带的完整性，如系带完整，蛋黄的阴影由于旋转鸡蛋而改变位置，但又能很快回到原来位置；如系带断裂，则蛋黄在蛋壳下面晃动不停。

5. 蛋的剖检

目的是直接观察蛋的构造和进一步研究蛋的各部分重量的比例以及蛋黄和蛋白的品质等。

取种蛋和商品蛋各一枚，横放于水平位置 10min，用镊子从蛋的上部敲开 1.2cm 左右的小孔，比较胚盘和胚珠。受精蛋胚盘的直径为 3～5mm，并有稍透明的同心边缘结构，形如小盘。未受精蛋的胚珠较小，为一不透明的灰白色小点。

取一枚新鲜鸡蛋，称重后从一端打一小孔让蛋白流出。注意不要弄破蛋黄膜，称取蛋白的重量，再倒出蛋黄，分别称取蛋黄和蛋壳（包括碎片）的重量，计算各部分占蛋总重量的百分比例。

为观察和统计蛋壳上的气孔及其数量，应将蛋壳膜剥下，用滤纸吸干蛋壳，并用乙醚或酒精棉去除油脂。在蛋壳内面滴上美蓝或高锰酸钾溶液。约经 15～20min，蛋壳表面即显出许多小的蓝点或紫红点。

在等待气孔染色时，可进一步观察蛋的内部构造和内容。

为观察蛋黄的层次和蛋黄心，可用马尾或头发将去壳的熟鸡蛋沿长轴切开。蛋黄由于鸡体日夜新陈代谢的差异，形成深浅两层，深色层为黄蛋黄、浅色层为白蛋黄。

观察蛋的内部构造和研究内容物结束之后，可借助放大镜来统计蛋壳上的气孔数（锐端和钝端要分别统计）。

6. 蛋壳厚度测定

用蛋壳厚度仪或千分尺分别测定蛋的锐端、钝端和中部三个部位的厚度，然后加以平均。蛋壳质量良好的蛋的平均厚度在 0.33mm 以上。

7. 蛋黄色泽判断

主要比较蛋黄色泽的深浅度。用罗氏（Roche）比色扇的 15 个蛋黄色泽等级比色，统计该批蛋各级色泽数量和所占的百分比。种蛋蛋黄色泽要鲜艳。

8. 蛋壳强度测定

蛋壳强度是指蛋对碰撞和挤压的承受能力，为蛋壳致密坚固性的指标。用蛋壳强度测定仪测定，单位为 kg/cm^2。

9. 蛋白浓度测定

蛋白浓度是蛋营养情况的表示，国际上用哈氏单位表示蛋白浓度。哈氏单位越大，则蛋白黏稠度越大，蛋白品质越好。一般新鲜蛋的哈氏单位为 80～90。

$$哈氏单位 = 100 \lg(H - 1.7W^{0.37} + 7.57) \tag{3-1}$$

式中，H 表示蛋白高度，mm；W 表示蛋重，g。

10. 血斑和肉斑鉴定

蛋内血斑是排卵时微血管出血造成的，受遗传和饲养管理因素的影响。肉斑是蛋内出现的苍白色或褐色斑点，多为变质的血液或黏膜上皮组织。血斑和肉斑率越高，蛋品质越差。

$$血斑和肉斑率(\%) = 血肉斑蛋总数/测定总蛋数 \times 100 \tag{3-2}$$

【作业】

说明蛋的品质评定项目及标准，并判断蛋的品质。

实训二　孵化器的构造与使用

【目的要求】

1. 认识孵化器各部构造并熟悉其使用方法。
2. 实际参加各项孵化操作，熟悉机械孵化的基本管理技术。

【材料和用具】

入孵机、出雏机、控温仪、温度计、湿度计、体温计、标准温度计、标准湿度计、转数计、风速计、孵化室有关设备用具，记录表格，孵化规程。

【内容和方法】

1. 孵化机的构造和使用

按实物依序识别孵化机和出雏机的各部构造并熟练掌握其使用方法。

2. 孵化的操作

根据孵化操作规程，在教师指导和工人的帮助下，进行各项实际操作。

（1）选蛋

① 首先将过大、过小的，形状不正的，壳薄或壳面粗糙的，有裂纹的蛋剔出。

② 选出破壳蛋，每手握蛋三个，活动手指使其轻度冲撞，撞击时如有破裂声，则将破蛋取出。

③ 照验，初选后再用照蛋器检视，将遗漏的破蛋和壳面结构不良的蛋剔出。

（2）码盘和消毒

① 码盘 选蛋的同时进行装盘。码盘时使蛋的钝端向上，装后清点蛋数，登记于孵化记录表中。

② 消毒 种蛋码盘后即上架，在单独的消毒间内按每立方米容积置甲醛 30mL、高锰酸钾 15g 的比例熏蒸 20～30min。熏蒸时关严门窗，室内温度保持 25～27℃，湿度 75%～80%，熏后排出气体。

（3）预热 入孵前 12h 将蛋移至孵化室内，使种蛋初步升温。

（4）入孵

① 预热后按计划于下午 3～5 点上架孵化，出雏时便于工作。

② 天冷时，上蛋后打开孵化机的辅助加热开关，使加速升温，以免影响早孵胚的发育，待温度接近要求时即关闭辅助加热器。

（5）孵化 实习时按下列孵化条件进行操作。

① 孵化室条件 温度 20～22℃，湿度 60%～65%，通风换气良好。

② 孵化条件 见实表 3-2。

实表 3-2 孵化条件

孵化条件 ＼ 孵化器	孵化机	出雏机
温度	37.8℃	37.3～37.5℃
湿度	60%～65%	70%～75%
通气孔	开 50%～70%	全开
翻蛋	每 2h 一次	停止

（6）翻蛋 每2h翻蛋一次，翻动宜轻稳，防止滑盘。出雏期停止翻蛋。每次翻蛋时，蛋盘应转动90°。

（7）温、湿度的检查和调节 应经常检查孵化机和孵化室的温湿度情况，观察机器的灵敏程度，遇有超温或降温时，应及时查明原因检修和调节。机内水盘每天加温水一次。

（8）孵化机的管理　孵化过程中应注意机件的运转，特别是电机和风扇的运转情形，注意有无发热和撞击声响的机件，定期检修加油。

（9）移蛋和出雏

① 孵化18d或19d照检后将蛋移至出雏机中，同时增加水盘，改变孵化条件。

② 孵化满20d后，将出雏机玻璃门用黑布或黑纸遮掩，免得已出的雏鸡骚动。

③ 孵化满20d后，每天隔4～8h拣出雏鸡和蛋壳一次。

④ 出雏完毕，清洗雏盘，消毒。

（10）熟悉孵化规程与记录表格　仔细阅览孵化室内的操作规程、孵化日程表、工作时间表、孵化记录等。

【作业】

1. 将孵化过程中记录的相关数据进行统计，分析影响孵化效果的因素。

2. 根据孵化器的使用方法阐述孵化操作过程。

实训三　鸡的人工采精与输精

【目的要求】

掌握鸡的采精、精液品质鉴定以及鸡的输精技术。

【材料和用具】

种公鸡、种母鸡若干只，采精杯，保温杯，输精器，毛剪，显微镜，载玻片，温度计，水浴锅，显微镜保温箱，95％酒精，0.5％龙胆紫，0.9％的氯化钠溶液（即生理盐水）。

【内容和方法】

1. 鸡的采精

（1）采精前的准备　将公鸡、母鸡提前分群饲养，加强对种公鸡的管理；在正式人工授精前一周对公鸡进行按摩训练，将性反射强、精液品质好的公鸡挑选出来；剪去公鸡泄殖腔周围的羽毛；将人工授精器材清洗干净、消毒烘干备用。

（2）采精步骤　两人操作采精时，一人用左、右手分别将公鸡的两腿轻轻握住，使其自然分开，鸡的头部向后，尾部向采精者。另一个人采精时左手中指和食指夹住采精杯，杯口朝外，右手掌自然打开并贴于鸡的背部，自公鸡的背部向尾部方向按摩，到尾综骨处稍加力，此时可看到公鸡尾部翘起、泄殖腔外翻时，右手顺势将鸡尾部翻向背部，并用拇指和食指轻轻挤压泄殖腔上沿柔软的地方，精液即可顺利排出。精液排出时，左手迅速将杯口朝上承接精液。单人操作时，术者坐在凳子上将公鸡保定于两腿之间，采精步骤同上。公鸡每周采精3～4次为宜。

2. 精液的品质检查

（1）外观检查

① 颜色　正常为乳白色。被粪便污染的为黄褐色；尿酸盐污染的为白色絮状物；血液

污染的为粉红色；透明液过多为水渍状。

② 气味 稍带有腥味。

③ 采精量 正常在 0.2～0.6mL。

④ 浓稠度 浓稠度很大。

⑤ pH 鸡精液在 6.2～7.4。

（2）显微镜检查

① 活力 授精后取精液或稀释后的精液，用平板压片法在37℃条件下用200～400倍显微镜检查，评定活力的等级，一般根据在显微镜下呈直线前进运动的精子数（有受精能力）所占比例分为 1、0.9、0.8、0.7、0.6…级。转圈运动或原地摆动的精子，都没有受精能力。

② 密度 密——精子中间几乎无空隙。鸡每毫升精液有精子 40 亿以上，火鸡 80 亿以上，中——有空隙。鸡每毫升精液有精子 20 亿～40 亿，火鸡 60 亿～80 亿；稀——稀疏。鸡每毫升有精子 20 亿以下，火鸡 50 亿以下。

③ 畸形率检查 取 1 滴原精液在载玻片上，抹片自然阴干，干后用 95％酒精固定 1～2min，水洗，再用 0.5％龙胆紫（或红、蓝墨水）染色 3min，水洗晾干，400 倍镜检。畸形精子有以下几种，如尾部盘绕、断尾、无尾、盘绕头、钩状头、小头、破裂头、钝头、膨胀头、气球头、丝状中段等。

3. 精液的稀释和保存

精液的稀释应根据精液的品质决定稀释的倍数，一般稀释为 1∶1。常用稀释液是 0.9％的氯化钠溶液（即生理盐水）。精液稀释应在采精后尽快进行。

精液的保存采用低温保存和冷冻保存。现在生产实际中是采精后直接输精，或者将精液稀释后置于 25～30℃的保温桶中保存并在 20～40min 内输完。

4. 鸡的输精

（1）输精前的准备 挑选健康、无病、开产的母鸡，产蛋率达 70％以上开始输精最为理想。

（2）输精时间 以每天下午 3 点以后，母鸡子宫内无硬壳蛋时最好，但是生产上往往是采取全天输精（上班时间）。

（3）输精方法 阴道输精是在生产中广泛应用的方法。一般 2 人一组，1 人翻肛，1 人输精。翻肛者用左手在笼中捉住鸡的两腿紧握腿根部，将鸡腹贴于笼上，鸡呈卧伏状，右手翻肛，输精者立即将吸有精液的输精管顺鸡的卧式插入输卵管中 2～3cm。输精时翻肛者与输精者需密切配合，在输入精液时，翻肛者要及时解除鸡腹部的压力，才能有效地将精液全部输入。

（4）输精量和输精次数 取决于精液品质。蛋用型鸡在产蛋高峰期每 5～7 天输一次，每次量为原液 0.025mL 或稀释精液 0.05mL。产蛋初期和后期则为 4～6 天输一次，每次量原液 0.025～0.05mL、稀释精液 0.05～0.075mL。肉种鸡为 4～5 天输一次，每次量原液 0.03mL、中后期 0.05～0.06mL，4 天一次。要保持高的受精率就要保证每只鸡每次输入的有效精子数不少于 8000 万至 1 亿个。

【作业】

1. 简述鸡的采精和输精技术要点。

2. 精液品质鉴定的方法有哪些？

实训四　家禽的胚胎发育观察

【目的要求】

通过照蛋，能准确判别受精蛋、无精蛋、弱精蛋和死胚蛋；并能判断出不同胚龄的胚蛋是否正常。

【材料和用具】

5～6 天、10～11 天、17～19 天的正常鸡胚蛋或 7～8 天、14～15 天、23～25 天的正常鸭胚蛋若干；不同时期的弱胚蛋、死胚蛋和无精蛋若干；照蛋器、蛋盘、操作台及暗室等。

【内容和方法】

1. 区别无精蛋、死精蛋、弱精蛋和受精蛋

用照蛋器照检 5～7 天胚蛋，观察胚蛋的外部特征。可参见彩图 32。

（1）受精蛋　整个蛋呈暗红色，气室界限清楚，胚胎发育像蜘蛛形态，其周围血管分布明显，并可看到胚上的黑色眼点，将蛋轻微晃动，胚胎亦随之而动。

（2）弱精蛋　黑色眼点不清楚，血管网扩展面小，血管不明显。

（3）死胚蛋　俗称"血蛋"，无黑点或黑点不会动，可见到血点、血线或血圈，无血管网扩散，蛋透亮，气室界限不清楚。

（4）无精蛋　蛋内发亮（俗称"白蛋"），只见蛋黄稍扩大，颜色淡黄，看不到血管分布，气室界限不清楚。

2. 观察 10～11 天鸡胚胎发育的特征（可参见彩图 33）

此时胚胎的典型特征是"合拢"，即尿囊血管已延伸至蛋的小头，将蛋白包裹。

3. 观察 17～19 天鸡胚胎发育的特征（可参见彩图 34）

17 天的典型特征是"封门"，即蛋的小头不透光；18 天的典型特征是"斜口"，即气室口已变斜；19 天的典型特征是"闪毛"，即胚胎已发育完成，喙伸入气室，开始用肺呼吸，可见喙的阴影闪动。

这一时间段的活胚胎气室下面黑阴影呈波浪状，气室界限清楚，气室下边有明显的血管。死胚则黑阴影浑浊不清，气室界限不清楚，气室下边看不见血管。

【作业】

1. 根据所观察的各类型胚蛋，描述其特征。

2. 判断无精蛋、死胚蛋、弱胚蛋和正常胚蛋，并计算其比率。

模块四　蛋鸡生产

【知识目标】
　　① 了解雏鸡、育成鸡和产蛋鸡的生理特点。
　　② 掌握雏鸡的培养技术和育成鸡的饲养管理技术。
　　③ 了解蛋鸡的产蛋规律。
　　④ 掌握蛋鸡的饲养管理技术。

【技能目标】
　　① 能够根据蛋鸡不同生理阶段的饲养要求，合理控制饲养环境。
　　② 能够熟练进行日常管理操作。

项目一　雏鸡饲养管理

　　0～6周龄的小鸡称做雏鸡。雏鸡的饲养也叫育雏。雏鸡由于具有生长发育迅速、体温调节机能弱、消化机能尚未健全以及抗病能力差的生理特点，从而使得育雏成为蛋鸡生产中相当重要的基础阶段。育雏工作的好坏不仅直接影响雏鸡整个培育期的正常生长发育，也影响到产蛋期生产性能的发挥，对种鸡而言会影响种用价值以及种鸡群的更新和生产计划的完成。

一、雏鸡的生理特点

1. 体温调节机能差

　　初生雏鸡的体温比成年鸡低 2～3℃，10 日龄以后才接近成年鸡体温，3 周龄左右体温调节机能逐渐趋于完善，7～8 周龄以后才具有适应外界环境变化的能力。

2. 胃肠容积小，消化能力弱

　　初生雏鸡胃肠容积小，不能贮存足够的食物。胃肠消化机能不健全，饲料利用率低。因此，喂料时要少喂勤添，要喂给容易消化的配合饲料。

3. 生长迅速，代谢旺盛

　　雏鸡的生长速度在出壳后前两周并不是很快，两周后则明显加快，体重迅速增长。2 周龄的体重约为初生时体重的 2 倍，6 周龄体重是初生体重的 10 倍多，8 周龄为初生时的 15 倍。雏鸡生长快、饲料利用率高，代谢旺盛，心跳加快，耗氧量大。所以，在饲养上要满足其营养需要，管理上要注意供给新鲜空气。

4. 群居性强，胆小

　　雏鸡胆小、缺乏自卫能力，喜欢群居，并且比较神经质，稍有外界的异常刺激，就有可能引起混乱炸群，影响正常的生长发育和抗病能力。所以育雏需要安静的环境，要防止异常声响和鼠、雀、害兽的侵入，同时在管理上要注意鸡群饲养密度的适宜性。

5. 抗病力差

雏鸡由于对外界的适应力差，对各种疾病的抵抗力也弱，在饲养管理上稍有疏忽，就有可能患病。在 30 日龄之内雏鸡的免疫机能还未发育完善，虽经多次免疫，自身产生的抗体水平还是难以抵抗强毒的侵扰，所以应尽可能为雏鸡创造一个适宜的环境。

二、育雏前的准备

为了使育雏工作能按预定计划进行，取得理想效果，育雏前必须做好各项准备工作。

1. 拟定育雏计划、选择育雏季节

(1) 拟定育雏计划　在拟定育雏计划时，首先确定全年总育雏数及每批的饲养量。确定时考虑以下因素：一是房舍、设备条件，总的生产规模、生产计划等条件；二是饲料来源的可靠程度及饲料费用；三是主要负责人的经营能力及饲养管理人员的技术水平，估计其能够完成的育雏任务；四是考虑育雏所依赖的其他物质条件及社会因素，如水源、水质、电力和燃料的来源是否有保证，育雏必需的产前、产后服务（如饲料、疫苗、常用物资等的供应渠道及产品销售渠道）的通畅程度与可靠性。然后把这四个方面的因素综合分析，结合市场的需求、价格和利润的情况，确定每批育雏的规模。每批的育雏规模确定后，决定全年育雏的总量。最后具体拟订进雏及雏鸡周转计划、饲料及物资供应计划、防疫计划、财务收支计划及育雏阶段应达到的技术经济指标。

(2) 育雏季节的选择　在密闭式鸡舍内育雏，由于为雏鸡创造了必要的环境条件，受季节影响小，可实行全年育雏。但对开放式鸡舍因不能完全控制环境条件，受季节影响较大，应选择育雏季节。

春季育雏气候干燥，阳光充足，温度适宜，雏鸡生长发育好，并可当年开产，产蛋量高，产蛋时间长；秋季育雏，气候适宜，成活率较高，但育成后期因光照时间逐渐延长，会造成母鸡过早开产，影响产蛋量；冬季气温低，特别是北方地区育雏需要供暖，成本高，且舍内外温差大，雏鸡成活率受影响；夏季高温高湿，雏鸡易患病，成活率低。可见，育雏最好避开夏冬季节，选择春秋两季育雏效果较好。

2. 确定供热方式

(1) 电热保温伞　这是平面育雏常采用的一种方式。它的优点是干净卫生，雏鸡可在伞下进出，寻找适宜的温度区域，但单独使用效果不是十分理想，且耗电较多。育雏伞一般离地面 10cm 左右，伞下所容纳鸡的数量可根据伞罩的直径大小而定，见表 4-1。

表 4-1　电热伞育雏容纳雏鸡数

伞罩直径/cm	伞高/cm	15d 内容鸡量/只
100	55	300
130	60	400
150	70	500
180	80	600
240	100	1000

使用育雏保温伞时，要求室温达到 27℃ 左右。最初几天内，为防止雏鸡乱跑，应在伞外 100cm 处设置 60cm 高的护栏，2 周后再撤离。

(2) 红外线灯供热　利用红外线灯做热源，一般 1 盏 250W 红外线灯泡，可供 100～

250只雏鸡保温。悬挂在离地面35~50cm高处，实际高度可根据雏鸡日龄及气温高低调整，日龄小，气温低，可低一些；日龄大，气温高，可高一些。红外线灯育雏，温度稳定，室内干燥，但耗电多，成本高。

（3）暖气供热　优点是冬季育雏效果好，但一次性投资大，成本高，控制舍内温度的能力差，最好配合电热使用，效果更理想。

（4）火炕、地下火道　在我国北方寒冷地区专业户广泛使用的火炕、地下火道供热方式也很好。南方地区在多雨潮湿季节，用火炕或地下火道供热效果也较好。

3. 准备育雏室

（1）房舍准备　育雏舍应做到保温良好、不透风、不漏雨、不潮湿、无鼠害。舍内通风设备要运转良好，所有通风口设置防兽害的铁网。舍内照明分布要合理，上下水正常，不能有堵漏现象。供温系统要正常，平养时要备好垫料。

（2）育雏舍的清洁消毒　消毒前要彻底清扫地面、墙壁和天花板，然后用自来水洗刷地面、鸡笼和用具等；待晾干后，用2%的火碱喷洒；最后用高锰酸钾和福尔马林熏蒸，剂量为每立方米空间福尔马林40mL、高锰酸钾20g。密闭门窗，熏蒸24h以上。

4. 器具的准备

除育雏设备外，主要的育雏用具有食具和饮具。要求数量充足，保证使每只鸡都能同时进食和饮水；大小要适当，可根据日龄的大小及时更换，使之与鸡的大小相匹配；结构要合理，以减少饲料浪费，避免饲料和饮水被粪便和垫草污染。

5. 饲料、药品的准备

育雏前要按雏鸡日粮配方准备足够的饲料，特别是各种添加剂、矿物质、维生素和常用的药品，如消毒药、抗生素、疫苗等。

6. 育雏舍预温

育雏舍在进雏前1~2天应进行预温，预温（温度为育雏温度要求）的主要目的是使进雏时的温度相对稳定，同时也检验供温设施是否完整，这在冬季育雏时特别重要。预温也能够使舍内残留的福尔马林逸出。

三、雏鸡的饲养

1. 饲养方式

（1）地面育雏　地面育雏可采用土地、炕面、砖地面或水泥地面。育雏时在地面铺5~10cm厚的垫料，如稻壳、粗锯末、小刨花、碎草等。育雏时垫料可以时常更换，也可以在雏鸡脱温转群后一次清除，后者被称为厚垫料育雏。厚垫料育雏时，鸡粪和垫料发酵产热，可以提高室温，还可在微生物的作用下产生维生素B_{12}，被鸡采食利用。这种育雏方式不仅节省清运垫料的人力，还可以充分利用鸡粪作为高效有机肥料。厚垫料育雏的方法是：将育雏舍打扫干净，消毒后，按每平方米地面撒生石灰1kg，然后铺上5~6cm厚的垫料，以后逐渐加铺新垫料，育雏结束时垫料厚度可达15~25cm。在育雏期间，发现垫料板结，应及时用草叉将垫料松动，使之保持松软、干燥，垫料于育雏结束后一次性清除。采用这种方式育雏，室内应保持通风良好；雏鸡密度在每平方米16只以下。在育雏初期，还可应用铁丝网或苇帘将育雏舍分成若干小区，每个小区饲养500只为宜，以避免鸡只拥挤。各小区内放置的开食盘、饮水器要互相交叉，以便于鸡只采食、饮水。地面育雏由于鸡与粪直接接触，易发生肠道病、寄生虫病或其他细菌病，如白痢、球虫和各种肠炎等。因此要加强卫生消毒，每天应清洗消毒饮水器 2～3 次，最大限度地控制疫病的发生，提高鸡只的成活率。地面育雏多采用地炉、火炕升温，也可使用电热伞。这种育雏方式一般限于条件差的、规模较小的饲养户，简单易行，投资少。

（2）网上育雏　就是用网面来代替地面育雏。网面的材料有铁丝网、塑料网，也可用木板条或竹竿，但以铁丝网为最好。网孔的大小应以饲养育成鸡为适宜，不能太小，否则，粪便下漏不畅。饲养初生雏时，在网面上铺一层小孔塑料网，待雏鸡日龄增大时，撤掉塑料网。一般网面距地面的高度应随房舍高度而定，多以 60～100cm 为宜，北方寒冷地区冬季可适当增加高度。网上育雏最大的优点是解决了粪便与鸡直接接触的问题。但由于网上饲养鸡体不能接触土壤，所以提供给鸡的营养要全面，特别要注意微量元素的补充。

（3）立体育雏　这是大中型饲养场常采用的一种育雏方式。立体育雏笼一般分为 3～4 层，每层之间有接粪板，四周外侧挂有料槽和水槽。立体育雏具有热源集中，容易保温，雏鸡成活率高，管理方便，单位面积饲养量大的优点。但育雏笼投资较大，且上下层温差大，鸡群发育不整齐。为了解决此问题，可采取小日龄在上面 2～3 层集中饲养，待鸡稍大后，逐渐移到其他层饲养。

2. 营养需求特点

雏鸡由于生长速度快，消化系统发育不健全，胃的容积小，采食量有限；同时肌胃研磨饲料能力差；消化道内缺乏某些消化酶，消化能力差。因此，雏鸡对饲料营养物质的要求，具有高能量、高蛋白质、丰富的矿物质和维生素的特点。所以，在生产中必须为雏鸡选择粗纤维含量低、营养价值较高、品质优良、容易消化的饲料，如玉米、大豆饼粕、优质鱼粉、小麦麸、骨粉等。

3. 饲喂技术

（1）雏鸡的开食

① 开食时间　雏鸡的第一次喂饲称开食。开食要适时，过早开食雏鸡无食欲，也易发生消化不良；过晚开食雏鸡不能及时获得营养物质，从而消耗体力，使雏鸡虚弱，影响以后的生长发育和成活。一般而言，在出壳后 16～28h 内开食，对雏鸡的生长最为有利。实际生产中，雏鸡进入育雏舍休息 2h 后即可开食（表 4-2）。

表 4-2　不同开食时间对雏鸡增重的影响

开食时间(出壳后)/h		12	24	48	72	96	120
雏鸡体重/g	开食时体重	39.7	40.9	40	39.2	38	34.5
	2 周龄体重	84.6	95.6	89.6	75.6	69.6	67.2

② 开食料　雏鸡的开食料必须科学配制，营养含量要能完全满足雏鸡的生长发育需要。因此，生产中以雏鸡颗粒料开食最为理想。有时为防止育雏初期的营养性腹泻（糊肛），也可在开食时，按每只雏鸡加喂 1～2g 小米或碎玉米，或在饲料中添加少量酵母粉以帮助消化。

③ 开食方法　将开食盘（2～3 个/100 只鸡）均匀放入育雏器，然后把颗粒饲料均匀撒入盘中，同时提高育雏器内的光照强度（20～25lx），雏鸡见到饲料后会自己采食。应注意的是，开食盘最多只能使用 3d，3d 以后必须逐渐改为料桶饲喂。否则，饲料容易被污染而导致疾病发生。

④ 饲料喂量 雏鸡每天的饲喂量因鸡的品种不同而不同，同时饲喂量也与饲料的营养水平有关。因此，应根据本品种的体重要求和鸡群的实际体重来调整饲喂量。喂料时，应做到少喂勤喂，促进鸡的食欲，一般1～2周每天喂5～6次、3～4周每天喂4～5次、5周以后每天喂3～4次。喂料量参见表4-3。

表4-3 不同类型雏鸡喂料量

周龄	白壳蛋鸡		褐壳蛋鸡	
	日耗料/(g/只)	周累计耗料/(g/只)	日耗料/(g/只)	周累计耗料/(g/只)
1	7	49	12	84
2	14	147	19	217
3	22	301	25	392
4	28	497	31	609
5	36	749	37	868
6	43	1050	43	1169

（2）雏鸡的饮水 雏鸡出壳后第一次饮水称初饮。雏鸡体内卵黄没有被完全吸收，及时的饮水有利于卵黄的吸收和胎粪的排出；同时在育雏室高温环境或雏鸡运输过程中，其体内的水代谢和呼吸使水分大量散发，及时饮水有助于雏鸡体力的恢复。因此，育雏时必须重视初饮，使每只鸡都能及时喝上水。生产中，先饮水后开食是育雏的基本原则之一，一般当雏鸡进入育雏舍后，应立即给予饮水。

雏鸡初次饮水的水温最低要达到18℃，绝对不能饮用凉水，否则，极易造成腹泻。在育雏第一周饮水时，可在水中适当加维生素、葡萄糖、抗生素等，以促进和保证鸡的健康生长。特别是经过长途运输的雏鸡，饮水中加入葡萄糖和维生素C、抗生素等可明显提高成活率。整个育雏期内，要保证全天供水。雏鸡的饮水量见表4-4。为防止疾病发生，还应定期对饮水器进行清洗和消毒。

表4-4 每百只不同周龄小母鸡在不同气温下的需水量   单位：L

周龄	饮水量		周龄	饮水量	
	≤21.2℃	≤32.2℃		≤21.2℃	≤32.2℃
1	2.27	3.30	7	8.52	14.69
2	3.97	6.81	8	9.20	15.90
3	5.22	9.01	9	10.22	17.60
4	6.13	12.60	10	10.67	18.62
5	7.04	12.11	11	11.36	19.61
6	7.72	13.22	12	11.12	20.55

四、雏鸡的管理

1. 环境控制

（1）合适的温度 能否提供最佳的温度是育雏成败的关键。刚出壳的小鸡，体温调节机能不健全，且绒毛稀少，不能达到有效的御寒作用，其体温会随着环境温度的变化而变化。所以提供一定的温度，为维持雏鸡正常体温和生长发育所必需。另外，供温是否适宜，也影响雏鸡的活动、采食、饮水和饲料的消化吸收及身体的健康状况。因此必须严格控制育雏温度。

育雏温度包括育雏器温度和舍内温度。育雏器温度是指高于鸡头 2cm 处的温度。平养测量温度时要求温度计悬挂于距热源 50cm、高于鸡头 2cm 处的育雏器内；使用保温伞供温时，可将温度计悬挂于伞的边缘；立体育雏则为笼内热源区的底网。舍温一般低于育雏器的温度。适宜的育雏温度可参考表 4-5。

表 4-5　育雏温度

周龄	育雏器温度/℃	育雏室温度/℃
0～1	35～32	24
1～2	32～29	24～21
2～3	29～27	21～18
3～4	27～24	18～16
4 周以后	21	16

育雏期间必须根据雏鸡周龄的大小对温度进行调节。其遵循的规律是：前期高，后期低；小群育雏高，大群育雏低；弱雏高，强雏低；夜间高，白天低；阴雨天高，晴天低；肉鸡高，蛋鸡低；一般高低温度相差不超过 2℃。判断育雏温度是否适宜除可查看温度计外，也可观察雏鸡行为表现。温度过高时，雏鸡远离热源，张口喘气，呼吸频率加快，两翅张开下垂，频频喝水，采食减少；温度过低时，雏鸡集中在热源附近，扎堆，活动少，毛竖起，夜间睡眠不稳，常发出叫声；温度适宜时，雏鸡均匀地分布在育雏器内，活泼好动、食欲良好，羽毛光滑、整齐、丰满。整个育雏期间供温应适宜、平稳，切忌忽高忽低。

（2）适宜的湿度　一般而言，虽然雏鸡的健康生长需要维持一定的环境湿度，但要求并不严格。通常，由于雏鸡饲养密度大，鸡的饮水、排便及呼吸都会散发出水汽，因而育雏室内空气的湿度一般不会太低。但在雏鸡 10 日龄前因舍内温度高、干燥、雏鸡的饮水量及采食量小，应适当往地面洒水或用加湿器补湿，将相对湿度控制在 60%～70%。随着雏鸡日龄增加，鸡的饮水量、采食量、排粪量相应增加，空气湿度增大，此时相对湿度应控制在 50%～60%。到 14～60d 是球虫病易发期，应注意保持舍内干燥，防止球虫病发生。

过高或过低的湿度对雏鸡均有不良影响。湿度过高时，在高温高湿状况下，雏鸡闷热难受，身体虚弱，不利于生长发育；在低温高湿时雏鸡体热散失加快而感到更冷，使御寒和抗病能力降低。湿度过高，特别是垫料潮湿，有利于各种病原微生物的生长和繁殖，会使雏鸡抗病力降低，而引起雏鸡发病。

生产中，维持雏鸡舍一定湿度的措施是：定时清除粪便，勤换、勤晒垫草，使饮水器不漏水，注意做好通风换气工作，适当减小饲养密度。

（3）保持新鲜的空气　经常保持室内空气新鲜是雏鸡正常生长发育的重要条件之一。鸡的粪便能分解释放出 NH_3 和 H_2S 等有害气体。如果育雏室通风不良，NH_3 浓度超过 20×10^{-6}，可引起雏鸡眼结膜与呼吸道疾病的发生。同时，通风不良也会导致舍内湿度增大，不利于雏鸡健康。

为了保持空气新鲜，应在育雏室安装专门的通风设备，并在育雏过程中注意做好通风换气工作。还要定时清粪、换垫草，并适当减小饲养密度。

（4）饲养密度　单位面积饲养的雏鸡数即饲养密度。密度过大，不但室内 CO_2、NH_3、H_2S 等有害气体增加，空气温度增高，垫草潮湿，而且雏鸡活动受到限制，易发生啄癖，饲喂时易出现采食不匀,导致雏鸡生长发育不良,鸡群整齐度差,发病率和死亡率提高;密度过小,房舍设备不能充分利用,饲养成本提高,影响经济效益。生产实践中应根据房舍结构、饲养方式和雏鸡品种的不同,确定合理的饲养密度。适宜的饲养密度见表4-6。

表 4-6　不同育雏方式雏鸡的饲养密度

地面平养		立体笼养		网上平养	
周龄	只/m²	周龄	只/m²	周龄	只/m²
0～1	50	0～1	60	0～1	50
1～2	30	1～3	40	1～2	30
2～3	25	3～6	34	2～3	25
4～6	20	6～11	24	4～6	20
		11～20	14		

(5) 合理的光照　光照不仅可以促进雏鸡的活动,便于采食和饮水,而且光照时间的长短与雏鸡性成熟也有密切的关系。养鸡生产中,光照最重要的作用是刺激鸡的脑下垂体,促进生殖系统发育。所以,在雏鸡生长发育期,特别是育雏后期,若光照时间过长,则促进鸡的性早熟;光照时间过短,将延迟性成熟。因而要严格控制光照。

从出壳到 3 日龄内雏鸡每日宜采用 23h 光照,以便使鸡尽快熟悉环境,及时开食、饮水。此时光照强度要高,一般以 20lx(约 4W/m²)为宜。

2. 雏鸡保健

(1) 免疫接种　免疫接种是防止传染性疾病发生和流行的重要手段,也是雏鸡健康发育的保证。因此,必须重视和做好育雏阶段的免疫接种。

(2) 投药　为了治疗和预防疾病及加强营养和保健,需要进行投药,投药可在饲料中混加或在饮水中添加。在饲料中混加时,一定要混合均匀;在饮水中添加时,要考虑该药物的溶解性和水溶液的稳定性,不论投何种药物,一定要准确计算使用浓度和使用量,以防过量中毒。

(3) 搞好卫生防疫

① 育雏要全进全出　鸡转入、转出育雏舍时,必须对育雏舍进行彻底消毒,并空舍2～3周,以切断病原菌循环感染的机会。

② 制定严格的消毒制度　为了保障雏鸡健康,防止疾病发生,育雏场必须建立严格的消毒制度。目前养鸡场普遍使用的带鸡消毒方法,既可预防疾病,还能净化空气,取得了良好的生产效果。

③ 搞好饮水卫生　饮水卫生也是防止疾病发生的重要措施,特别是消化道疾病。因此,要定期清洗饮水器具并消毒,同时所供水质应符合饮用水标准。

④ 增加营养　营养物质为鸡体生长发育、增强体质所必需,应适当给雏鸡增加多种维生素,特别是维生素 A、维生素 C 的用量,以利于增强雏鸡的抗病能力,提高成活率。

3. 适时断喙

由于鸡的上喙较长而下喙短,采食时容易把饲料刨出槽外而造成浪费。同时,在育雏环境不良、饲料平衡差、鸡群密度过大、光照强等不良影响下能引起啄癖发生。因此,为节约饲料、减少啄癖发生所带来的伤害,在现代养鸡生产中,特别是笼养鸡群,必须断喙。

(1) 断喙时间　雏鸡阶段断喙适宜时间为 7～10 日龄,进入育成阶段后还需断喙一次,育成鸡断喙时间应在10~14周龄时进行。

（2）断喙方法　断喙时，首先按鸡的大小、喙的坚硬程度调整断喙器的温度。对7~10日龄的雏鸡，断喙器刀片温度以达到700℃较适宜，此时可见断喙器刀片中间部分为樱桃红色。然后左手握住雏鸡，右手拇指与食指压住鸡头，将喙插入断喙器刀孔，切去上喙1/2、下喙1/3，做到上短下长，切后用断喙器刀片灼烙喙2~3s，以止血。

（3）注意问题　断喙对鸡的应激较大，在断喙前，要检查鸡群健康状况，健康状况不佳或有其他异常情况，均不宜断喙；断喙前后一周可增加饲料中维生素K、维生素C的供给量，以利止血和降低应激。断喙后要立即给料、给水，以防止喙再次破裂而出血；断喙前后一周不能防疫，否则防疫效果降低。

4. 日常管理

育雏是一项细致的工作，要养好雏鸡应做到眼勤、手勤、腿勤、脑勤。

（1）观察鸡群状况　在雏鸡管理上，日常观察鸡群是一项比较重要的工作，只有对雏鸡的一切变化情况及时了解，才能分析起因，采取对应的措施，改善管理，以便提高育雏成活率，减少损失。

① 观察鸡群的采食、饮水情况　通过对鸡群给料反应，采食的速度、争抢的程度以及饮水情况等的观察，以了解雏鸡的健康状况。如发现采食量突然减少、采食积极性降低，可能是饲料质量的下降、饲料品种或喂料方法突然改变、饲料腐败变质或有异味、育雏温度不正常、饮水不充足、饲料中长期缺乏沙砾或鸡群发生疾病；如鸡群饮水过量，常常是因为育雏温度过高，育雏室相对湿度过低，或者鸡群发生球虫病、传染性法氏囊病等，也可能是饲料中使用了劣质咸鱼粉，使饲料中食盐含量过高所致。

② 观察雏鸡的精神状况　及时剔除鸡群中的病雏、弱雏，将其单独饲养或淘汰。病雏、弱雏常表现为离群闭眼呆立、羽毛蓬松不洁、翅膀下垂、呼吸有声等。

③ 观察雏鸡的粪便情况　看粪便的颜色、形状是否正常，以便于判定鸡群是否健康或饲料的质量是否发生变化。雏鸡正常的粪便是：刚出壳、尚未采食的雏鸡排出的胎粪为白色或深绿色稀薄液体，采食后便排圆柱形或条形的表面常有白色尿酸盐沉积的棕绿色粪便。有时早晨单独排出的盲肠内粪便呈黄棕色糊状，这也属于正常粪便。

病理状态下的粪便有以下几种情况：发生传染病时，雏鸡排出黄白色、黄绿色附有黏液、血液等的恶臭稀便，发生鸡白痢时，粪便中尿酸盐成分增加，排出白色糊状或石灰浆样的稀便，发生肠炎、球虫病时排呈棕红色的血便。

④ 观察鸡群的行为　观察鸡群有没有恶癖如啄羽、啄肛、啄趾及其他异食现象，检查有无瘫鸡、软脚鸡等，以便及时判断日粮中的营养是否平衡等。

（2）定期称重　为了掌握雏鸡的发育情况，应定期随机抽测5%~10%的雏鸡体重，计算平均体重后与本品种标准体重比较，如果有明显差别时，应及时修订饲养管理方案。

① 开食前称重　雏鸡进入育雏舍后，随机抽样50~100只逐只称重，以了解平均体重和体重的变异情况，为确定育雏温度、湿度提供依据。如体重过小，是由于雏鸡从出壳到进入育雏舍间隔时间过长所致，应及早饮水、开食；如果是由于种蛋过小造成的，则应有意识地提高育雏温度和湿度，适当提高饲料营养水平，管理上还应更加细致。

② 育雏期的称重　为了了解雏鸡体重发育情况，应于每周末随机抽测5%~10%的雏鸡的体重，并将称重结果与本品种标准体重对照，以检查育雏效果，并为育雏方案的调整提供依据。

（3）调整密度　密度即单位面积饲养雏鸡数量。密度过大，鸡群采食时相互挤压，采食不均匀，雏鸡的大小也不均匀，生长发育受到影响；密度过小，设备及空间的利用率低，生产成本高。所以，饲养密度必须适宜（表4-7）。

表4-7　不同育雏方式的饲养密度

地面平育		网上平育		笼育	
周龄	只/m²	周龄	只/m²	周龄	只/m²
				0～1	60
0～6	20	6	24	2～3	34
7～12	10	7～10	14	4～6	30
				7～11	24

（4）及时分群　通过称重可以了解平均体重和鸡群的整齐度情况。鸡群的整齐度用均匀度表示。即用进入平均体重±10%范围内的鸡数占全群鸡数的百分比来表示。均匀度大于80%，则认为整齐度好，若小于70%则认为整齐度差。为了提高鸡群的整齐度，应按体重大小分群饲养。将过小或过重的鸡挑出单独饲养，使体重小的尽快赶上中等体重的鸡，体重过大的，通过限制饲养，使体重降到标准体重。

（5）日常记录报表　为了总结经验，搞好下批次的育雏工作，每批次育雏都要认真记录，在育雏结束后，系统分析，主要项目如下。

① 每天鸡舍的温度、湿度、光照时数与通风换气情况。

② 每天鸡的存栏只数、死亡淘汰数及其原因。

③ 每天饲料的饲喂量与鸡的采食情况，如进料时应记录饲料量与价格。

④ 每天鸡的饮水量和水质情况。

⑤ 每次免疫接种的疫苗品名、种类、生产厂家、批号、免疫方法、剂量及价格。

⑥ 每次投药的药名、产地、批号、剂量、方法和价格。

⑦ 每周周末体重的称重情况。

⑧ 日常发生的其他情况，如鸡的呼吸情况、粪便颜色、是否受到刺激、鸡群的精神状态，水电暖供应情况是否正常。此外，大中型鸡场还应有月（周）报表，统计各育雏舍的情况（表4-8）。

表4-8　某月份育雏生产记录表

品种(品系)：　　　　　　　　　入舍日期：

批次(代号)：　　　　　　　　　入舍数量：

转群日期：　　　　　　　　　　转群数量：

月	日龄	育雏数	鸡群变动		存活率/%	日耗料量		标准耗料量/g	体重/g
			病死	淘汰		总量/kg	每只/g		
1									
2									
3									
4									
...									
合计									
平均									

项目二　育成鸡饲养管理

育成鸡一般是指 7～18 周龄的鸡。育成期的培育目标是鸡的体重体形符合本品种或品系的要求；群体整齐，均匀度在 80％以上；性成熟一致，符合正常的生长曲线；良好的健康状况，适时开产，在产蛋期发挥其遗传因素所赋予的生产性能，育成率应达 94％～96％以上。

一、育成鸡的生理特点

1. 对环境具有良好的适应性

育成鸡的羽毛已经丰满，具有健全的体温调节能力和较强的生活能力，对外界环境的适应能力和对疾病的抵抗能力明显增强。

2. 消化机能提高

消化机能已趋于完善，食欲旺盛，对麸皮、草粉、叶粉等粗饲料可以较好地利用，所以，饲料中可适当地增加粗饲料和杂粕。

3. 生长迅速，是肌肉和骨骼发育的重要阶段

肌肉、骨骼发育处在旺盛时期，钙、磷吸收和沉积能力不断提高。

4. 性器官发育加快

10 周龄以后，性腺及性器官开始活动和发育，18 周龄以后，公、母鸡性器官发育更为迅速。

基于以上特点，育成期饲养管理技术的关键，是在骨骼、肌肉发育良好及体重达到标准的前提下，控制性器官的过早发育，这在 12～18 周龄期间，特别需要注意。

二、育成鸡的培育要求

1. 育成率标准及要求

现代良种蛋鸡若饲养管理符合要求，育成率应达到以下标准：第一周死亡率不超过0.5％，前 8 周不超过 2％，育成期满 20 周龄时成活率应达到 96％～97％。

2. 体重、体形标准及要求

育成期应定期称测体重，并与本品种标准相对照，以便通过调整喂料量，使其体重达到本品种标准要求。应定期测量胫长，用于衡量鸡只的体格（骨架）发育情况。表 4-9、表4-10列出几个品种鸡的体重与胫长的参考标准。

表 4-9　海兰白壳蛋鸡体重和胫长标准

周龄	体重/g	胫长/mm	周龄	体重/g	胫长/mm
6	390	62	14	1100	96
7	470	69	15	1160	97
8	550	76	16	1210	98
9	640	82	17	1250	98
10	740	87	18	1280	98
11	850	91	19	1300	99
12	950	93	20	1320	99
13	1030	95			

表 4-10 罗曼褐蛋鸡体重与胫长标准

周龄	公鸡		母鸡	
	体重/g	胫长/mm	体重/g	胫长/mm
4	310	58	282	54
6	520	73	415	66
8	740	86	585	77
10	980	98	778	88
12	1220	110	958	96
14	1460	119	1100	101
16	1720	123	1320	103
18	1950	125	1500	104
20	2130	126	1620	104

3. 均匀度要求

育成鸡尤其是在育成后期群体的整齐度对产蛋期的生产性能会产生极大的影响，整齐度高，可在产蛋阶段取得高的产蛋率和成活率。因此，育成期要求鸡群整齐一致，有 80％ 以上鸡的体重与胫长在本品种标准体重和胫长的 ±10％ 范围内。

三、育成鸡的饲养

1. 饲养方式

育成鸡有地面平养、网上平养和笼养等（见雏鸡饲养方式）。在不同的饲养方式下，饲养密度有不同的要求，合理的饲养密度见表 4-11。

表 4-11 育成期不同饲养方式的饲养密度

品种	周龄	饲养方式		
		地面平养/(只/m²)	网上平养/(只/m²)	笼养/(只/m²)
中型蛋鸡	8～12	7～8	9～10	36
	13～18	6～7	8～9	28
轻型蛋鸡	8～12	9～10	9～10	42
	13～18	8～9	8～9	35

2. 育成鸡的营养需求特点

进入育成阶段后的蛋鸡，消化机能提高，对环境的适应性提高，骨骼和肌肉旺盛生长，特别是 10 周龄以后，母鸡的生殖系统发育加快。因此，育成鸡饲料中粗蛋白含量，从 7～20 周龄应逐渐减少，6 周龄前为 19％，7～14 周龄为 16％，15～18 周龄为 14％。通过采用这种低水平营养可以控制鸡的早熟、早产和体重过大，这对于以后产蛋阶段的总蛋重、产蛋持久性都有利。育成期饲料中矿物质含量要充足，钙磷比例应保持在 (1.2～1.5)：1。同时，饲料中各种维生素及微量元素比例要适当。

3. 育成鸡的饲喂技术

育成期的蛋鸡由于性腺的发育速度极快，而容易出现性成熟早于体成熟的现象。因此，适当地抑制鸡的性腺发育是鸡适时开产的关键。在育成鸡的饲养过程中，结合控制光照和营养物质的摄入是控制性腺发育的有效方法。在生产中，往往通过限制饲养的方法来控制鸡的营养物质摄入，以达到控制鸡的生长、抑制性成熟、节省饲料的目的。

（1）换料　鸡进入育成期后，在饲喂方面首先是要进行换料，饲料要由原来的雏鸡料换为育成鸡料。由于雏鸡料和育成鸡料在营养成分上有较大差别，因此换料必须逐渐进行，换料的具体方法见表 4-12。

表 4-12　育成鸡逐渐换料法

方法	雏鸡料＋育成鸡料	饲喂时间/d
1	2/3＋1/3	2
	1/2＋1/2	2
	1/3＋2/3	2～3
	0＋1	
2	2/3＋1/3	3
	1/3＋2/3	4
	0＋1	
3	1/2＋1/2	5～6
	0＋1	

第一种方法比较细致，常在雏鸡和饲料种类成分变化较大的情况下使用；第二种方法介于两者之间，适用范围广；第三种方法较粗，一般在成年鸡和饲料种类成分变化较小时采用。

（2）限制饲养　育成蛋鸡一般从 6～8 周龄开始实施限制饲养，有两种方法。

① 限量法　这是限制饲喂量的方法，主要适用于中型蛋用育成鸡。可分为定量限饲、停喂结合、限制采食时间等。定量限饲就是不限制采食时间，把配合好的日粮按限制饲喂量喂给，喂完为止，限制饲喂量为正常采食量的 80%～90%。采取这种办法，必须先掌握鸡的正常采食量，每天的喂料量应正确称量，而且所喂日粮质量必须符合要求；停喂结合是根据鸡群情况，采用如一周停喂一日、三日停喂一日或隔日饲喂等。

② 限质法　即限制日粮中的能量和蛋白质水平，主要适用于轻型蛋用育成鸡。可采用低能、低蛋白质日粮，进行自由采食。例如，代谢能 11.72MJ/kg、粗蛋白质 14% 的日粮，对育成鸡群及其以后的产蛋性能无不良影响。另外，还可采取限制日粮中氨基酸含量的办法限制饲养。例如，减低日粮中蛋氨酸或赖氨酸的含量，使育成鸡的生长速度变慢，达到限制过肥及早熟的目的。

（3）限制饲养应注意的事项

① 限饲前应对鸡群实行断喙，淘汰病鸡、弱鸡、残鸡，并根据雏鸡的饲养状况及本品种的要求制定合理的限饲方案。

② 设置足够的采食、饮水位置，以防止鸡只采食不均、发育不整齐。保证每只鸡应有 8～12cm 宽的采食位置、2cm 宽的饮水位置。

③ 定期进行体重抽测。蛋用型鸡限饲一般多在 6～8 周龄开始进行，限制饲养要根据鸡的体重情况灵活掌握，只有当鸡体重超过标准时，才实行限制饲喂。因此，要经常抽测体重，一般商品蛋鸡群随机抽测 5%～10%，但最少不得少于 50 只。每周或每两周喂前称重一次，与标准体重相比较，差异不能超过 ±10%。如果出现偏高或偏低的鸡只，应按大、中、小分三群，体重大的不减少饲料给量，但随着鸡龄的增长不增大给料量，体重达到同期

标准后，再增加给量，体重小的可适当增加饲料量。

④ 限饲必须与控制光照相结合，才能达到控制性成熟的效果。

⑤ 在限饲过程中，如遇接种、发病、转群、高温等逆境时，可由限饲转为正常饲喂，同时在限饲过程中，对发育不良的鸡应及时拣出，另行饲喂。

⑥ 限饲时，饲喂次数宜少不宜多，一般早晚各喂一次，但每次的料量宜多，每次采食时间一般不超过 0.5h。

⑦ 限饲应以增加总体经济效益为宗旨，不能因限饲而加大产品成本，造成过多的死亡或降低产品品质，成功的限饲不应导致育成率降低。

四、育成鸡的管理

1. 转入育成舍初期管理

从雏鸡舍转入育成舍之前，育成鸡舍的设备必须进行彻底清扫、冲洗和消毒，在熏蒸消毒后，密闭空置 3~5d 再进行转群。转入初期必须做好如下工作。

（1）临时增加光照　转群第一天应 24h 光照，同时在转群前做到水、料齐备，环境条件适宜，使育成鸡进入新鸡舍能迅速熟悉新环境，尽量减少因转群对鸡造成的应激反应。

（2）补充舍温　如在寒冷季节转群，舍温低时，应给予补充舍内温度，使舍温达到与转群前温度相近或高 1℃左右。这一点，对平养育成鸡更为重要。否则，鸡群会因寒冷拥挤扎堆，引起部分鸡被压窒息死亡。如果转入育成笼，由于每小笼鸡数少，舍温在 18℃ 以上时，则不必补温。

（3）整理鸡群　转入育成舍后，要检查每笼的鸡数，多则捉出，少则补入，使每笼鸡数符合饲养密度要求；同时要清点鸡数，以便管理。在清点时，可将体小、伤残、发育差的鸡捉出另行饲养或处理。

2. 环境控制

育成鸡虽然对环境的适应能力已有大幅度增强，但环境条件的状况依然可能影响其正常的生长发育，因此育成鸡的环境条件也必须加以重视。在温度方面，育成鸡的最佳生长温度为 21℃ 左右，一般控制在 15~25℃。夏天炎热季节要做好防暑工作，冬季寒冷要做好保温工作；育成鸡所处的环境以干燥为宜，要防止环境过于潮湿；要加强育成鸡的通风管理，在深秋、冬季和初春，由于天气较冷，为了鸡舍保温往往忽视通风换气，而这期间，因为育成鸡活泼好动，空气中的灰尘多，造成鸡舍环境差，很容易引起呼吸道疾病的暴发，不仅影响鸡的生长发育，严重时还可造成死亡。所以，在保证温度的条件下，应随着季节的变换，保证鸡舍一定的通风量。

3. 光照控制

鸡在 10~12 周龄时性器官开始发育，此时光照时间的长短影响性成熟的早晚，在较长或渐长的光照下，性成熟提前，反之性成熟推迟。为适当抑制育成鸡的性腺发育，使其适时开产，育成期应遵循绝不能延长光照时间的原则。从 4 日龄开始，到 20 周龄，恒定为 8~9h 光照，光照强度以 5~10lx 为宜。从 21 周龄开始，使用产蛋期光照程序。

4. 体重、均匀度控制

（1）体重控制　体重是充分发挥鸡遗传潜力，提高生产性能的先决条件。育成期的体重和体况与产蛋阶段的生产性能具有较大的相关性。育成期体重可直接影响开产日龄、产蛋量、蛋重、蛋料比及高峰持续期。现代鸡种生长快，饲料利用率高，如果任其采食而不加限制，则易于沉积体脂而过肥，对生产造成不良影响。在育成过程中，体重不进行测控，在饲养条件较差时，可造成体重过小、体质较弱、生殖系统发育不完善，而影响生产性能。因此，只有严密注意后备鸡的体重变化，加以控制，使之达到或接近标准（表 4-13），才能使鸡群的遗传潜力得到充分发挥。在育成鸡饲养过程中，必须定期随机抽测体重，计算出平均体重后，与标准体重对照，看是否达到标准体重。

表 4-13　育成鸡体重标准　　　　　　　　　　　　单位：g

周龄	白壳蛋鸡		褐壳蛋鸡	
	母	公	母	公
7	570	730	600	950
8	670	820	690	1050
9	770	900	730	1140
10	870	980	780	1240
11	970	1050	870	1340
12	1040	1120	960	1430
13	1120	1180	1050	1530
14	1200	1240	1140	1630
15	1260	1300	1230	1720
16	1320	1350	1320	1820
17	1360	1400	1410	1920
18	1410	1450	1490	2010
19	1450	1500	1570	2110
20	1490	1550	1640	2210
21	1530	1559	1710	2300
22	1570	1630	1760	2390

当平均体重超过标准体重时，若超标不超过 10％，则不用采取措施，若超过 10％以上时，就要采取限制饲喂的方法，使其平均体重降到标准范围之内。

（2）均匀度控制　均匀度是体重在平均体重±10％范围内的鸡数占抽测鸡数的百分比。它是鸡群发育整齐程度、生产性能和饲养管理技术的综合指标。

鸡群的均匀度在 10 周龄时应至少达到 70％，15 周龄时至少要达到 75％，18 周龄时至少要达到 80％，同时鸡群的平均体重与标准重的差异应不超过 5％。鸡群的体重有一定的变异范围，变异系数越大，整齐度越差，均匀度越低，其后果便是降低生产性能。为提高鸡群的均匀度，首先要分群管理，即将个体较小或较大的鸡从鸡群中挑出单独饲养。对个体较小的通过增加营养水平，使其体重迅速增加；对体重过大的进行限饲，减缓生长速度，从而使其生长一致，提高鸡群的均匀度。其次是降低密度，即当鸡群的均匀度较低，而又难以分群时，如网上平养，可以通过降低鸡群饲养密度的方法，提高鸡群的均匀度。

5. 育成鸡的日常管理

日常管理是生产的常规性工作，必须认真、仔细地完成，这样才能保证机体的正常生长发育。日常工作主要程序见表 4-14。

（1）饮水　为了保证育成鸡的健康发育，鸡的饮水必须充足、清洁卫生。特别是刚转群的鸡，饲养人员要仔细观察，认真调教，保证每只鸡都能饮上水。同时要定期清洗、消毒水

表 4-14 育雏、育成期主要工作程序

序号	鸡的日龄	工作内容	备注
1	1	接雏,育雏工作开始	
2	7~10	第一次断喙	
3	42~49	第一次调整饲料配方。先脱温,后转群。小结	
4	50~56	公母分群,强弱分群	
5	84	第二次断喙,只切去再生部分	
6	98~105	第二次调整饲料配方	
7	119~126	驱虫,灭虱,转入产蛋舍	
8	126~140	第三次调整饲料配方,增加光照	
9	140	总结育雏、育成期工作	

槽和饮水器,并保证槽位充分。

(2) 喂料 刚转入育成舍的鸡,饲料不可突然更换,应逐步换成育成料;喂料时要均匀;每天应清洗食槽一次;槽位要适当,不能太少,以免采食不匀而使鸡的整齐度受到影响。

(3) 观察鸡群 每日对鸡群进行详细观察,发现问题及时解决。观察的内容如下。

① 精神状况 健康鸡群精神饱满,眼大有神,经常发出"咯咯"的叫声。病弱鸡精神萎靡,冠苍白,低头垂翅,羽毛散乱,不爱活动。

② 采食情况 健康鸡群撒料后抢食,低头连续吃料;病弱鸡没有食欲,蹲伏不积极采食,吃几口便离开槽位。

③ 排粪情况 育成鸡的粪便比较干燥,形状规则。若粪便较稀或无形状,颜色不正常,发黄、发绿等,则需对鸡群的健康状况进行全面检查。

④ 做好日常工作记录。

6. 转群

后备蛋鸡转入产蛋鸡舍,称为转群。对规模化养鸡场,特别是实行全进全出制的蛋鸡场,转群的任务重、对鸡群的应激大。因此需要严密筹划和全面安排。

(1) 转群时间 一般情况下,母鸡育成期结束,就要转入产蛋鸡舍。转群时应选择适宜时间,一般早的可在 17~18 周龄转群,晚的在 20 周龄转群。过早转群,鸡体重小,笼养时常从笼中钻出,到处乱跑,给管理带来不便,甚至会掉入粪沟被溺死;转群太晚,由于大部分母鸡卵巢发育成熟,这时转群,由于抓鸡、惊吓等原因,易造成卵泡破裂而引起卵黄性腹膜炎。所以,在鸡体重达到标准的情况下,17~18 周龄转群较好。当然,各品种间又略有差异,应以实际情况而定。

(2) 转群时应注意的事项

① 停料 转群前应停止喂料 10h 左右,让其将剩料吃完,同时也可减轻转群引起的损伤。在寒冷季节转群时,为了缩小两个鸡舍的温差,应适当提高产蛋舍的温度。

② 捕捉 转群最好在晚上能见度低时进行,这时便于捉鸡,可避免鸡受惊而造成挤堆压死。抓鸡时,动作要轻,最好抓鸡的双腿,不要抓头、颈和翅膀。

③ 运输 在运输过程中,不要使鸡群受热、受凉,时间不要太长,防止缺食、缺水。

④ 选择、淘汰 结合转群应对鸡群进行一次彻底地选择和淘汰,把不符合体重要求、生长发育缓慢及有残疾的鸡从群中挑出淘汰。

项目三 产蛋鸡饲养管理

产蛋鸡一般是指 21～72 周龄的鸡。有一年之久，时间长，是收获的季节，是关系到养鸡经济效益的重要时期，产蛋阶段的饲养任务是最大限度地减少或消除各种不利因素对蛋鸡的有害影响，提供一个有益于蛋鸡健康和产蛋的环境，使鸡群充分发挥生产性能，从而达到最佳的经济效益。

产蛋期饲养管理的目标在于提高产蛋量和蛋品质量，降低死淘率和耗料量。

一、产蛋鸡的饲养

1. 饲养方式

（1）平养 平养所需的设施投入较少，但单位面积的饲养量小（表 4-15）。

表 4-15 不同平养方式的饲养密度

饲养方式	轻型蛋鸡		中型蛋鸡	
	m²/只	只/m²	m²/只	只/m²
垫料	0.16	6.2	0.19	5.4
60%网面+40%垫料	0.14	7.2	0.16	6.2
网上平养	0.09	10.8	0.11	8.6

① 地面垫料平养 就是地面铺上垫料，在垫料上饲养蛋鸡。这种方式设备投资少，冬季保温较好。喂料设备采用吊式料桶或料槽，有条件时，可采用机械链式料槽、螺旋式料盘等。饮水设备采用大型吊塔式饮水器或水槽。

② 网上平养 用木条、竹条或铁丝网铺放在整个饲养区的地面。网面要高出地面 70cm以上，以便在母鸡淘汰后清粪。这种方法不需垫草，可控制由粪便传播的一些疾病；同时也便于喂料、饮水的机械化。但采用这种方式饲养的鸡易受惊吓、易发生啄癖、破蛋、脏蛋较多，且生产性能不能充分发挥。

③ 地网混合饲养 是由上述网面与垫料地面混合组成，两者之比为 3∶2 或 2∶1。网面设在中央，垫草地面在两侧，供料、供水系统置于网上，可每周清扫 2 次，这种方式使用垫料少，产蛋较多，但需人工拣蛋，窝外蛋多。

（2）笼养 笼养有全重叠式、全阶梯式、半阶梯式等多种方式，可以根据不同条件进行选择。笼养具有饲养密度高（表 4-16）、节约饲料、饲料利用率高等优点，但也有投资较大、鸡的活动量小及体质弱、对饲料要求高的缺点。

① 全阶梯式 常见的为 2～3 层。其优点是：鸡粪直接落于粪沟或粪坑，笼底不需设粪板，如为粪坑也可不设清粪系统；结构简单，停电或机械故障时可以人工操作；各层笼敞开面积大，通风与光照面大。缺点是设备投资较多，目前我国采用最多的是蛋鸡三层全阶梯式鸡笼和种鸡两层全阶梯人工授精笼。

② 半阶梯 上下两层笼体之间有 1/4～1/2 的部位重叠，下层重叠部分有挡粪板，按一定角度安装，粪便清入粪坑。因挡粪板的作用，通风效果比全阶梯差。

③ 重叠式 鸡笼上下两层笼体完全重叠，常见的有 3～4 层，高的可达 8 层，饲养密度大大提高。其优点是：鸡舍面积利用率高，生产效率高。缺点是对鸡舍的建筑、通风设备、

清粪设备要求较高。此外，不便于观察上层及下层笼的鸡群，给管理带来一定的困难。

表 4-16 笼养鸡的饲养密度

品种	需要的空间/(m²/只)	饲养只数/(只/m²)
轻型蛋鸡	0.0380	26.3
中型蛋鸡	0.0481	20.8

2. 营养需求特点

（1）产蛋鸡营养需要

① 能量需要　产蛋鸡对能量的需要包括维持需要和生产需要。影响维持需要的因素主要由鸡的体重、活动量、环境温度的高低等决定。体重大、活动多、环境温度过高或过低，维持需要的能量就多。生产需要指产蛋的需要，产蛋水平越高生产需要越大。据研究，产蛋对能量需要的总量有 2/3 是用于维持需要、1/3 用于产蛋。鸡每天从饲料中摄取的能量首先是要满足维持的需要，然后才能满足其产蛋需要。因此，饲养产蛋鸡必须在维持需要水平上下功夫，否则鸡就不产蛋或产较少的蛋。

② 蛋白质需要　产蛋鸡对蛋白质的需要不仅要从数量上考虑，也要从质量上注意。体重 1.8kg 的母鸡，每天维持需要 3g 左右蛋白质，产一枚蛋需要 6.5g 蛋白质，有 2/3 用于产蛋、1/3 用于维持。可见饲料中所提供的蛋白质主要是用于形成鸡蛋，如果不足，产蛋量会下降。蛋白质质量的需要实质上是指对必需氨基酸种类和数量的需要，也就是氨基酸是否平衡。

③ 矿物质需要　自然饲料中常常不能满足产蛋鸡对某些矿物质的需要，必须另外补加矿物质或添加剂。钙对产蛋鸡至关重要，缺乏时，对产蛋的影响程度不亚于缺乏蛋白质造成的后果。每枚蛋壳重 6.3～6.5g，含钙 2.2～2.3g，若以产蛋率 70% 计算，则每天以蛋壳形式排出的钙为 1.5～1.6g。饲料中钙的利用率一般为 50%，则每日应供给产蛋母鸡 3～3.2g 钙。骨骼是钙的贮存场所，由于鸡体小，所以钙的贮存量不多，当日粮中缺钙时，就会动用贮存的钙维持正常生产，当长期缺钙时，则会产软壳蛋，甚至停产。

（2）产蛋鸡的饲养标准　我国产蛋鸡的饲养标准，按产蛋水平分为三个档次，各档次的能量水平相同，而粗蛋白质等营养水平，则随产量水平增加而增加。产蛋鸡从饲料中摄取营养物质的多少，主要取决于采食量的多少。在能量水平相同的情况下，采食量主要受季节变化、产蛋量高低和所处的各生理阶段的影响。所以在应用饲养标准时，应根据季节变化、所处生理阶段等进行适当调整，主要是调整粗蛋白质、氨基酸和钙的给量。我国产蛋鸡的营养标准见表 4-17。

表 4-17 产蛋鸡主要营养标准

项目	产蛋率>80%	产蛋率 65%～80%	产蛋率<65%
代谢能/(MJ/kg)	11.5	11.5	11.5
粗蛋白/%	16.5	15	14
蛋白能量比/(g/MJ)	14.34	12.9	12.18
钙/%	3.5	3.25	3.0
总磷/%	0.60	0.60	0.60
有效磷/%	0.40	0.40	0.40
食盐/%	0.37	0.37	0.37

3. 产蛋鸡的饲喂技术

现代性能卓越的蛋鸡群，500 日龄入舍母鸡总产蛋重可达 $18\sim19kg$，是它本身体重的 $8\sim9$ 倍，在产蛋期间体重增加 $30\%\sim40\%$。采食的饲粮约为其体重的 20 倍。因此，在饲养时必须认真研究与计算，用尽可能少的饲粮全面满足其营养需要，既能使鸡群健康正常，也能充分发挥其产蛋潜力，以取得良好效益。鸡的年龄、生产力高低、所处的环境条件不同对饲料营养物质的要求不同，因此，生产中对不同年龄、不同生产力、不同环境条件的鸡应采取不同的饲养方法。

(1) 阶段饲养　鸡在不同生理状况、不同产蛋水平的情况下，对营养物质的要求不同。因此根据鸡的年龄和产蛋水平，根据鸡的产蛋曲线和周龄，可以把产蛋鸡划分为几个阶段，不同阶段应采取不同的营养水平进行饲喂，称为阶段饲养。阶段的划分一般有两种方法，即两段法和三段法（表 4-18），其中三阶段划分更为合理。

表 4-18　阶段划分

阶段	两段法		三段法		
周龄	$21\sim50$	$51\sim72$	$21\sim40$	$41\sim60$	$61\sim72$

在 $21\sim40$ 周龄，产蛋率急剧上升到高峰并在高峰期维持，同时鸡的生长发育仍在进行，此时体重增加主要以肌肉和骨骼为主，因此营养必须同时满足鸡的生长和产蛋所需。所以，饲养上饲料营养物质浓度要高，要促使鸡多采食。这一时期鸡的营养和采食量决定着产蛋率上升的速度和在高峰期维持的时间长短。因此，在此期饲喂上，应以自由采食为好。

在 $41\sim60$ 周龄，鸡的产蛋率缓慢下降，此时鸡的生长发育已停止，但是其体重在增加，增加的内容主要以脂肪为主。所以在饲料营养物质供应上，要在抑制产蛋率下降的同时防止机体过多地积累脂肪。在饲养实践中，可以在不控制采食量的条件下适当降低饲料能量浓度。

在 $61\sim72$ 周龄，此期产蛋率下降速度加快，体内脂肪沉积增多。所以饲养上在降低饲料能量的同时对鸡进行限制饲喂，以免鸡过肥而影响产蛋。

采用三段饲养法，产蛋高峰出现早，上升快，高峰期持续时间长，产蛋量多。我国产蛋鸡的饲养标准也是按这三个阶段制定的。

(2) 产蛋鸡的调整饲养　产蛋鸡的营养需要受品种、体重、产蛋率、鸡舍温度、疾病、卫生状况、饲养方式、密度、饲料中能量含量以及饮水温度等诸多因素影响，而分段饲养的营养标准只是规定鸡在标准条件下营养需要的基本原则和指标，不能全面反映可变因素的营养需要。调整日粮配方以适应鸡对各种因素变化的生理需要，这种饲养方式称为调整饲养。

① 按气温变化调整　气温在 $10\sim26℃$ 条件下，鸡按照自己需要的采食量采食，超出这一范围，鸡自身的调节能力减弱，则需要进行人工调整。气温低时，鸡的采食量增多，营养物质摄入增加，因此必须提高饲料能量水平，以抑制采食，同时降低其他营养物质浓度；气温高时，鸡的采食量下降，营养物质摄入减少，为促进采食必须降低饲料能量含量，同时增加其他营养物质浓度。

产蛋鸡的调整饲养要根据产蛋的维持需要量、增重量、产蛋量及舍温等情况，对营养需要认真计算，才能正确地执行饲养标准，并取得良好效益。

② 按产蛋曲线调整　按产蛋曲线调整也就是按照鸡的产蛋规律进行调整。在调整营养物质水平时，掌握的原则是：上高峰时为了"促"，饲料营养要走在前头，即在上高峰时在

产蛋率上升前1~2周先提高营养标准；下高峰时为了"保"，饲料营养要走在后头，即下高峰时在产蛋率下降后1周左右再降低营养标准。即在实际生产中，在鸡产蛋高峰上升期，当产蛋率还没上升到高峰时，需要提前更换为高峰期饲料，以促使产蛋率的快速提高；在产蛋率下降期，当产蛋率下降后，为抑制产蛋率的下降速度，要在产蛋率下降后一周再更换饲料。

③ 按鸡群状况调整　在鸡群采取一些管理措施或鸡群出现异常时可以进行调整饲养，在断喙当天或前后1d，每天饲料中添加5mg维生素K，断喙1周内或接种疫苗后7~10d内，日粮中蛋白质含量增加1%；出现啄羽、啄肛等恶癖，在消除引起恶癖原因的同时，饲料适当增加粗纤维含量；蛋鸡开产初期，脱肛、啄肛严重时，可加喂1%的食盐1~2d；在鸡群发病时，可提高日粮中营养成分，如提高蛋白质1%~2%、多种维生素0.02%等。

④ 调整饲养应注意的事项　调整饲养时，要注意配方的相对稳定性，不到万不得已，尽量不要调整配方，这是产蛋鸡稳定的一个重要条件；调整时要以饲养标准为基础进行，偏差过大会对生产造成危害；调整后，要认真观察鸡群的产蛋情况，发现异常，要及时采取措施；调整前，要进行认真细致的计算，保证日粮中各种营养成分之间的平衡；不能为了节约而对配方进行大的调整或对饲料品种进行调换，以免打乱鸡对日粮的习惯性和适口性，引起产蛋量大幅度下降。

（3）产蛋鸡的限制饲养　随着养鸡科技的进一步发展，蛋用型鸡产蛋期限制饲养的意义已日趋明显。由于饲料消耗是影响蛋鸡的最主要的经济性状，在产蛋期实行限制饲养，可以提高饲料的转化率，降低成本。维持鸡的适宜体重，避免母鸡过肥而影响产蛋，即便是由于限饲使产蛋量略有下降，但由于能节省饲料，最终核算时，只要每只鸡的收入大于自由采食收入，限制饲喂也合算。

对产蛋鸡应该在产蛋高峰过后两周开始实行限制饲喂。具体方法是：在产蛋高峰过后，将每100只鸡的每天饲料量减少230g，连续3~4d，如果饲料减少没有使产蛋量下降很多，则继续使用这一给料量，并可使给料量再减少些。只要产蛋量下降正常，这一方法可以持续使用下去，如果下降幅度较大，就将给料量恢复到前一个水平。当鸡群受应激刺激或气候异常寒冷时，不要减少给料量。正常情况下，限制饲喂的饲料减少量不能超过8%~9%。

二、产蛋鸡的管理

1. 产蛋鸡的环境控制

（1）温度控制　温度对鸡的生长、产蛋、蛋重、蛋壳品质以及饲料转化率都有明显影响。鸡因无汗腺，通过蒸发散发热量有限，只能依靠呼吸散热。所以，高温对鸡极为不利，当环境温度高于37.8℃时，鸡有发生热衰竭的危险，超过40℃，鸡很难存活。由于成年鸡有厚实的羽毛，皮下脂肪也会形成良好的隔热层，所以，它能忍受较低的温度。产蛋鸡适宜的环境温度为8~28℃，产蛋适宜温度为13~20℃，13~16℃产蛋率较高，15.5~20℃饲料转化率较高。

① 降低热应激的措施

a. 调整饲料成分：使代谢能保持在10.88~11.29MJ/kg的水平，来减少鸡采食量降低的影响；同时提高钙的含量，可以达到4%以减轻蛋的破损率。

b. 鸡舍建筑结构方面：可以在鸡舍屋顶上加盖隔热层；密闭鸡舍在建筑方面对墙壁的隔热标准要求较高，可达到较好的隔热效果。还可以将外墙和屋顶涂成白色，或覆盖其他物质以达到反射热量和阻隔热量的目的。

c. 加强通风：可增加鸡舍内空气流量和流速，以降低温度。

d. 蒸发降温：是通过水蒸发来吸收热量，以达到降低空气温度的目的。可在屋顶安装喷水装置，使用深井水或自来水喷洒屋顶，这种方法可使舍内降温 1～3℃；"湿帘-风机"降温系统可使外界的温度高、湿度低的空气通过"水帘"装置变为温度低、湿度高的空气，一般可使舍温降低 3～5℃（此法在夏季多雨或比较湿润的地方效果不显著）；可以通过低压或高压喷雾系统形成均匀分布的水蒸气，舍内喷雾比屋顶喷水节约用水，但必须有足够的水压；开放式鸡舍还可以在阳面悬挂湿布帘或湿麻袋。

e. 充足的饮水：不可断水，保证每只鸡都可以饮到清凉的饮水。还可以在饮水中添加多种维生素及氯化钠、氯化钾及抗应激、抗菌类药物等来增强鸡体的抗应激能力。

f. 其他措施：减少单位面积的存栏数；喂料尽可能避开气温高的时段；及时清粪。

g. 注意事项：在用水进行降温时，首先要水源充足。如果水不能循环使用，要有通畅的排水系统，还应有足够的水压。另外，降温设施在舍温高于 27℃、相对湿度低于 80% 时才能启用。

② 减少冷应激的方法

a. 加强饲养管理：在保证鸡群采食到全价饲料的基础上，提高日粮代谢能的水平。早上开灯后，要尽快喂鸡，晚上关灯前要把鸡喂饱，以缩短鸡群在夜间空腹的时间。

b. 在入冬以前修整鸡舍，在保证适当通风的情况下封好门窗，以增加鸡舍的保暖性能，防止冷风直吹鸡体。在条件允许的情况下，可以采用地下烟道或地面烟道取暖。

c. 减少鸡体热量的散发：勤换垫料，尤其是饮水器周围的垫料。防止鸡伏于潮湿垫料上；检查饮水系统，防止漏水打湿鸡体。

(2) 湿度控制　一般情况下，湿度对鸡的影响与温度共同发生作用。表现在高温或低温时，高湿度的影响最大。在高温高湿环境中，鸡采食量减少，饮水量增加，生产水平下降，鸡体难以耐受，且易使病原微生物繁殖，导致鸡群发病。低温高湿环境，鸡体热量损失较多，加剧了低温对鸡体的刺激，易使鸡体受凉，用于维持所需要的饲料消耗也会增加。

产蛋鸡在适宜的温度范围内，鸡体能适应的相对湿度是 40%～72%，最佳湿度应为 60%～65%。如果舍内湿度低于 40%，鸡羽毛零乱，皮肤干燥，空气中尘埃飞扬，会诱发呼吸道疾病；若高于 72%，鸡羽毛粘连，关节炎病也会增多。

防止鸡舍潮湿，尤其是冬季降低鸡舍湿度，需要采取综合措施。湿度的控制主要以通过调节通风量的大小得以实现。

(3) 通风控制　由于鸡舍内厌氧菌分解粪便、饲料与垫草中的含氮物而产生 NH_3，鸡体呼吸产生 CO_2，还有空气中的各种灰尘和微生物，当这些有害气体和灰尘、微生物含量超标时，会影响鸡体健康，使产蛋量下降。所以，鸡舍内通风的目的在于减少空气中有害气体、灰尘和微生物的含量，使舍内保持空气清新，供给鸡群充足的氧气，同时也能够调节鸡舍内的温度、降低湿度。

① 通风要领　进气口与排气口设置要合理，气流能均匀流进全舍而无贼风。即使在严寒季节也要进行低流量或间隙通风。进气口要能调节方位与大小，天冷时进入舍内的气流应由上而下，不能直接吹到鸡身上。

② 通风量　鸡的体重越大，外界气温越高，通风量也越高，反之则低。具体要根据鸡舍内外温差来调节通风量与气流的大小。气流速度：夏季不能低于 0.5m/s，冬季不能高于

0.2m/s。

（4）光照控制　光照控制的目的是以适宜的光照，使母鸡适时开产，并充分发挥它的生产潜力。光照是蛋鸡高产、稳产必不可少的条件，必须严格管理，准确控制。

① 产蛋鸡的光照控制原则　产蛋阶段光照时间只能延长，不可缩短，光照强度不可减弱，不管采用何种光照制度，一经实施，不宜随意变动，要保持舍内照度均匀，并保证一定的照度。

② 产蛋期间的光照制度　产蛋期间的光照一般采用渐增方式，这种方式能使产蛋达到高峰前平稳上升，而产蛋高峰过后缓慢下降。采用光照刺激时，一般应在产蛋高峰过后进行。

开放式鸡舍都需要人工光照补充日照时间的不足。生产中多采用不论哪个季节都可定为早晨 5 点到晚上 21 点为光照时间，即每天早晨 5 点开灯，日出后关灯，日落后开灯，规定时间（21 点）关灯。需要注意的是，即使是白天，只要舍内光照强度不足都需要以人工的方式补充光照。

密闭式鸡舍充分利用人工光照，不需要随日照的增减变更来补充光照时间，简单易行，效果也能保证。可在 19 周 8h/d 光照的基础上，20～24 周每周增加 1h，25～30 周每周增加 0.5h，直至每天光照时间达 16h 为止，最多不超过 17h，以后保持恒定。但必须防止漏光。

鸡舍内光照强度，应该控制在一定范围内，不宜过大或过小，太大会多耗电，增加生产成本，鸡群也易受惊，易疲劳，产蛋持续性会受到影响，还容易产生啄肛、啄羽等恶癖；光照强度太低，不利于鸡群采食，达不到光照的预期目的。一般产蛋鸡的适宜光照强度在鸡头部为 10lx。

（5）保证舍内安静　鸡舍内和鸡舍周围要避免噪声的产生，饲养人员与工作服颜色尽可能稳定不变。杜绝老鼠、猫、狗等小动物和野鸟进入鸡舍。

2. 产蛋鸡的阶段管理

根据鸡群的产蛋情况，将蛋鸡分为三个阶段，即从产蛋开始至产蛋率达 85％，为产蛋前期；产蛋率由 85％ 至 90％ 以上为产蛋高峰期；产蛋率在 80％ 以下直到淘汰为产蛋后期。由于各阶段的产蛋率不同，因此各阶段的鸡对营养和管理的要求也不一样。

（1）产蛋前期的管理　在产蛋前期，由于小母鸡一方面要增长体重；另一方面，见蛋后，产蛋率上升很快，大约 6 周时间，产蛋率就会上升到 85％，同时蛋重也在一天天增大，在这种情况下，如果营养和管理跟不上，不但耽误了鸡的发育，而且使蛋鸡的生产性能得不到充分发挥，产蛋高峰很难达到，给以后的生产带来了很大的困难。为了避免以上问题的出现，在产蛋前期的管理上应注意以下问题。

① 检查体重　应根据本品种的标准体重，检查鸡群体重是否符合要求。若体重低于标准，原来的限制饲喂要改为自由采食，还应适当提高饲料中能量和蛋白质的浓度。

② 增加光照　转群后，要适当增加光照，以促使鸡性成熟、开产，但如果体重未达标，就应首先让鸡的体重迅速达到标准体重，然后再增加光照。

③ 更换饲料　换料一般安排在 18 周龄较合适。育成鸡转入产蛋鸡舍，开始喂产蛋前期的过渡料，即将饲料中的钙由原来的 1％ 提高到 2％ 或者仍用育成料。到产蛋率达 50％ 时，全部更换为产蛋高峰期饲料，这样使营养水平赶在产蛋率上升的前边，不至于因饲料营养水平不够而使鸡群达不到产蛋高峰。

④ 加强卫生防疫、消毒工作，减少疾病的发生　在产蛋前期，鸡群无论暴发何种疾病，都

将可能影响终身产蛋。因此，要做到定期带鸡消毒，在饮水或饲料中添加抗生素以做预防。

（2）产蛋高峰期的管理　优良的蛋鸡品种，在良好的饲养管理条件下，鸡群80％以上的产蛋率可达1年之久，90％以上产蛋率也可达6个月。产蛋高峰是蛋鸡的黄金生产期，这一时期管理的重点是在营养满足的条件下加强管理，使鸡群充分发挥其遗传潜力，以达到理想的生产水平。生产中，要密切关注鸡的采食情况和体重及蛋重的变化情况，以确定营养物质是否满足需要；要减少应激刺激，防止产蛋量下降。

（3）产蛋后期的管理　产蛋鸡经过较长的产蛋高峰期后，随着日龄的增长，产蛋机能减退，产蛋率降到80％以下，蛋重变大，鸡对钙的吸收能力下降，蛋壳变薄，颜色变浅、发白，破损率明显上升，脱肛和患腹膜炎的鸡增多。因此，在产蛋后期的死淘率明显上升，在管理上应采取相应措施。

① 调整饲料的营养水平　原日粮的能量水平不变或适当提高，粗蛋白水平降低1％～2％，钙由原来的3.5％提高到4％，有效磷水平下降到0.35％，B族维生素水平提高10％～20％，维生素E提高1倍。

② 加强管理　及时挑出低产、停产和病鸡。最好能在55～60周龄对鸡群进行逐只挑选，挑出过肥、过瘦及其他有缺陷的鸡。挑出后全部淘汰，以保证鸡群的产蛋水平。

③ 加强防疫　在55～60周龄对鸡群进行抗体水平监测，对抗体水平较低的鸡群进行免疫接种。

3. 日常管理

（1）观察鸡群　观察鸡群是蛋鸡饲养管理过程中既普遍又重要的工作。通过观察鸡群，及时掌握鸡群动态，以便有效地采取措施，保证鸡群的高产、稳产。

清晨开灯后，观察鸡群的健康状况和粪便情况。健康鸡羽毛紧凑，冠脸红润，活泼好动，反应灵敏，越是产蛋高的鸡群，越活泼。健康鸡的粪便盘曲而干，有一定形状，呈褐色，上面有白色的尿酸盐附着。同时，要挑出病死鸡，及时交给兽医人员处理。

喂料给水时，要注意观察料槽和水槽的结构和数量是否适合鸡的采食和饮水。查看鸡的采食、饮水情况，健康鸡采食、饮水比较积极，要及时挑出不采食的鸡。

及时挑出有啄癖的鸡。由于营养不全，密度过大，产蛋阶段光线太强或脱肛等原因，均可引起个别鸡产生啄癖，这种鸡一经发现应立即淘汰。

及时挑出脱肛的鸡。由于光照增加过快或鸡蛋过大，从而引起鸡脱肛或子宫脱出，及时挑出进行有效处理，即可治好。否则，会被其他鸡啄死。

仔细观察，及时挑出开产过迟的鸡和开产不久就换羽的鸡。

夜间关灯后，首先将跑出笼外的鸡抓回，然后倾听鸡群动静，是否有呼噜、咳嗽、打喷嚏和甩鼻的声音，发现异常，应及时上报技术人员。

（2）饲养人员要按时完成各项工作　开灯、关灯、给水、喂料、拣蛋、清粪、消毒等日常工作，都要按规定、保质保量地完成。

每天必须清洗水槽，喂料时要检查饲料是否正常，有无异味、霉变等。

及时清粪，保证鸡舍内环境优良。

定期消毒，做好鸡舍内的卫生工作。

（3）拣蛋　及时拣蛋，给鸡创造一个无蛋环境，可以提高鸡的产蛋率。生产中应根据产蛋时间和产蛋量及时拣蛋，一般每天应拣蛋2～3次。

（4）搞好环境卫生工作　要定期用2％的火碱对鸡舍及周围环境消毒，鸡场及鸡舍门口要设消毒池并定期更换消毒药物；要及时清除鸡舍外杂草，以避免病原性微生物附着其上而感染鸡群；在不影响鸡舍通风的情况下，在鸡舍外种植低矮植物或草坪，以改善鸡舍周围的空气环境；严防各种应激因素的发生，特别是在产蛋高峰期，一定要保持周围环境安静，饲养人员穿固定的工作服；定期灭鼠，防止鼠、猫、犬进入鸡舍。

（5）做好记录　生产记录通过日报表等形式反映出来（表4-19）。通过对日常管理活动中的死亡数、产蛋数、产蛋量、产蛋率、蛋重、料耗、舍温、饮水等实际情况的记载，可以反映鸡群的实际生产动态和日常活动的各种情况，可以了解生产、指导生产。所以，要想管理好鸡群，就必须做好鸡群的生产记录工作。也可以通过每批鸡生产情况的汇总，绘制成各种图表，与以往生产情况进行对比，以免在今后的生产中再出现同样的问题。

表 4-19　蛋鸡生产日报表

日期	日龄	存栏/只	死淘/只		产蛋数/枚			产蛋率/%	产蛋量/kg	耗料量/kg
			淘汰	死亡	完好	破损	小计			
备注										

（6）产蛋鸡的挑选　挑选出低产鸡和停产鸡是鸡群日常管理工作中的一项重要工作。它不仅能节约饲料，降低成本，还能提高笼位的利用率。表4-20和表4-21列出了产蛋鸡与停产鸡、高产鸡与低产鸡的区别。

表 4-20　产蛋鸡与停产鸡的区别

项目	产蛋鸡	停产鸡
冠,肉垂	大而鲜红,丰满,温暖	小而皱缩,色淡或暗红色,干燥,无温暖感
肛门	大而丰满,湿润,呈椭圆形	小而皱缩,干燥,呈圆形
触摸品质	皮肤柔软细嫩,耻骨薄而有弹性	皮肤和耻骨硬而无弹性
腹部容积	大	小
换羽	未换羽	已换或正在换羽
色素	肛门、喙、胫已褪色	肛门、喙、胫为黄色

表 4-21　高产鸡与低产鸡的区别

项目	高产鸡	低产鸡
头部	大小适中、清秀、头顶宽	粗大、面部有较多脂肪、头过长或短
喙	稍粗短,略弯曲	细长无力或过于弯曲,形似鹰嘴
冠,肉垂	大、细致、红润、温暖	小、粗糙、苍白、发凉
胸部	宽而深,向前突出,胸骨长而直	发育欠佳,胸骨短而弯
体躯	背长而平,腰宽,腹部容积大	背短,腰窄,腹部容积小
尾	尾羽开展,不下垂	尾羽不正,过高,过平,下垂
皮肤	柔软有弹性,稍薄,手感良好	厚而粗,脂肪过多,发紧发硬
耻骨间距	大,可容3指以上	小,3指以下
胸、耻骨间距	大,可容4~5指	小,3指或以下
换羽	换羽开始迟,延续时间短	开始早,延续时间长
性情	活泼而不野,易管理	动作迟缓或过野,不易管理
各部位配合	匀称	不匀称
觅食力	强,嗉囊经常饱满	弱,嗉囊不饱满
羽毛	表现较陈旧	整齐清洁

（7）减少饲料浪费　在蛋鸡生产中，饲料支出大约占总支出的 2/3，节约饲料能明显降低成本，提高养鸡场的经济效益。在我国养鸡水平不是很高的状况下，相对来说饲料浪费却不小。据统计，养鸡场饲料浪费量约占全年消耗量的 3％～8％，有时可达 10％以上。因此，如何防止饲料浪费，是提高养鸡场经济效益的一条重要措施。减少饲料浪费的措施如下。

① 饲养高产优质品种　只有高产优质品种，才能充分利用饲料。若饲养劣质品种，吃同样的配料，产蛋量就不如优质品种高。

② 采用优质全价配合饲料　要按照饲养标准配合日粮，既满足营养需要，又不致造成过多的浪费。要特别注意各营养成分之间的合理配比。

③ 按需给料　鸡的不同生长阶段和不同产蛋水平对各种营养成分的需要量是不同的，要按照鸡本身的营养需要量投料。

④ 饲料的添加　我国大多数养鸡场使用料槽，人工加料，在添加饲料时，要注意添加量不能高于料槽深度的 1/3。正确掌握投料方法，不能将饲料抛撒在料槽外边。

⑤ 经常匀料　笼养鸡常将邻近饲料刨在自己面前形成小堆，当堆到一定程度时，会出现抛撒现象，饲养员要经常将堆起的料推平，避免抛撒、浪费饲料。

⑥ 严把饲料原料质量关　不能购进掺假、变质或不符合标准的饲料。否则会无形中增加饲料成本，这也是一些养鸡场饲料浪费的重要原因之一。

⑦ 饲料不可粉碎过细　过细的饲料不但适口性差，且"料尘"飞扬，造成浪费，有条件的养鸡场，能使用颗粒料最好。

⑧ 注意保存饲料　饲料的保存也是养鸡场的一项重要工作。饲料的保存要注意防潮、防霉变、防暴晒，通风要好，还要注意鼠害和鸟害。对一些易变质的饲料，要少存勤购。

⑨ 改进饲槽　饲槽形状最好为口窄、肚大、底宽。同时要注意水槽内的水深度不能太高，否则也会造成饲料浪费。

⑩ 加强管理　在生产中可制定一系列节约有奖的制度，以激励饲养管理人员的工作热情，调动他们的积极性。

4. 季节管理

（1）春季管理　春天气候逐渐变暖，日照时间延长，是鸡群产蛋回升的时期，只要加强饲养管理，保持环境稳定，不发病，对全年的高产会起到良好的作用。

① 搞好通风换气工作　一般情况下，早春北面的窗户夜间关闭，白天可根据具体情况适当打开。南面窗户白天可以打开，夜间少量窗户不关，以利通风换气。密闭式鸡舍，一般是机械通风，在春天可适当加大通风量。

② 调整日粮浓度　随着气温转暖，鸡的采食量下降，可适当提高饲料中的能量水平。同时，为了尽快恢复鸡群的体质，应定期在饮水中添加水溶性多维电解质，以补充营养。

③ 搞好卫生防疫及消毒工作　春天各种病原微生物容易孳生繁殖，为了减少疾病的发生，最好在天气转暖前进行一次彻底清扫消毒，以减少疫病发生的机会。有条件时，可对鸡群进行抗体水平监测，对抗体水平较低的鸡群，要进行免疫接种。

④ 定期投药　为了有效地抑制疾病发生，要定期投药，特别是广谱抗生素。

（2）夏季管理　夏季是高温、高湿、多雨的季节。因此，产蛋鸡的饲养管理主要应防止高温应激对产蛋的影响。

① 减少鸡舍受到的辐射热和反射热　在不影响鸡舍通风的前提下，可在鸡舍四周植树或搭凉棚；在鸡舍周围种植草坪或牧草；在鸡舍屋顶喷洒水，也可使舍内温度降低。

② 加大鸡舍内的换气量和气流速度　当气温高，加大换气量舍内气温仍不下降时，可以提高舍内的气流速度，从而起到降温的作用。

③ 降低进入鸡舍的空气温度　可在进风口处设置水帘，或在舍内安装喷雾器，进行喷雾，从而降低舍内温度。

④ 及时清粪　由于鸡粪含水量达80%以上，舍内湿度高，不利于散热。

⑤ 调整日粮浓度　夏季气温高，鸡的采食量减少，为了保证产量，必须调整日粮浓度。可使能量水平略有下降，粗蛋白质水平提高1%～2%。

⑥ 保证充足的清洁饮水　饮水要清凉，水温以10～13℃为宜，水槽要及时清洗。

（3）秋季管理　秋季由热转凉，也是恢复体力、继续产蛋的时期。但是，秋季日照变短，如果饲养管理不当，就会导致过早换羽休产。

在秋季，为了保证鸡群稳产、高产，必须要注意饲料配方的稳定性和连续性；要及时调整鸡群，尽早淘汰换羽和停产的低产鸡；在产蛋后期，为保持较高产蛋量，可以适当延长光照时间，但最长不能超过17h；由于秋季昼夜温差大，应注意减少外界环境条件的变化对鸡产生的影响，如早秋天气仍较闷热，舍内较潮湿，白天要加大通风，降低湿度，以免发生呼吸道和肠道传染病；要在饲料中经常投药，防止疾病发生；要为冬季防寒做好准备工作。

（4）冬季管理　冬季气温低，日照短，必须做好防寒保温工作，保证舍温在10℃以上，杜绝贼风，有条件时，可配备取暖设备，提高日粮的能量水平，同时注意补充光照。

三、产蛋规律和生产性能指标

1. 产蛋规律

鸡群产蛋有一定的规律性，鸡群21周龄开产后（产蛋率为50%），最初3～4周内产蛋迅速增加，到24～25周龄时产蛋到达高峰，鸡的产蛋在高峰期维持一段时间后（大概到40周龄左右），产蛋率逐渐下降直至产蛋末期。如果以鸡的周龄大小为横坐标、以周龄所对应的产蛋率为纵坐标，即可得出鸡的产蛋曲线（图4-1）。

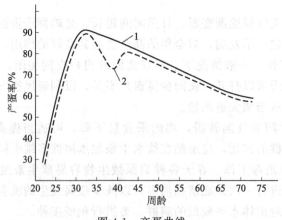

图 4-1　产蛋曲线

1—正常曲线；2—异常曲线

这里鸡群产蛋第一周是指母鸡日产蛋达5%时的周龄。现代蛋鸡由于有优异的产蛋性能，所以各品系鸡种的正常产蛋曲线具有以下特点。

（1）上升速度快　开产后，产蛋迅速增加，曲线呈陡然上升态势。这一时间产蛋率每周成倍增长，在产蛋6～7周之内可达90％以上，这就是产蛋高峰期。

（2）下降速度慢　产蛋高峰过后，产蛋曲线下降十分平稳，呈直线状。一般情况下，此期产蛋率以每周1‰～2‰的速度降低，十分缓慢。

（3）产蛋损失不可补偿　在产蛋过程中，如遇到饲养管理不当或其他应激刺激时，会使产蛋受到影响，产蛋率低于标准曲线，这种损失在以后的生产中不能完全补偿。如果这种情况发生在前6周，会使曲线上升中断，产蛋下降，永远达不到标准高峰。

产蛋率的上升或下降，尽管因鸡的品种不同而有差异，但受饲养管理条件的影响较大。所以，只有在良好的饲养管理条件下，鸡群的实际产蛋状况才能同标准曲线相符合。在生产中，及时绘制出鸡群每周的产蛋曲线，并对照标准曲线，相当重要，如果偏离标准曲线，说明饲养管理方面出了问题，应设法及时纠正。同时，由于产蛋高峰与年产蛋量呈高度的正相关关系，通过产蛋曲线可以估算鸡群的年产蛋量（表4-22）。

表 4-22　鸡群达到早期产蛋性状指标时的不同周龄与产蛋量的关系

达5％产蛋率时周龄	21	21	21	22
达50％产蛋率时周龄	24	24	24	26
达80％产蛋率时周龄	28～29	28～29	30	32
80％以上持续周数	28～30	26～28	22～24	20～22
90％以上持续周数	4～6	4	0	0
43周龄产蛋数/枚	118～120	113～115	100～110	85～90
72周龄产蛋数/枚	265～270	255～260	240～250	220～230

2. 生产性能指标

（1）产蛋量　产蛋量是养鸡生产的经济指标之一，生产量多、质优的鸡蛋，是养鸡生产追求的主要目标之一。

产蛋量的计算：产蛋量是指母鸡在统计期内的产蛋枚数。通常统计开产后60d产蛋量、300日龄产蛋量和500日龄产蛋量。

（2）产蛋率　指母鸡在统计期内的产蛋百分率。通常用饲养日产蛋率（％）和入舍母鸡产蛋率（％）来表示。

（3）蛋重　蛋重是评价家禽产蛋性能的一项重要指标，同样的产蛋量，蛋重大小不同，总产蛋重不同。蛋重的遗传力为0.2～0.7，蛋重与鸡的体重成正相关关系。此外，蛋重还受营养水平和气温的影响，饲粮营养丰富时蛋重大、春季蛋重大、夏季较小、秋季又增加。

平均蛋重：育种场通常采用称测初产蛋重、300日龄蛋重和500日龄蛋重来衡量个体平均蛋重。方法是在上述时间连续称测三枚蛋，求其平均数作为该时期的蛋重，一般以300日龄蛋重为其代表蛋重；繁殖场和商品鸡场一般仅称测群体平均蛋重，其结果作为生产中的参考指标（如饲养水平、环境条件等是否符合要求的标准）。方法是每月按日产蛋量的5％连称三天，求其平均数，作为该群该月龄的平均蛋重。通常平均蛋重以克（g）为单位。

（4）蛋的品质　是衡量鸡蛋质量状况的指标。蛋品质测定要求在蛋产出后24h内进行，每次测量不得少于50枚。

① 蛋形指数　即蛋的长径与短径的比值。蛋的正常形状为椭圆形，蛋形指数为1.30～1.35，大于1.35的蛋为长形蛋，小于1.30的蛋为圆形蛋。蛋形指数偏离标准过大，会影响到种蛋的孵化率和商品蛋的等级，而且也不利于机械集蛋、分级和包装。该性状的遗传力为0.25～0.5。

② 蛋壳强度　指蛋壳耐受压力的大小。蛋壳结构致密，则耐受压力大、不易破碎。一

般用蛋壳强度测定仪进行蛋壳强度测定。由于蛋的纵轴比横轴耐压，故在装运时以竖放为宜。

③ 蛋壳厚度　用蛋壳厚度测定仪分别测定蛋的钝端、锐端和中腰三处蛋壳（除去壳膜）厚度，其平均值即为蛋壳的平均厚度。理想的鸡蛋蛋壳厚度为 0.33～0.35mm。该性状的遗传力为 0.30。

④ 蛋的密度　蛋的密度不仅能够表明蛋的新鲜程度，而且还可说明蛋壳厚度和蛋壳强度状况。一般用盐水漂浮法测定蛋的密度，鸡蛋的密度应不低于 1.070～1.085kg/m³。蛋密度遗传力为 0.3～0.6。

⑤ 蛋壳的色泽　蛋壳色泽仅是鸡品种的特征表现，与蛋内营养状况无关。蛋壳颜色一般有白、粉、褐、浅褐和绿色等。其遗传力为 0.3～0.9。

⑥ 蛋白浓度　蛋白浓度是蛋营养情况的表示，国际上用哈氏单位表示蛋白浓度。前文已述，哈氏单位越大，则蛋白黏稠度越大，蛋白品质越好。

$$哈氏单位 = 100\lg(H - 1.7W^{0.37} + 7.57)$$

式中，H 表示蛋白高度，mm；W 表示蛋重，g。

⑦ 蛋黄色泽　蛋黄色泽越浓，说明蛋的品质越好。国际上按罗氏比色扇的 15 个等级进行比色确定蛋黄色泽等级。其遗传力为 0.15。

⑧ 血斑和肉斑　蛋内存在有血斑和肉斑的蛋称为血斑蛋和肉斑蛋。血斑蛋和肉斑蛋占总蛋数的百分比，称为血斑蛋率和肉斑蛋率（通常为 1%～2%）。蛋内的血斑或肉斑，能使蛋的品质降低，该性状的遗传力为 0.5。

（5）产蛋期母鸡存活率　入舍母鸡数减去死亡和淘汰数后的存活数占入舍母鸡数的百分比。

（6）产蛋期料蛋比　产蛋期料蛋比是产蛋期饲料消耗量与总产蛋重的比值，即每产 1kg 蛋所消耗的饲料量。

$$产蛋期料蛋比 = 产蛋期耗料量(kg)/总产蛋量(kg)$$

四、产蛋鸡生产中常见的问题及解决方法

1. 产蛋量突然下降

（1）产蛋鸡同时休产　产蛋母鸡在连续几个产蛋日后，就会休产 1d 或几天。如果休产的鸡在某一天偶尔增多，就会出现产蛋率突然下降。这不是鸡群健康状况或产蛋性能有什么变化，只不过是一种产蛋下降的假象，鸡群的产蛋会很快恢复到正常水平。

（2）环境影响

① 通气不足　在冬季，尤其是在密闭鸡舍为了保温，往往忽视通气，造成舍内有害气体含量增多，造成鸡群的产蛋率急剧下降 15%～20%，一般需 1～2 个月才能恢复。

② 光照程序突然变化　突然停光或减少光照时间，以及强度突然降低等，都会造成鸡群产蛋量突然下降。

③ 环境温度　鸡群突然受到高温或寒流的袭击，以及长时间高温或低温，产蛋量都会突然下降。

（3）管理方面的影响

① 饲料及饲喂　饲料配方突然改变，饲料中钙和盐的含量过高或过低等，都会使鸡群产生应激，造成产蛋量的突然下降。若连续几天喂料量不足，也会造成鸡群的产蛋量突然下降。

② 饮水　若供水系统发生故障，造成断水，或由于其他原因，造成鸡群长时间饮水不

足等，都会造成鸡群的产蛋量突然下降。

③ 应激　饲养员工作服颜色突然改变，作业程序发生改变，异常响动，陌生人或犬等进入鸡舍，都会使鸡群受到惊吓，造成产蛋量突然下降。断喙、免疫接种以及用药不当等都会对鸡群造成应激，使产蛋量突然下降。

（4）疾病的影响　鸡患传染性疾病，会使鸡群产蛋量突然下降，而且多数情况下，很难恢复到原来的水平。如当暴发新城疫时，会使产蛋率从 90％下降到 20％～40％；鸡群感染禽流感时，会在 3～5d 内使产蛋率由高峰期降到 10％以下等。

2. 互啄的发生及预防

（1）互啄发生的原因

① 品种　具有神经质型的轻型蛋鸡要比其他蛋鸡品种更容易产生互啄。

② 饲料和饲喂　饲料中能量过高，母鸡过肥，难产造成脱肛，易发生啄肛。氨基酸不平衡，尤其是饲料中缺乏含硫氨基酸，会导致羽毛发育不全，皮肤外露，容易发生啄癖。限饲、强制换羽或者料槽空的时间太长，鸡群饥饿时间长，也会诱发啄癖。

③ 管理　密度太大、光线太强都容易产生啄癖。个别鸡出现外伤，一旦出血，其他鸡就会追啄。

④ 疾病　体外寄生虫过多，引起自啄，也会引来其他鸡同啄。另外，大肠杆菌、沙门菌等也会引起脱肛，产生啄肛。

（2）防治措施　要加强管理，供给全面的营养，定期驱虫，严格细致地断喙。一旦鸡群发生了互啄，要及时分析原因，尽早采取有效措施。对被啄的鸡，要及时挑出，单独饲养，痊愈后再放入大群中；较重的要及时淘汰。若大群互啄现象较为严重，可在饲料中加入 1％的硫酸钠或硫酸钙，连喂 7d，以后改为 0.2％的比例，长期使用。在饲料中加入 1％的羽毛粉，可使啄肛现象明显减少。

3. 蛋的破损及防止措施

在正常情况下，蛋的破损率应在 2％以下，但由于各种原因，一旦超过 5％，就会给养鸡业造成较大损失。降低破蛋率的方法有：

① 选择蛋壳品质较好的品种饲养。

② 使用优质的全价饲料。

③ 将产蛋破损率的高低与饲养员的报酬挂钩，以提高饲养人员的责任心。

④ 增加拣蛋次数，产蛋期间不要做免疫接种。

⑤ 减少窝外蛋，经常检查集蛋系统，及时解决存在的问题。

⑥ 在底网加一层塑料底网或最好使用喷塑底网。

复习思考题

1. 育雏前应做好哪些准备工作？
2. 雏鸡的饲养环境条件有哪些？如何掌握和控制？
3. 判断育成鸡饲养好坏的衡量指标有哪些？
4. 育成鸡和产蛋鸡在限制饲养上有何区别？
5. 如何提高鸡群的均匀度？
6. 如何延长蛋鸡的产蛋高峰期？

7. 产蛋量下降的原因有哪些？

8. 啄癖发生的原因及预防措施有哪些？

9. 降低破蛋率的方法有哪些？

实训一　初生雏鸡的处理

【目的要求】

初步掌握家禽性别鉴定技术要点，熟练掌握雏鸡的分级、剪冠、去爪技术和免疫操作方法。

【材料和用具】

初生雏鸡，台灯、弯剪、断趾器，马立克病疫苗、连续注射器，雏鸡箱等。

【内容和方法】

1. 初生雏鸡的雌雄鉴别

（1）肛门鉴别法

① 左手握雏鸡，将雏鸡颈部夹在无名指与中指之间、两脚夹在无名指与小指之间，先用左手拇指轻按雏鸡腹部使其排粪，之后将拇指移至肛门左侧，左食指弯曲贴于雏鸡背侧，与此同时右食指放在肛门右侧，右拇指侧放在雏鸡脐带处。右拇指沿直线往上顶推，右食指往下拉、往肛门处收拢，左拇指也往里收拢，三指在肛门处凑拢一挤，肛门即翻开，在灯光下观察生殖突起。观察内容可参考实表 4-1。

实表 4-1　初生雏鸡雌雄生殖突起的差异

生殖突起状态	公雏	母雏
体积大小	较大	较小
充实和鲜明程度	充实,轮廓鲜明	相反
周围组织陪衬程度	陪衬有力	无力,突起显示孤立
弹力	富弹力,受压迫不易变形	相反
光泽及紧张程度	表面紧张而有光泽	有柔软而透明之感,无光泽
血管发达程度	发达,受刺激易充血	相反

② 注意固定雏鸡时不得用力压迫，如腹部压力过大则易损坏卵黄囊。开张肛门必须完全彻底，否则不能将生殖突起全部露出。

（2）伴性性状鉴别法

① 羽速鉴别法　用快羽公鸡（kk）配慢羽母鸡（K-），所生雏鸡慢羽是公雏（Kk）、快羽是母雏（k-），根据此方法鉴别准确率达 99％。

② 羽色鉴别法　用带金黄色基因的公鸡（ss）与带银白色基因的母鸡（S-）交配，所生雏鸡银白色绒羽的是公雏（Ss）、金黄色绒羽的是母雏（s-）。

③ 羽斑鉴别法　用非横斑公鸡（白来航等显性白羽鸡除外）与横斑母鸡交配，其子一代公雏全部是横斑羽色、母雏全部是非横斑羽色。

（3）雏鸭、雏鹅可按鸡的肛门鉴别法操作，雏鸭、雏鹅有外部生殖器，呈螺旋形，翻转或触摸泄殖腔时鉴别交接器的有无。

（4）剖检鉴定　将已鉴别的初生雏鸡，双翅放于胸前，左手握住鸡颈部，右手捏住双翅，轻微用力将鸡撕开，公鸡可见左右各一"香蕉"样黄色睾丸，母鸡可见在左侧有三角形粉红色的卵巢。

2. 初生雏鸡的分级

根据活力、卵黄吸收及脐带愈合、胫和喙的色泽等对初生雏鸡进行鉴别分级。

健雏：活泼、两脚站立稳定；蛋黄吸收和脐孔愈合良好，腹部不大，脐部无残痕；喙和胫色泽鲜艳，体重适中。

3. 剪冠、去爪

（1）剪冠　剪冠是为防止鸡冠啄伤、擦伤和冻伤而采取的技术措施，冠大也影响采食。方法是：一手握住雏鸡，拇指和食指固定雏鸡头部，另一手用消毒过的弯剪紧沿冠基由前向后一次剪掉。要剪平，剪后一般不需要其他处理。

（2）去爪　为防止自然交配时种公鸡踩伤母鸡背部，在 1 日龄用断趾器将第一趾和第二趾（后趾、内趾）的指甲根部的关节切去并灼烧以防流血。

4. 免疫

为预防马立克病，初生雏鸡 24h 内接种马立克病疫苗，每只雏鸡用连续注射器将稀释后的疫苗在颈部皮下注射 0.2mL。注射时用拇指和食指在颈部后 1/3 处捏起皮肤，使针头由前向后呈 30°角斜插入隆起的皮下，待把疫苗注入后再松开拇指和食指。稀释后的疫苗须在 0.5h 内用完。

【作业】

写出初生雏鸡的处理项目及操作要领。

实训二　雏鸡的断喙技术

【目的要求】

学会正确的断喙方法，熟练掌握断喙操作技术。

【材料和用具】

7～10 日龄雏鸡若干只，雏鸡笼、电热断喙器等。

【内容和方法】

1. 方法步骤

（1）断喙器的检查　检查断喙器是否通电、刀片是否锋利等。

（2）接通电源　将断喙器预热至适宜温度（刀片呈暗桃红色）。

（3）正确握雏鸡　左手提稳鸡的双脚，右手拇指压鸡后脑，食指按喉部。

（4）切喙　上喙切除 1/2（喙端至鼻孔）、下喙切除 1/3，上喙比下喙略短或上下喙平齐。

（5）**止血**　切后将喙在刀片上烙2～3s。

2. **注意事项**

（1）断喙时，上喙切除从喙尖至鼻孔1/2的部分，下喙切除从喙尖至鼻孔1/3的部分，种用小公鸡只断去喙尖，注意切勿把舌尖切去。

（2）断喙前后1～2d内在每千克饲料中加入2mg维生素K，在饮水中加0.1%的维生素C及适量的抗生素，有利于凝血和减少应激。

（3）断喙后2～3d内，料槽内饲料要加得满一些，以利于雏鸡采食，防止鸡喙啄到槽底，断喙后不能断水。

（4）断喙应与接种疫苗、转群等错开进行，在炎热季节应选择在凉爽时间断喙。此外，抓鸡、运鸡及操作动作要轻，不能粗暴，避免多重应激。

（5）断喙器应保持清洁，定期消毒，以防断喙时交叉感染。

（6）断喙后要仔细观察鸡群，对流血不止的鸡只，要重新烧烙止血。

【作业】

写出断喙的方法、步骤及注意事项。

实训三　蛋鸡光照方案的制定

【目的要求】

能依据当地自然光照规律和鸡舍类型，制定出不同出雏日期蛋鸡的光照方案。

【材料和用具】

1. 不同纬度日照时间表（实表4-2）

实表 4-2　我国不同纬度地区日照时间表

时间	不同纬度日出至日落大致时间						
	10°	20°	30°	35°	40°	45°	50°
1月15日	11h24min	11h	10h15min	10h4min	9h28min	9h8min	8h20min
2月15日	11h40min	11h34min	11h4min	10h56min	10h36min	10h26min	10h
3月15日	12h4min	12h2min	11h56min	11h56min	11h54min	11h52min	12h
4月15日	12h26min	12h32min	12h58min	13h4min	13h20min	12h28min	14h
5月15日	12h48min	12h56min	13h50min	14h2min	14h34min	14h50min	15h46min
6月15日	13h2min	13h14min	14h16min	14h30min	15h14min	15h36min	16h56min
7月15日	12h54min	13h8min	14h4min	14h20min	14h58min	15h16min	16h26min
8月15日	12h26min	12h44min	13h20min	13h30min	13h52min	14h6min	14h40min
9月15日	12h16min	12h19min	12h24min	12h26min	12h30min	12h34min	12h40min
10月15日	11h40min	11h30min	11h26min	11h18min	11h6min	11h2min	10h40min
11月15日	11h28min	11h15min	10h30min	10h20min	9h50min	9h34min	5h45min
12月15日	11h16min	11h4min	10h2min	9h48min	9h9min	8h46min	4h40min

2. 不同出雏日期与20周龄查对表（实表4-3）

实表 4-3　不同出雏日期与 20 周龄对照表

出雏日期	20 周龄	出雏日期	20 周龄	出雏日期	20 周龄
1 月 10 日	5 月 30 日	5 月 10 日	9 月 27 日	9 月 10 日	次年 1 月 28 日
1 月 20 日	6 月 9 日	5 月 20 日	10 月 7 日	9 月 20 日	次年 2 月 7 日
1 月 31 日	6 月 20 日	5 月 31 日	10 月 18 日	9 月 30 日	次年 2 月 17 日
2 月 10 日	6 月 30 日	6 月 10 日	10 月 28 日	10 月 10 日	次年 2 月 27 日
2 月 20 日	7 月 10 日	6 月 20 日	11 月 7 日	10 月 20 日	次年 3 月 9 日
2 月 28 日	7 月 18 日	6 月 30 日	11 月 17 日	10 月 31 日	次年 3 月 20 日
3 月 10 日	7 月 28 日	7 月 10 日	11 月 27 日	11 月 10 日	次年 3 月 30 日
3 月 20 日	8 月 7 日	7 月 20 日	12 月 7 日	11 月 20 日	次年 4 月 9 日
3 月 31 日	8 月 18 日	7 月 31 日	12 月 18 日	11 月 30 日	次年 4 月 19 日
4 月 10 日	8 月 28 日	8 月 10 日	12 月 28 日	12 月 10 日	次年 4 月 29 日
4 月 20 日	9 月 7 日	8 月 20 日	次年 1 月 7 日	12 月 20 日	次年 5 月 9 日
4 月 30 日	9 月 17 日	8 月 31 日	次年 1 月 18 日	12 月 31 日	次年 5 月 20 日

【内容和方法】

1. 密闭式鸡舍的光照方案的制定

根据蛋鸡不同饲养阶段的光照原则制定光照方案，参见实表 4-4。

实表 4-4　密闭式鸡舍的光照方案

周龄	1～3d	4d 至 18 周	19	20	21	22	23	24	25	26	27	28	29	30
光照时数/h	23	8	9	10	11	12	12.5	13	13.5	14	14.5	15	15.5	16
光照强度/lx	20	5～10	10											
灯泡功率/W	40～60	15	40～60											

如果育雏育成期养在密闭式鸡舍，到产蛋期转到开放式鸡舍，应考虑转群时当地的日照时间，然后根据此时间决定育雏育成期光照，如果转群时当地日照时间在 10h 以内，则可用此光照时间作为恒定光照时间，基本与全期养在密闭式鸡舍光照程序相同。如果转群时当地日照时间在 10h 以上，则应采用渐减给光法（同开放式鸡舍）。

2. 开放式鸡舍的光照方案的制定

根据出雏日期不同有两种光照方案。

（1）育雏育成期自然光照方案　在我国适用于 4 月上旬至 9 月上旬期间出雏的鸡，例如北纬 35°地区，9 月 1 日出雏的鸡，经查表制定光照方案见实表 4-5。

实表 4-5　育雏育成期自然光照、产蛋期补充光照方案

周龄	1～3d	4d 至 18 周	19	20	21	22	23	24	25	26	27	28	29	30
光照时数/h	23	自然光照	10	11	12	12.5	13	13.5	14	14.5	15	15.5	16	16
光照强度/lx	20		10											
灯泡功率/W	40～60		40～60											

（2）育雏育成期控制光照方案　在我国适用于 9 月中旬到第二年 3 月下旬期间出雏的鸡。其控制方法有以下两种。

① 恒定法　查出本批鸡育成期当地自然光照最长一天的光照时数，自 4 日龄起即给以

这一光照时数，并保持不变至自然光照最长一天为止，以后自然光照至性成熟，产蛋期再增加人工光照。如北纬 35°地区，3 月 31 日出雏的鸡，查表该批鸡育成期为 3 月 31 日至 8 月 18 日，此期间最长日照时数是 6 月 15 日的光照时数为 13h20min，制定的光照方案见实表 4-6。

实表 4-6 育雏育成期控制光照、产蛋期补充光照方案（恒定法）

周龄	1～3d	4d 至 11 周	12～18 周	19	20	21	22	23 周以后
光照时数/h	23	14.5	自然光照	14	14.5	15	15.5	16
光照强度/lx	20	10				10		
灯泡功率/W	40～60	25				40～60		

② 渐减法　查出本批鸡 20 周龄时的当地日照时数，加 7h 作为 4 日龄光照时数，然后每周减少光照时数 20min，到 20 周龄时恰好为当地日照时间。如上例中，该批鸡 20 周龄时当地日照时数约为 13h20min，制定的光照方案见实表 4-7。

实表 4-7　育雏育成期控制光照、产蛋鸡补充光照方案（渐减法）

周龄	1～3d	4d 至 19 周	20	21	22	23	24	25	26 周以后
光照时数/h	23	20h～13h40min	13h20min	13.5	14	14.5	15	15.5	16
光照强度/lx	20	10				10			
灯泡功率/W	40～60	40～25				40～60			

【作业】

根据本地区日照时数，拟定出密闭式鸡舍 3 月、6 月、9 月、12 月份育雏、育成期及产蛋期的光照方案。

模块五　肉鸡生产

【知识目标】

① 了解快大型肉仔鸡的生产特点。

② 掌握提高肉鸡商品质量的措施。

③ 掌握优质型肉鸡的饲养管理要点。

【技能目标】

能开展快大型肉仔鸡和优质型肉仔鸡各生理阶段的饲养管理工作。

项目一　快大型肉仔鸡饲养管理

一、快大型肉仔鸡的生产特点

1. 早期生长速度快、饲料利用率高

肉仔鸡出壳时的体重一般为40g左右，2周龄时可达350～390g，6周龄时达2000g，8周龄时可达2500g以上，为出生重的60多倍。并且随着肉用仔鸡育种水平的提高，现代肉鸡继续表现出遗传潜力的提高。由于生长速度快，使得肉仔鸡的饲料利用率很高。在一般的饲养管理条件下，饲料转化率可达1.8：1。目前，最先进的水平达到42日龄出栏，母鸡达2.35kg，公鸡达2.85kg，饲料转化率达1.6：1。

2. 适于高密度大群饲养

由于现代肉鸡生活力强，性情安静，具有良好的群居性，适于高密度大群饲养。一般采用厚垫料平养，出栏时可达13只/m²。

3. 产品性能整齐一致

肉用仔鸡生产，不仅要求生长速度快、饲料利用率高、成活率高，而且要求出栏体重、体格大小一致，这样才能具有较高的商品率，否则会降低商品等级，也给屠宰带来不便。一般要求出栏时80%以上的鸡在平均体重±10%以内。

4. 种鸡繁殖力强，总产肉量高

一只肉用种鸡繁殖的后代越多，总的产肉量也越高。繁殖率受产蛋数特别是合格的种蛋数、受精率和孵化率的影响。现代肉鸡一只种鸡一个饲养期可繁殖140只雏鸡。

5. 易发生营养代谢疾病

肉仔鸡由于早期肌肉生长速度快，而骨组织和心肺发育相对迟缓，因此易发生腿部疾患、腹水症、胸囊肿和猝死等营养代谢病，对肉鸡业危害很大。

二、快大型肉仔鸡的饲养

1. 肉仔鸡的饲养方式

肉仔鸡的饲养方式主要有三种。

（1）厚垫料地面平养 是在地面上铺一定厚度的垫料5～10cm。垫料要求干燥松软、吸水性强、不发霉、不污染。饲养过程中要经常松动垫料，把鸡粪落到垫料下面，防止鸡粪结块，并根据污染程度，及时铺上新的垫料，始终保持垫料干燥。

厚垫料饲养的优点是简便易行，设备投资少，胸囊肿的发生率低，残次品少；缺点是鸡直接接触地面，球虫病、大肠杆菌病发生概率高，药品及垫料费用大。

（2）网上平养 是将鸡饲养在离地50～60cm的网床上。网床一般用金属网或竹夹板制成，上铺一层塑料网，以减少腿病和胸囊肿的发生。由于离地饲养，避免鸡与粪便接触，可减少球虫病等的发生。

（3）笼养 肉仔鸡笼养可提高饲养密度，减少疾病的发生，便于公母分群饲养，提高劳动效率和鸡舍空间利用率，节省燃料费用。但一次性投入大，因笼底网硬，笼养鸡活动受限，鸡胸囊肿和腿病较为严重，商品合格率低，故应用不多。

2. 肉仔鸡的营养需要特点

肉仔鸡生长速度快，要求供给高能量、高蛋白的饲料，日粮各种养分充足、齐全且比例平衡。由于肉仔鸡早期器官组织发育需要大量蛋白质，生长后期脂肪沉积能力增强，因此在日粮配合时，生长前期蛋白质水平高，能量稍低；后期蛋白质水平稍低，能量较高。

3. 快大型肉仔鸡饲喂技术

（1）实行限制饲喂 由于肉鸡生长速度快，而骨组织和心肺发育相对迟缓，因此易发生腿部疾患、腹水症、胸囊肿和猝死等营养代谢病，要通过限制饲喂，放慢生长速度，降低死淘率，饲喂标准参照肉鸡案例分析：肉鸡的快速育肥方案。

（2）饲喂颗粒饲料 颗粒饲料营养全面、比例稳定，不会发生营养分离现象，鸡采食时不会出现挑食，饲料浪费少。同时颗粒饲料适口性好，体积小，密度大，肉鸡吃料多，增重快，饲料报酬高。据试验，饲喂颗粒饲料，肉鸡每增加1kg体重比饲喂粉料少消耗94g饲料，饲料转化率提高3.1%。因此，目前国内外普遍采用颗粒饲料饲喂肉仔鸡。但颗粒饲料加工费高，肉鸡腹水症发病率高于粉料，因此要注意前期适当限饲。

（3）保证采食量 保证有足够的采食位置和采食时间；高温季节采取有效的降温措施，加强夜间饲喂；检查饲料品质，控制适口性差的饲料的使用量；采用颗粒饲料；在饲料中添加香味剂。肉仔鸡生长和耗料标准见表5-1。

表 5-1 肉仔鸡生长和耗料标准

周龄	体重/g			累计/g			耗料增重比		
	公鸡	母鸡	混养	公鸡	母鸡	混养	公鸡	母鸡	混养
1	180	170	175	154	146	149	1.10	1.10	1.10
2	456	424	440	484	458	471	1.20	1.23	1.22
3	839	751	795	1032	939	986	1.43	1.47	1.45
4	1325	1175	1250	1829	1669	1750	1.64	1.72	1.68
5	1890	1650	1770	2911	2606	2761	1.91	1.98	1.94
6	2536	2174	2355	4337	3804	4074	2.21	2.29	2.24
7	3181	2699	2940	5949	5236	5586	2.50	2.73	2.58

（4）**逐渐换料**　更换饲料时要有过渡适应期，突然换料鸡不爱吃新料，形成换料应激，容易造成壮鸡啄羽、弱鸡发病、病鸡死亡。

（5）**减少饲料浪费**　饲料要离地、离墙存放，以防止霉变，不喂过期饲料。饲料要少加勤加，加料达饲槽深度的 2/3 时浪费 12%，到饲槽的 1/3 时仅浪费 1.5%。加料次数多还有利于观察和促使鸡群运动，及时发现疾病和降低胸囊肿的发病率。饲槽的槽边要和鸡背同高或稍高于鸡背，并随鸡的生长不断加高。饲槽、水槽周围可以只垫砂不垫草，便于鸡吃槽外的料，也可以防止草湿发霉。

三、快大型肉仔鸡的管理

1. 饮水

雏鸡的第一次饮水称为初饮，雏鸡运抵育雏舍后稍事休息就应饮水。雏鸡能否及时饮到水是非常关键的。由于初生雏从较高温度的孵化器出来，又在出雏室停留及运输，体内丧失水分较多，故适时饮水可补充雏鸡生理所需水分，有助于促进雏鸡食欲，帮助饲料消化与吸收，促进粪便排出。初次饮水应在水中添加 3%～5% 的葡萄糖，连饮 12～15h，可显著降低 1 周龄内的死亡率。为预防疾病，饮水中可加入抗生素，连饮 3～5d。在 1 周龄内要饮用温开水，以后饮凉水，水温应和育雏室温一致。饮水要清洁干净，饮水器要充足，并均匀分布在室内，饮水器距地面的高度应随鸡日龄的增长而调整，饮水器的高度与鸡背高度平齐。饮水量见表 5-2。

表 5-2　肉仔鸡每 1000 只每天饮水量　　　　　　　　　　　　　　　单位：L

周龄	10℃	21℃	32℃
1	23	30	38
2	49	60	102
3	64	91	208
4	91	121	272
5	113	155	333
6	140	185	380
7	174	216	428
8	189	235	450

2. 开食

雏鸡饮水 2～3h 后，开始喂料，雏鸡的第一次喂料称为开食。开食料应用全价碎粒料，均匀撒在饲料浅盘上让鸡自由采食。3 日龄内，每天隔 2h 喂一次，夜间停食 4～5h。3 日龄后逐渐减少，但每天喂料应不少于 6 次。为防止鸡粪污染，饲料盘应及时更换，冲洗干净晾干后再用。4～5 日龄逐渐换成料桶，一般每 30 只鸡一个，2 周龄前使用 3～4kg 的料桶，2 周龄后改用 7～10kg 的料桶。为刺激鸡的食欲，增加采食量，每天应加料 4 次，但每次加料不应超过深度的 1/3，过多会被刨出造成浪费。随着雏鸡日龄增长，应及时抬高料槽或料桶高度，保持与鸡背平齐。

3. 环境控制

环境条件的优劣直接影响肉仔鸡的成活率和生长速度。肉仔鸡对环境条件的要求比蛋用雏鸡更为严格，影响更为严重，应特别重视。

（1）**温度**　雏鸡出生后体温调节能力差，必须提供适宜的环境温度。温度过低可降低鸡的抵抗力，引起腹泻和生长停滞。因此，保温是一切管理的基础，是肉仔鸡饲养成活率高低的关键，尤其在育雏期第 1 周内。肉仔鸡 1 日龄时，舍内室温要求为 27～29℃，育雏伞下温度为 33～35℃。以后每周下降 2～3℃直至 18～20℃。肉仔鸡适宜温度见表 5-3。

表 5-3 肉仔鸡适宜的温度   单位：℃

周龄	育雏方式		直接育雏
	保温伞育雏		
	保温伞温度	雏舍温度	
1～3d	33～35	27～29	33～35
4～7d	30～32	27	31～33
2 周	28～30	24	29～31
3 周	26～28	22	27～29
4 周	24～26	20	24～27
5 周以后	21～24	18	21～24

检查温度是否适宜主要通过测量舍温和观察雏鸡表现。低温拥挤打堆，靠近热源；高温喘气，远离热源；鸡均匀分布就是适温。

温度控制应保持平稳，并随雏鸡日龄增长适时降温，切忌忽高忽低，并要根据季节、气候、雏鸡状况灵活掌握。

（2）湿度 湿度对雏鸡的健康和生长影响也较大，育雏第 1 周内保持 70%的稍高湿度。因此时雏鸡含水量大，舍内温度又高，湿度过低易造成雏鸡脱水，影响羽毛生长和卵黄吸收。以后要求保持在 50%～65%，以利于球虫病的预防。

育雏的头几天，由于室内温度较高，室内湿度往往偏低，应注意室内水分的补充，可在火炉上放水壶烧开水，或地面喷水来增加湿度。10 日龄后，由于雏鸡呼吸量和排粪量增大，应注意高湿的危害，管理中应避免饮水器漏水，勤换垫料，加强通风，使室内湿度控制在标准范围之内。

（3）光照 肉仔鸡的光照制度有两个特点：一是光照时间较长，目的是为了延长采食时间；二是光照强度小，弱光可降低鸡的兴奋性，使鸡保持安静的状态。

① 光照方法 肉仔鸡的光照方法主要有三种：一是连续光照法，即在进雏后的头 2 天，每天光照 24h，从第 3 天开始实行 23h 光照、夜晚停止照明 1h，以防鸡群停电发生的应激。此法的优点是雏鸡采食时间长，增重快，但耗电多，鸡腹水症、猝死、腿病多。二是短光照法，即第一周每天光照 23～24h，第二周每天减少 2h 光照至 16h，第三、四周每天 16h 光照，从第五周第四天开始每天增加 2h 光照至周末达到 23h 光照，以后保持 23h 光照至出栏。此法可控制鸡的前中期增重，减少猝死、腹水和腿病的发病率，最后进行"补偿生长"，出栏体重不低，却提高了成活率和饲料报酬。对于生长快，7 日龄体重达 175g 的鸡可用此法。三是间歇光照法，在开放式鸡舍，白天采用自然光照，从第二周开始实行晚上间断照明，即喂料时开灯、喂完后关灯；在全密闭鸡舍，可实行 1～2h 照明、2～4h 黑暗的光照制度。此法不仅节约电力，还可促进肉鸡采食。但采用间歇光照，鸡群必须具备足够的采食、饮水槽位，保证肉仔鸡有足够的采食和饮水时间。

② 光照强度 育雏初期，为便于雏鸡采食、饮水和熟悉环境，光照强度应强一些，以后逐渐降低，以防止鸡过分活动或发生啄癖。育雏头两周每平方米地面 2～3W，两周后 0.75W 即可。例如头两周每 20m² 地面安装 1 只 40～60W 的灯泡，以后换上 15W 灯泡。如

鸡场有电阻器可调节光的照度，则 0～3d 用 25lx、4～14d 用 10lx、15d 以后 5lx。开放式鸡舍要考虑遮光，避免阳光直射和过强。

（4）通风　肉仔鸡饲养密度大，生长速度快，代谢旺盛，因此加强舍内通风，保持舍内空气新鲜非常重要。通风的目的是排除舍内的氨气、硫化氢、二氧化碳等有害气体，空气中的尘埃和病原微生物，以及多余的水分和热量，导入新鲜空气。通风是鸡舍内环境的最重要指标，良好的通风对于保证鸡体健康以及生长速度是非常重要的。通风不良、空气污浊易发生呼吸道病和腹水症；地面湿臭易引起腹泻。肉仔鸡舍的氨气含量以不超过 20×10^{-6}（以人感觉不到明显臭气）为宜。

通风方法有自然通风和机械通风。自然通风靠门窗进行换气，多在温暖季节进行；机械通风效率高，可正压送风也可负压排风，便于进行纵向通风。要正确处理好通风和保温的关系，在保温的前提下加大通风。实际生产中，1～2 周龄以保温为主，3 周龄注意通风，4 周龄后加大通风。

（5）密度　饲养密度对雏鸡的生长发育有着重要的影响。密度过大，鸡的活动受到限制，空气污浊，湿度增加，导致鸡只生长缓慢，群体整齐度差，易感染疾病，死亡率升高。密度应根据禽舍的结构、通风条件、饲养方式及品种确定。具体密度可参考表 5-4。生产中应注意密度大的危害，在鸡舍设备情况许可时尽量降低饲养密度，这有利于采食饮水和肉鸡发育，提高体重的一致性。

表 5-4　肉用仔鸡的饲养密度　　　　　　　　　　单位：只/m²

周龄	平养密度	技术措施	立体笼养密度
0～2	25～40	强弱分群	50～60
3～5	18～20	公母分群	34～42
6～8	10～15	大小分群	24～30

四、快大型肉仔鸡饲养管理的其他要点

1. 供给肉仔鸡全价优质饲料

现代肉鸡生长快、饲料转化率高，必须饲喂营养完善的全价配合饲料，其性能才能得到充分发挥。采用全价配合饲料，也是实现养鸡机械化的前提，在节省饲料、设备和劳力等方面发挥作用。配合饲料不仅要求营养全面，而且适口性好，不霉变。

2. 加强整个饲养期的饲养管理

（1）加强早期饲喂　肉仔鸡生长速度快，相对生长强度大，前期生长稍有受阻则以后很难补偿。据试验，1 周龄体重每少 1g，出栏体重少 10～15g。因此，一定要使出壳后的雏鸡早入舍、早饮水、适时开食，一般要求在出壳后 24h，饮水后 2～3h，就应喂料。

（2）重视后期育肥　肉仔鸡生长后期脂肪的沉积能力增强，因此应在饲料中增加能量含量，最好在饲料中添加 3%～5% 的脂肪，在管理上保持安静的生活环境、较暗的光线条件，尽量限制鸡群活动，注意降低饲养密度，保持地面清洁干燥。

（3）添喂沙砾　鸡没有牙齿，肌胃中的沙砾起着代替牙齿磨碎饲料的作用，同时还可能促进肌胃发育、增强肌胃运动力，提高饲料消化率，减少消化道疾病。据报道，长期不喂沙砾的鸡饲料利用率下降 3%～10%。因此要适时饲喂沙砾。饲喂方法，1～14d，每 100 只鸡喂给 100g 细沙砾。以后每周 100 只鸡喂给 400g 粗沙砾，或在鸡舍内均匀放置几个沙砾盆，

供鸡自由采用，沙砾要求干净、无污染。

（4）适时出栏　肉用仔鸡的特点，是早期生长速度快、饲料利用率高，特别是6周龄前更为显著。因此要随时根据市场行情进行成本核算，在有利可盈的情况下，提倡提早出售，以免饲料消耗的价值超过了体重增加的回报。目前，我国饲养的肉仔鸡一般在6周龄左右，公母混养体重达2kg以上，即可出栏。

3. 创造适宜的环境

创造适宜的环境条件是保证肉用仔鸡快速生长的关键性管理措施。在肉用仔鸡饲养过程中要提供一个温度、湿度适宜，通风良好，光照和饲养密度合适的安静舒适的鸡舍环境，保证肉用仔鸡快速生长。

4. 加强疫病防治

肉鸡生长周期短，饲养密度大，任何疾病一旦发生，都会造成严重损失。因此要制定严格的卫生防疫措施，搞好预防。

（1）实行"全进全出"的饲养制度　在同一场或同一舍内饲养同批同日龄的肉仔鸡，同时出栏，便于统一饲料、光照、防疫等措施的实施。第一批鸡出栏后，留2周以上时间彻底打扫、消毒鸡舍，以切断病原的循环感染，使疫病减少，死亡率降低。全进全出的饲养制度是现代肉鸡生产必须做到的，也是保证鸡群健康、根除病源的最有效措施。

（2）加强环境卫生，建立严格的卫生消毒制度　搞好肉仔鸡的环境卫生，是养好肉仔鸡的重要保证。鸡舍门口设消毒池，垫料要保持干燥，饲喂用具要经常洗刷消毒，注意饮水消毒和带鸡消毒。

（3）预防接种　预防接种是预防疾病，特别是预防病毒性疾病的重要措施，要根据当地传染病的流行特点，结合本场实际制定合理的免疫程序。最可靠的方法是进行抗体检测，以确定各种疫苗的使用时间。

（4）药物预防　根据本场实际，定期进行预防性投药，以确保鸡群稳定健康。如1~4日龄饮水中加抗菌药物（环丙沙星、恩诺沙星），防治脐炎、鸡白痢、慢性呼吸道病等疾病，切断蛋传疾病。17~19日龄再次用以上药物饮水3d，为防止产生抗药性，可添加磺胺增效剂。15日龄后地面平养鸡，应注意球虫病的预防。

五、提高肉仔鸡商品质量的措施

1. 减少弱小个体

肉仔鸡的整齐度是肉仔鸡管理中的一项重要指标，提高出栏整齐度，可以提高经济效益。挑雏与分群饲养是保证鸡群生长均匀的重要因素。第1次挑雏应在雏鸡到达育雏室进行。挑出弱雏、小雏，放在温度较高处，单独隔离饲喂，残雏应予以淘汰，以净化鸡群；第2次挑雏在雏鸡6~8d进行，也可在雏鸡首次免疫时进行，把个头小、长势差的雏鸡单独隔离饲养。雏鸡出壳后要早入舍、早饮水、早开食，对不会采食饮水的雏鸡要进行调教。温度要适宜，防止低温引起腹泻和生长停滞长成矮小的僵鸡。饮水喂料器械要充足，饲养密度合适，患病鸡要隔离饲养和治疗。饲养期间，要及时淘汰病弱残次禽。

2. 防止外伤

肉鸡出场时应妥善处理，即使生长良好的肉鸡，出场送宰后也未必都能加工成优等的屠体。据调查，肉鸡屠体等级下降有50%左右是因碰伤造成的，而80%的碰伤是发生在肉鸡运至屠宰场过程中，即出场前后发生的。因此，肉鸡出场时尽可能防止碰伤，这对保证肉鸡的商品合格率是非常重要的。应有计划地在出场前4~6h让鸡吃光饲料，吊起或移出饲槽和一切用具，饮水器在抓鸡前撤除。为减少鸡的骚动，最好在夜晚抓鸡，舍内安装蓝色或红色灯泡，使光照减至最小限度，然后用围栏圈鸡捕捉，抓鸡要抓鸡的胫部，不能抓翅膀。抓鸡、入笼、装车、卸车、放鸡的动作要轻巧敏捷，不可粗暴丢掷。

3. 控制胸囊肿

胸囊肿就是肉鸡胸部皮下发生的局部炎症，是肉仔鸡常见的疾病。它不传染也不影响生长，但影响屠体的商品价值和等级。应该针对产生原因采取有效措施。

① 尽量使垫草干燥、松软，及时更换黏结、潮湿的垫草，保持垫草应有的厚度。

② 减少肉仔鸡卧地的时间，肉仔鸡一天当中有2/3左右的时间处于卧伏状态，卧伏时胸部受压时间长，压力大，胸部羽毛又长得晚，故易造成胸囊肿。应采取少喂多餐的办法，促使鸡站起来吃食活动。

③ 若采用铁网平养或笼养时，应加一层弹性塑料网或直接使用喷塑底网。

4. 预防腿部疾病

随着肉仔鸡生产性能的提高，腿部疾病的严重程度也在增加。引起腿病的原因是各种各样的，归纳起来有以下几类：遗传性腿病，如胫骨软骨发育异常，脊椎滑脱症等；感染性腿病，如化脓性关节炎、鸡脑脊髓炎、病毒性腱鞘炎等；营养性腿病，如脱腱症、软骨症、维生素 B_2 缺乏症等；管理性腿病，如风湿性和外伤性腿病。预防肉仔鸡腿病，应采取以下措施：

① 完善防疫保健措施，杜绝感染性腿病。

② 确保矿物质及维生素的合理供给，避免因缺乏钙、磷而引起的软脚病；缺乏锰、锌、胆碱、烟酸、叶酸、生物素、维生素 B_6 等所引起的脱腱症；缺乏维生素 B_2 而引起的蜷趾病。

③ 加强管理，确保肉仔鸡合理的生活环境，避免因垫草湿度过大、脱温过早，以及抓鸡不当而造成的腿病。

5. 预防肉仔鸡腹水综合征

肉用仔鸡由于心、肺、肝、肾等内脏组织的病理性损伤而致使腹腔内大量积液的病称之为肉仔鸡腹水综合征。此病的病因主要是由于环境缺氧而导致的。在生产中，肉仔鸡以生长速度快、代谢率旺盛、需氧量高为其显著特点，但它所处的高温、高密度、封闭严密的环境，有害气体如氨气、二氧化碳以及粉尘等常使得新鲜空气缺少而缺氧；同时高能量、高蛋白的饲养水平，也使肉鸡氧的需要量增大而相对缺氧；此外，日粮中维生素 E 的缺乏和长期使用一些抗生素等都会导致心、肺、肝、肾的损伤，使体液渗出而在腹腔内大量积聚。病鸡常腹部下垂，用手触摸有波动感，腹部皮肤变薄、发红，腹腔穿刺会流出大量橙色透明液体，严重时走路困难，体温升高。发病后使用药物治疗效果差。生产上主要通过改善环境条件进行预防，其主要措施有：

① 早期适当限饲或降低日粮的能量、蛋白质水平。

② 降低饲养密度，加强舍内通风，保证有足够的新鲜空气供给。

③ 加强孵化后期通风换气。

④ 搞好环境卫生，减少舍内粉尘及其他病原菌的危害，特别是严格控制呼吸道疾病的发生。

⑤ 饲料中添加药物，如日粮中添加 1% 的碳酸氢钠及维生素 C、维生素 E 等可降低发病率。

项目二　优质型肉鸡饲养管理

一、优质型肉鸡的概述

1. 优质型肉鸡的概念

优质型肉鸡是指其肉品在风味、鲜味和嫩度上优于快大型肉鸡，具有适合当地人们消费习惯所要求的特有优良性状的肉鸡品种或品系。优质型肉鸡主要具有以下涵义。

(1) 优质型肉鸡是指肉质特别鲜美嫩滑、风味独特的肉鸡类型。一般是与肉用仔鸡相对而言的，它反映的是肉鸡品种或杂交配套品系往往具有某些优良地方品种的血缘与特性。优质型肉鸡在鸡肉的嫩滑鲜美、营养品质、风味、系水力等方面应具有突出的优点。

(2) 优质型肉鸡在生长速度方面往往不及快大型肉鸡品种，但肌肉品质优良、外貌和胴体品质等指标更适合消费者需求。

(3) 优质型肉鸡包含了肉鸡共同的优质性，是肉鸡优良品质在某些方面具体而突出的体现。

2. 按生长速度分类

按照生长速度，我国的优质型肉鸡可分为三种类型，即快速型、中速型和优质型。优质型肉鸡生产呈现多元化的格局，不同的市场对外观和品质有不同的要求。

(1) 快速型　以长江中下游的上海、江苏、浙江和安徽等省市为主要市场。要求 49 日龄公母平均上市体重为 1.3～1.5kg，1kg 以内未开啼的小公鸡最受欢迎。该市场对生长速度要求较高。

(2) 中速型　以我国香港、澳门和广东珠江三角洲地区为主要市场，其他地方市场也有逐年增长的趋势。港、澳、粤市民偏爱接近性成熟的小母鸡，当地称之为"项鸡"。要求 80～100 日龄上市，体重 1.5～2.0kg，冠红而大，毛色光亮。

(3) 优质型　以广西、广东湛江地区和部分广州市场为代表，其他地方的中高档宾馆饭店及高收入人群也有需求。要求 90～120 日龄上市，体重 1.1～1.5kg，冠红而大，羽色光亮，胫较细，羽色和胫色随鸡种和消费习惯而有所不同。这种类型的鸡一般未经杂交改良，以各地优良地方鸡种为主。

3. 优质型肉鸡的评定

(1) 优质型肉鸡的性状　优质型肉鸡的性状包括如下方面。

① 体形外貌　体形符合品种的要求，羽毛整齐干净光亮，毛色鲜明而有光泽，双眼明亮有神，精神良好，冠和肉髯鲜红润泽，双脚无残疾等。

② 胴体外观　要求胴体干净，皮肤完整，无擦伤、扯裂、囊肿，无充血、水肿，无骨骼损伤；胴体肌肉丰满结实，屠宰率高，皮肤颜色表现该品种颜色，如黄色或淡黄色、黄白色。

③ 保存性　主要由鸡肉本身的化学和物理特性而决定，表现在加工、冷冻、贮藏、运输等过程中承受外界因素的影响、保持自身品质的能力。

④ 卫生　是指肉鸡胴体或鸡肉产品符合人们的食用卫生条件，如胴体羽毛拔除干净，

无绒毛、血污或其他污物附着，肉质新鲜无变质、无囊肿，最重要的卫生条件是鸡肉产品来自于正常健康的肉鸡，无重大传染性疫病感染。

⑤ 安全性　是指鸡肉产品不含对人体健康构成危害的因素，或是含有某些极微量的对人体不利的物质，但达不到构成对人们健康危害的程度。主要包括三方面：一是没有传播感染人类健康的病原微生物，如禽流感病毒、金黄色葡萄球菌、大肠杆菌、沙门杆菌等；二是在加工贮藏、运输等过程中没有污染对人体有害的物质；三是在饲养过程中使用的药物、添加剂、色素或其他物质等应严格控制在国家规定的许可范围之内。这是当前我国优质型肉鸡的最突出和最迫切需要解决的问题。

⑥ 鲜嫩度　是指鸡肉的肌纤维结构、肌间脂肪含量、肌纤维的粗细和多汁性等多方面的涵义。鲜嫩度同样受到品种、性别、年龄、出栏时期、肌肉组织结构、遗传因素、加工方法等许多因素的影响。

⑦ 营养品质　包括鸡肉所含的蛋白质、脂肪、水分、灰分、维生素及各种氨基酸的组成等，是优质型肉鸡概念的主要内容。鸡肉是公认的最好营养食品之一，其蛋白质含量比许多畜禽肉要高，而脂肪含量则较少。

⑧ 风味　是指包括味觉、嗅觉和适口性等多方面的综合感觉，指的是鸡肉的质地、鲜嫩度、pH 值、多汁性、气味和滋味。鸡肉风味，受许多因素影响，主要有鸡的品种、年龄、生长期、性别和遗传等许多因素，饲料种类和饲养方式，加工过程中的放血、去毛、开膛、净膛、冷冻、包装、贮藏和烹调等也会影响鸡肉风味。

（2）优质型肉鸡的肉品评定　优质型肉鸡的性状包括上述多个方面，且每个方面都有许多实质的内容，对优质型肉鸡的肉品评定尽管已经确定了许多评定的项目，如肌肉纤维的长度、切面积、肌纤维的组成、脂肪含量、胸肉和腿肌肉比例、蛋白质、各种氨基酸、维生素和微量元素、系水力、pH 值等，这些指标无疑为优质型肉鸡评定工作提供了许多客观的科学的依据。但是优质型肉鸡的肉品评定涉及许多因素且极为复杂，尤其是优质型鸡肉的风味评定，人们的生活习惯不同，口感复杂多变，涉及的不确定因素较多。就当前来讲，对优质型肉鸡的评定主要有如下方面。

① 鸡肉的营养成分的测定　诸如蛋白质和氨基酸构成，脂肪含量和脂肪酸以及与鸡肉香味有关的各种物质，鸡肉矿物质元素的含量，鸡肉的 pH 值，肌肉的含水量和系水力等。

② 物理性状的测定　包括体形、骨骼的测定，肌肉纤维面积和肌纤维粗细的测定等。生长快的肉鸡，其肌纤维较粗，肌纤维截面积平均值较大，且单位面积中肌纤维的根数较少；优质型肉鸡的肌肉则相反。

③ 胴体性状的评定　主要指标是对胴体的外观，全（半）净膛率，腿肌、胸肌与胴体的比重，腹脂、皮下脂肪和肌间脂肪的含量，胴体的保存性等方面的评定。

④ 安全性测定　主要测定鸡肉中有害物质、病毒、病菌及药残等。

⑤ 综合感觉的评定　主要运用人的视觉、嗅觉、味觉对鸡肉产品（一般指经烹调加工后的熟食的鸡肉产品）进行综合评定。这种方法尽管受人的主客观因素影响较大，但通过蒸馏提取法、动态顶空捕集法、氨基酸自动分析仪、嫩度计测定的结果显示，优质型肉鸡的肉品在风味、嫩度方面都明显比快大型肉鸡好，从理论上阐述了优质型肉鸡口感好的基本原因。

4. 影响肉质的因素

（1）品种　品种对肉鸡生长、性成熟、体形、胴体肌肉含量、脂肪积聚能力、皮下脂肪厚度、脂肪在肌间的分布、肌肉纤维的粗细、弹性、系水力等都有重大的影响，如我国南方地方品种肉鸡性成熟早、皮下脂肪少、肌间脂肪分布均匀、肌纤维细小、肌肉鲜美滑嫩等都是由品种所决定的，所以品种是优质型肉鸡的主要决定因素。

（2）生长速度 一般来说，生长速度快的肉鸡，其产量虽高，但鸡肉品质往往较差；肌肉纤维直径的增大以及肌肉中糖酵解纤维比例增高，蛋白水解力下降，还会引起肌肉苍白，系水力降低。而这些指标都是评价优质型肉鸡的重要指标。

（3）饲料营养 饲料中的营养物质是构成鸡肉产品的物质基础，供给肉鸡理想的全价饲料，同时又能严格地控制饲料中有害物质的含量是保证肉质的最重要措施之一。

（4）年龄 年龄大小关系到鸡的体成熟、性成熟程度、肌肉组织的嫩度、骨骼的硬化、鸡肉的含水量和系水力、脂肪的积累与分布等重要优质肉品指标。

（5）性别 不同的消费群体，性别往往被认为是影响肉质的一个重要因素。如在中国南方，母鸡比公鸡的价格高很多，主要认为母鸡的肉质、风味和营养比公鸡好，而在北方某些地区则正好相反。

（6）性成熟 性成熟的影响和年龄影响存在许多共同点，主要是因为性成熟和出栏日龄对鸡肉的风味、滋味的浓淡具有明显影响。一般认为母鸡开产前的鸡肉风味最好。

（7）生长环境 放养在舍外的肉鸡，其肉质风味较舍内圈养或笼养肉鸡好是许多人的共识。在野外放养的肉鸡可自由采食植物及其果实与昆虫，且良好的生长环境，如阳光照射、清新的空气、洁净的泉水等更可饲养出高品质的肉鸡。故环境对肉质的影响是多方面的、综合性的。

（8）运动 运动有利于改进鸡肉品质，改善机体组织成分的组成比例，也有利于增强抵抗疾病的能力，最终势必影响肉鸡产品的品质。

（9）加工 肉鸡在屠宰加工过程中的放血、浸泡、拔毛、开膛、冲洗等环节都对肉鸡胴体的外观、肉质有重大的影响。

（10）保存 对屠宰加工后的鸡肉产品进行冷冻保存的时间、温度、速度都会对细胞组织起破坏作用而影响肉质。一般来说，0～3℃的冷藏对肉质风味影响较小，但保存时间较短；冷冻状态下，尽管延长了贮存时间，但破坏了鸡肉组织结构，从而影响了产品风味；而在温热的条件下，肉质却极易变质，甚至发生腐败。

二、优质型肉鸡的生产

1. 生长发育特点和阶段划分

（1）优质型商品肉鸡生长发育特点 优质型商品肉鸡与快大型肉鸡相比较，在生长发育方面表现有以下特点。

① 生长速度相对缓慢 优质型肉鸡的生长速度介于蛋鸡品种和快大型肉鸡品种之间，有快速型、中速型及慢速型之分。如快速型优质型肉鸡6周龄平均上市体重可达1.3～1.5kg，而慢速型优质型肉鸡90～120d上市体重仅有1.1～1.5kg。

② 优质型肉鸡对饲料的营养要求水平较低 在粗蛋白质19%、能量在11.50MJ/kg的营养水平下，即能正常生长。

③ 生长后期对脂肪的利用能力强 消费者要求优质型肉鸡的肉质具有适度的脂肪含量，故生长后期应采用含脂肪的高能量饲料进行育肥。

④ 羽毛生长丰满 羽毛生长与体重增加相互影响，一般情况下，优质型肉鸡至出栏时，

羽毛几经脱换，特别是饲养期较长，出栏较晚的优质型肉鸡，羽毛显得特别丰满。

⑤ 性成熟早　如我国南方某些地方品种鸡在 30d 时已出现啼鸣，母鸡在 100d 就会开始产蛋；其他育成的优质型肉鸡品种公鸡在 50～70d 时冠髯已经红润，出现啼鸣现象。

（2）饲养阶段的划分　根据优质型肉鸡的生长发育规律及饲养管理特点，大致可划分为前期（育雏期，0～3 周龄）、中期（生长期，4 周至出栏前 2 周）和后期（肥育期，出栏前 2 周至出栏）饲养。而供温时间的长短应视气候及环境条件而定。

2. 优质型肉鸡的饲养方式

优质型肉鸡的饲养方式通常有地面平养、网上平养、笼养和放牧饲养四种方式。

（1）地面平养　地面平养对鸡舍的基础设备的要求较低，在舍内地面上铺 5～10cm 厚的垫料，定期打扫更换即可；或在 5cm 垫料的基础上，通过不断增加垫料解决垫料污染问题，一个饲养周期彻底更换一次垫料的厚垫料饲养方法。地面平养的优点是设备简单，成本低，胸囊肿及腿病发病率低；缺点是需要大量垫料，密度较小，房舍利用率偏低。

（2）网上平养　网上平养设备是在鸡舍内饲养区以木料或钢材做成离地面 40～60cm 的支架，上面排以木制或竹制棚条，间距 8～12cm，其上再铺一层弹性塑料网。这种饲养方式，鸡粪落入网下地面，减少了消化道疾病二次感染，尤其对球虫病的控制有显著效果。弹性塑料网上平养，胸囊肿的发生率可明显减少。网上平养的缺点是设备成本较高。

（3）笼养　笼养优质型肉鸡近年来越来越广泛地得到应用。鸡笼的规格很多，大体可分为重叠式和阶梯式两种。有些养鸡户采用自制鸡笼。笼养与平养相比，单位面积饲养量可增加 1 倍左右，可有效地提高鸡舍利用率；限制了鸡在笼内的活动空间，采食量及争食现象减少，发育整齐，增重良好，育雏、育成率高，可提高饲料效率 5％～10％，降低总成本 3％～7％；鸡体与粪便不接触，可有效地控制白痢和球虫病蔓延；不需要垫料，减少了垫料开支，降低了舍内粉尘浓度；转群和出栏时，抓鸡方便，鸡舍易于清扫。但笼养方式的缺点是一次性投资较大。

（4）放牧饲养　育雏脱温后，4～6 周龄的肉鸡在自然环境条件适宜时可采用放牧饲养。即让鸡群在自然环境中活动、觅食、人工补饲，夜间鸡群回鸡舍栖息的饲养方式。该方式一般是将鸡舍建在远离村庄的山丘或果园之中，鸡群能够自由活动、觅食，得到阳光照射和沙浴等，可采食虫草和沙砾、泥土中的微量元素等，有利于优质型肉鸡的生长发育，鸡群活泼健康，肉质特别好，外观紧凑，羽毛光亮，也不易发生啄癖。

3. 优质型肉鸡饲喂技术

（1）饲喂方案　生产优质型肉鸡的喂养方案通常有两种：一种是使用两种日粮方案，即将优质型商品肉鸡分为两个阶段进行饲养，即 0～35d（0～5 周龄）幼雏阶段，36d 至上市中雏、肥育阶段。这两个阶段分别采用幼雏日粮和中雏日粮，这种喂养方案又称为"两阶段饲养"。另一种是使用三种日粮方案，即将优质型肉鸡的生长分为三个阶段，即 0～35d 为幼雏，36d 至上市前 2 周为中雏阶段，上市前 2 周至出栏为肥育阶段。这三个阶段分别采用幼雏日粮、中雏日粮、肥育日粮进行饲养，这种喂养方案也称为"三阶段制饲养"。两种喂养方案生产中根据管理及饲料等情况可采用任何一种，一般使用"三个阶段制饲养"较好，育肥日粮更有利于后期催肥，同时还可作为停药期日粮。

（2）饲喂方式　饲喂方式可分为两种：一种是定时定量法。就是根据鸡日龄大小和生长发育的要求，把饲料按规定的时间分为若干次投放饲喂的方法，投喂的饲料量在下次投料前半小时吃完为准，这种方式有利于提高饲料的利用率。另一种是自由采食法。就是把饲料置于料槽或料桶内任鸡随时采食，一般每天加料 2～3 次，终日保持饲料器内有饲料。这种方式可以避免饲喂时鸡群抢食、挤压和弱鸡争不到饲料的现象，使鸡群都能比较均匀地采食饲料，生长发育也比较均匀，减少因饥饿感引起的啄癖。但是，若饲料过细或粗细不均，容易造成饲料浪费、营养失衡。

4. 优质型肉鸡的管理

（1）日常管理要点

① 温度 育雏温度不宜过高，太高会影响优质型肉鸡的生长，降低鸡的抵抗力，因此要控制好育雏温度，适时脱温。一般采用 1 日龄舍温 33～34℃，每天下降 0.3～0.5℃，随鸡龄的增加而逐步调低至自然温度，同时应随时观察鸡的睡眠状态，及时调整。特别注意要解决好冬春季节保温与通风的矛盾，防止因通风不畅诱发腹水症及呼吸道疾病。

② 湿度 湿度对鸡的健康和生长影响也较大，湿度大易引发球虫病，太低雏鸡体内水分随呼吸而大量散发，影响雏鸡卵黄的吸收。一般以舍内相对湿度 55％～65％为好。

③ 光照 光照时间的长短及光照强度对优质型肉鸡的生长发育和性成熟有很大影响，优质型肉鸡的光照制度与肉用仔鸡有所不同，肉用仔鸡光照是为了延长采食时间，促进生长，而优质型肉鸡还具有促进其性成熟，使其上市时冠大面红，性成熟提前的作用。光照太强影响休息和睡眠，并会引发啄羽、啄肛等恶癖；光线过弱不仅不利于饮水和采食，也不能促进其性成熟。合理的光照制度有助于提高优质型肉鸡的生产性能。优质型肉鸡光照方案见表 5-5。

表 5-5 优质型商品肉鸡光照参考方案

日龄/d	1～2	3～7	8～13	14 至育肥前 14	育肥前 7 至 14	育肥前 7 至育肥	育肥期
光照时间/h	23～24	20	16	自然光照	16	20	23～24
光照强度/lx	20	10	10		10	10	20

④ 通风 保持舍内空气新鲜和适当流通，是养好优质型肉鸡的重要条件之一，所以通风要良好，防止因通风不畅诱发肉鸡腹水症等疾病。另外，要特别注意贼风对仔鸡的危害。

⑤ 密度 密度对鸡的生长发育有着重大影响，密度过大，鸡的活动受到限制，鸡只生长缓慢，群体整齐度差，易感染疾病以及发生啄肛、啄羽等恶癖；密度过小，则浪费空间，养殖成本增加。平养育雏期 30～40 只/m²，舍内饲养生长期 12～16 只/m²。

⑥ 公母分群饲养 优质肉鸡的公鸡生长较快，体形偏大，争食能力强，而且好斗，对蛋白质、赖氨酸利用率高，饲养报酬高；母鸡则相反。因此通过公母分群饲养而采取不同的饲养管理措施，有利于提高增重、饲养效益及整齐度，从而实现较好的经济效益。

⑦ 加强免疫接种 某些优质型肉鸡品种饲养周期与肉用仔鸡相比较长，除进行必要的肉鸡防疫外，还应增加免疫内容，如马立克鸡痘等；其他免疫内容应根据发病特点给以考虑。此外，还要搞好隔离、卫生消毒工作。根据本地区疾病流行的特点，采取适当的方法进行有效的免疫监测，做好疫病防治工作。

（2）炎热季节的管理要点 优质型商品肉鸡对热应激特别敏感，体温升高，体内酸碱平衡失调，血液指标异常，采食量下降，生产效率低下，饲料利用率降低，严重的还会导致死亡。生产中除了在肉鸡饲养管理方面采取一些降温和抗热应激措施外，还可从饲料营养方面采取以下技术措施。

一是增加给料次数，改变喂料时间，减少因采食量下降而造成的损失；二是饮用低温水和添加补液盐类，调节鸡体内渗透压；三是短时间绝食，有利于减少鸡在热应激时的产热量，降低死亡率；四是在饮水中添加小苏打等，保持血液中 CO_2 的含量，使血液 pH 值趋于正常；五是调整日粮营养，在热应激条件下，重点考虑日粮的能量水平以及能量饲料原料，采用适中的能量水平日粮，并保持必需氨基酸的平衡；六是在肉鸡日粮、饮水中添加多维素，资料证明维生素 C 对缓解气温的热应激有一定作用。

（3）防止啄癖 优质型肉鸡，活泼好动、喜欢追逐打斗，特别容易引起啄癖。啄癖的出现不仅会引起鸡的死亡，而且影响长大后商品鸡的外观，给生产者带来很大的经济损失，必须引起高度注意。

（4）减少残次品 养鸡场生产出良好品质的优质型肉鸡后，若将其品质一直保持到消费者手中，需要在抓鸡、运输、加工过程中对胸部囊肿、挫伤、骨折、软腿等方面进行控制。减少优质型肉鸡残次品要注意以下问题。

① 避免垫料潮湿，增加通风，减少氨气，提供足够的饲养面积。

② 抓鸡、运输、加工过程中操作要轻巧。

③ 抓鸡前一天不要惊扰鸡群。防止鸡群受惊后与食槽、饮水器相撞而引起碰伤。装运车辆最好在天黑后才能驶近鸡舍，防止白天车辆的响声惊动鸡群。

④ 强调抓鸡技术，捉鸡时要求务必稳、准、轻。抓鸡前，应移除地面的全部设备。抓鸡工人不要一手同时抓握太多鸡，一手握住的鸡越多则鸡外伤发生的可能性越大。

⑤ 抓鸡时，鸡舍应使用暗淡灯光。

⑥ 搞好疾病控制，如传染性关节炎、马立克病等。

⑦ 合理调配饲料，加强饲喂管理。饲料中钙、磷缺乏或钙、磷比例不当，缺乏某些维生素、微量元素、饲料含氟超标，以及采食不均等均会造成产品质量下降。

肉鸡的快速育肥方案可参见表 5-6。

表 5-6 肉鸡的快速育肥方案（仅供参考）

日龄/d	喂料量/g	标准体重/g	免疫接种	温度/℃	湿度/%	光照时间/h	光照强度/lx
1（接雏）	13		马立克病弱毒苗；1 头份/只，皮下或肌内注射	34	60～65	24	>20
2	16			33.4	60～65	24	>20
3	19			32.8	60～65	23	>20
4	22			32.3	60～65	22.5	>20
5	24		新城疫Ⅳ系、传支弱毒苗；2 头份/只，滴鼻、点眼	31.7	60～65	22	>20
6	27			31.1	60～65	21.5	>20
7	29	152		30.5	60～65	21	>20
8	31			30.1	55～60	20	<5，保持到出栏
9	34			29.8	55～60	18	
10	37		传染性法氏囊病疫苗；2 头份/只，饮水	29.4	55～60	18	
11	40			29.1	55～60	18	

日龄 /d	喂料量 /g	标准体重 /g	免疫接种	温度 /℃	湿度 /%	光照时间 /h	光照强度 /lx
12	43			28.7	55～60	18	
13	47			28.4	55～60	18	
14	51	361		28.0	55～60	18	
15	56			27.6	50～55	16	
16	61			27.1	50～55	16	
17	66			26.7	50～55	16	
18	71			26.3	50～55	16	
19	76			25.9	50～55	16	
20	81			25.4	50～55	16	
21	86	775		25.0	50～55	16	
22	91			24.7	>45,保 持到 出栏	18	
23	97		新城疫Ⅰ系疫苗;1头份/只,肌内注射	24.4		18	
24	103			24.1		18	
25	107			23.9		18	
26	112			23.6		18	
27	117			23.3		18	
28	122	1199		23.0		18	
29	128			22.7		20	
30	134		传支弱毒苗;2头份/只,饮水	22.4		20	
31	140			22.1		20	
32	146			21.9		20	
33	152			21.6		20	
34	158			21.3		20	
35	164	1743		21.0		20	
36	169			20.7		22	
37	174			20.4		22	
38	179			20.1		22	
39	184			19.9		22	
40	189			19.6		22	
41	194			19.3		22	
42	199	2346		19.0		22	
43	200	2450		19.0		22	
44	200	2552		19.0		22	
45	201	2653		19.0		22	

复习思考题

1. 快大型肉仔鸡的生产特点有哪些？
2. 快大型肉仔鸡饲喂技术有哪些？
3. 优质型肉鸡的日常管理要点有哪些？
4. 影响肉质的因素有哪些？
5. 预防肉仔鸡腹水综合征的措施有哪些？
6. 控制胸囊肿的措施有哪些？
7. 预防腿部疾病的措施有哪些？
8. 肉仔鸡公母分养有何优点？
9. 如何搞好夏季肉仔鸡的饲养管理？
10. 怎样提高商品肉鸡的合格率？

实训　家禽屠宰及内脏观察

【目的要求】

学习家禽屠宰方法，掌握家禽屠宰率的计算；了解家禽内脏器官的结构特点以及公母禽生殖器官的差别。

【材料和用具】

公母鸡，解剖刀、剪刀、台秤、方瓷盘等。

【内容和方法】

1. 宰前准备

待宰鸡禁食 6～12h（供饮水）后称活重。

2. 放血并称血重

（1）颈外放血法　将禽耳下颈部宰杀部位的羽毛拔去少许，用刀切断颈动脉和颈静脉，放血致死。

（2）口腔内放血法　用左手握鸡头于手掌中，并以拇指和食指将禽嘴顶开，右手握刀，刀面沿舌面平行伸入口腔左耳附近，随即翻转刀面使刀口向下，用力切断颈静脉和桥状静脉联合处，使血沿口腔下流。采用此法屠体外表完整美观。血流尽后再次称重，求出血重。

3. 拔羽

用湿拔法拔羽，水温控制在 65～68℃。拔羽后称屠体重。

4. 去头、脚

将洗净的屠体从第一颈椎处截下头，从跗关节处截去下脚，并称重。

5. 开腹观察内脏

将屠体置于方瓷盘中，在胸骨与肛门之间横剪一刀，用剪刀将切口从腹部两侧沿椎肋与胸肋结合的关节向前将肋骨和胸肌剪开，然后稍用力把整个胸壁翻向头部，使胸腹腔内器官都显清楚。

首先观察各器官的位置，识别名称，然后用剪刀沿肛门背侧纵向剪开泄殖腔，观察输尿管、输精（卵）管在泄殖腔生殖道上的开口以及雄性交配器官的位置和形状。最后将输卵管移出，用剪刀剪开，观察输卵管的内部构造和特点。

6. 取出并称测内脏

在肛门下横剪约 3cm 的口子，伸进手拉出鸡肠，再挖肌胃、心、肝、胆、脾等内脏（留肾和肺），并分别称重。

（1）半净膛重　屠体去气管、食道、嗉囊、肌胃角质膜以内物、肠、脾、胆、胰和生殖器官后的重量（留心、肝、肾、肺、肌胃和腹脂）。

（2）全净膛重　半净膛重减去心、肝、肌胃、腹脂及头脚的重量（鸭、鹅含头脚）。

7. 计算

（1）屠宰率(%)＝屠体重/活重×100%

（2）半净膛率(%)＝半净膛重/活重×100%

（3）全净膛率(%)＝全净膛重/活重×100%

（4）胸肌率(%)＝胸肌重/全净膛重×100%

（5）腿肌率(%)＝大小腿净肉重/全净膛重×100%

【作业】

1. 简述家禽屠宰过程。
2. 说明家禽消化、呼吸、泌尿和繁殖系统的组成。

模块六　种　鸡　生　产

【知识目标】
① 掌握蛋用种鸡的饲养管理要点。
② 掌握快大型肉用种鸡的饲养管理要点。
③ 了解优质型肉用种鸡的饲养管理要点。

【技能目标】
① 能够对种鸡的体重进行称重。
② 能对种鸡的均匀度进行测定。

现代家禽生产需要有高产、优质、高效、专门化、规格化的优良禽种。优良品种（或品系）通过合理配套的良种繁育体系，按照曾祖代、祖代、父母代的层次，将家禽品种（或品系）的优良遗传特性扩散到商品场，用于大规模的家禽生产，为现代家禽业奠定了重要的基础。种鸡指的是纯系鸡、祖代鸡和父母代鸡，是现代商品鸡生产的供种来源。

项目一　蛋用种鸡饲养管理

种鸡质量的好坏关系到商品鸡生产性能的高低，饲养种鸡的目的是为了提供优质的种蛋、种雏和商品雏鸡。在饲养管理方面，蛋种鸡和商品蛋鸡有许多相同的地方，但也有一些特殊的要求。种鸡饲养管理的重点应放在始终保持种鸡具有健康良好的种用体况和旺盛的繁殖能力上，能确保生产出尽可能多的合格种蛋，并保持有高的种蛋受精率、孵化率和健雏率。

一、蛋用种鸡饲养管理的任务目标

1. 产蛋率和种蛋合格率高

高的产蛋率取决于种鸡的遗传基础和饲养管理水平，种鸡的产蛋率高才能获得生产性能高的商品鸡，不同鸡种间有一定差异。对于种鸡还要强调蛋重、蛋壳质量和蛋的形状要符合要求，种蛋合格率的高低，直接影响着种鸡的生产效益。正常情况下，种蛋合格率不应低于90%～96%。

2. 受精率高

种蛋繁殖价值最重要的标志是种蛋的受精率。种蛋受精率能综合反映种鸡场的饲养管理水平、公鸡的精液品质、种鸡的公母比例、人工授精技术水平、鸡群的健康状况等。正常情况下，种蛋受精率不应低于90%。

3. 死淘率低

种鸡产蛋期的死淘率是鸡群健康状况、饲养管理状况、疫病预防状况以及生产力状况的综合体现。种鸡的生产成本较高，每死亡或淘汰一只种鸡，就会带来较大的经济损失。因此，在种鸡的饲养管理和卫生防疫方面，要求比商品蛋鸡更为严格。种鸡产蛋期的死淘率应控制在 8%～10% 以下。

4. 种蛋利用率高

一枚种蛋的生产成本远远高于一枚食用鲜蛋。要根据市场种蛋供求情况，确定种鸡饲养期，并采取有力措施，促进种蛋销售。

5. 控制垂直传播疾病

可垂直传播疾病，是指当种鸡感染后，病原微生物可进入蛋内，并在孵化过程中感染胚胎，使幼雏先天感染相应的疾病。这些疾病包括鸡白痢、白血病、支原体感染等。对于这些疾病应通过种鸡群的检疫和净化来控制。

二、后备种鸡的饲养管理

1. 饲养方式

饲养方式有地面平养、网上平养和笼养三种。在生产实践中，为了便于饲养管理和防疫，多采用笼养。

2. 饲养密度

种鸡的饲养密度比商品蛋鸡小。合适的饲养密度有利于种鸡的正常发育，也有利于提高种鸡的成活率和均匀度。随着日龄的增加，饲养密度逐步降低，可在断喙、免疫接种的同时，调整饲养密度并将强弱分开、公母分开饲养。

3. 卫生管理

为了培育合格健壮的种用后备鸡，除要求按商品鸡的标准控制温度、湿度和其他环境外，更应该强调卫生防疫工作。

① 种鸡场应尽量远离禽的商品场、屠宰场和其他养殖场，防止野鸟或其他禽类进入鸡舍。

② 全进全出的饲养模式能减小鸡群发病的风险。

③ 谢绝一切与生产无关的人员进入鸡场。

④ 鸡舍经冲洗消毒后空舍时间越长越安全。一般情况下，冲洗和初步消毒后应空舍3～4周，进雏前再进行彻底消毒。有条件时要做消毒效果的监测工作，不具条件者，至少消毒三次。在鸡场发生严重疫病的情况下，应在增加消毒次数和消毒药浓度的基础上，适当延长空舍时间。

⑤ 进入鸡舍的人员必须经淋浴洗澡、更换场内工作服和水鞋后才可进入鸡场的生产区。鸡舍门口应设可淹没鞋面的消毒池（盆），对鞋进行消毒。

⑥ 舍外进行彻底消毒，特别是春秋季节。应采取焚尸炉或远离鸡舍深埋的方式处理每日的死鸡。清出的鸡粪决不可遗留在场内和鸡舍周围。

⑦ 从育雏第二天开始带鸡消毒，雏鸡每周两次，育成阶段每周一次。一种消毒药长期使用，会产生耐药性，同时，消毒药的刺激性太强，会诱发呼吸道疾病，腐蚀性较强的消毒剂对鸡体和笼具都有损伤。因此，消毒剂的选择要慎重。

⑧ 种鸡在有病期间的种蛋不能入库，只能作为商品蛋出售，所以，种鸡一旦发病，损失是相当大的。

4. 控制适宜的体重

现代鸡种有能最大限度发挥遗传潜力的标准体重，也就是最适宜的体重。特别是种鸡，在育成和达到性成熟时，更强调要有适宜的体重和良好的均匀度。

三、产蛋期种母鸡的饲养管理

1. 转群时间

由于种鸡比商品蛋鸡通常要推迟 1～2 周开产，所以，转群时间比商品鸡推后 1～2 周。及时转群，能让育成母鸡对产蛋舍有一个熟悉的过程，以减少脏蛋、破损蛋，提高种蛋的合格率。

2. 合理的公母比例

鸡群中公鸡比例大，吃料多，会增加饲养成本；公鸡比例小，虽能节省饲料，但可能出现公鸡配种任务过重，受精率降低。因此，人工授精时公母比例一般为 1：(20～30)。

3. 控制开产日龄

种鸡开产过早，蛋重小，蛋形不规则，受精率低，早产易引起早衰，也会影响整个产蛋期种蛋的数量。因此，必须在种鸡生长阶段通过控制光照、限制饲喂以控制其开产日龄。

4. 检疫与疾病净化

种鸡群要对一些可以通过种蛋垂直感染的疾病进行检疫和净化工作。通过检疫淘汰阳性个体，留阴性的鸡做种用，就能大大提高种源的健康水平，检疫工作要年年进行才能有效。有些种鸡场在做好疾病净化的同时，还采用不喂动物性饲料，如鱼粉、骨肉粉等办法，效果很好。

四、种公鸡的选择与培育

种公鸡的优劣对后代鸡群的影响较母鸡大，因此，必须认真挑选和培育。

1. 种公鸡的选择

(1) 第一次选择在 6～8 周龄　体重符合该鸡种的标准要求；身体健康，发育匀称，胸肩宽阔，骨骼坚实，腿爪强健；冠大鲜红，眼睛明亮，行动敏捷。生长发育不良、体质差、有生理缺陷的公鸡要及时淘汰。

(2) 第二次选择在 16～18 周龄　此时可根据外貌和生理特征进行选择，应选留鸡体各部匀称、发育良好、体质良好、体形较大、羽毛丰满、精力旺盛、姿势雄伟、雄性特征显著的留作种用。要求鸡冠大，直立、鲜红饱满、有温暖感，肉垂红而细致，左右对称，皮肤柔软有弹性，胸宽而深，向前突出，胸骨直而长，背宽而直，腿直。淘汰第二性征不明显、体弱、体重过大或过小、有生理缺陷、性反射不强烈的个体。

(3) 第三次选择在开始人工授精训练时　选留适时性成熟、射精量大、精液品质好的公鸡。对于性欲差、采不出精液、精液品质差、有缺陷的公鸡予以淘汰。

2. 种公鸡的培育

(1) 繁殖期种公鸡的营养　种公鸡的营养水平要比母鸡低，配种期间代谢能为 10.8～12.12MJ/kg、粗蛋白质为 12%～14% 的日粮最为适宜。同时应注意蛋白质的质量，保证必需氨基酸的平衡，日粮中添加精氨酸，可以有效地提高精液品质。繁殖期种公鸡饲粮中钙以 0.9%～1.2%、有效磷以 0.65%～0.8% 为宜。种公鸡饲料中的维生素对精液品质、种蛋的受精率、雏鸡的质量等都有很大的影响。每千克饲粮中维生素 A 10000～20000IU，维生素 D_3 2000～3850IU，维生素 E 20～40mg，维生素 C 0.05～0.15g。具体运用时，各种营养物质的需要量可参照各育种公司提供的标准。

（2）种公鸡的管理技术

① 剪冠　由于种公鸡的冠较大，既影响视线，也影响种公鸡的活动、饮食和配种，还容易受到机械设备或在公鸡打斗时受到损伤，同时为了避免遮挡视线，种公鸡一般应进行剪冠。

剪冠的方法有两种：一是出壳后通过性别鉴定，用手术剪刀剪去公雏的冠。要注意不要太靠近冠基，防止出血过多，影响发育和成活。二是在南方炎热地区，只把冠齿截除即可，以免影响散热。2 月龄以上的公鸡剪冠后，容易出血不止，也会影响生长发育。所以剪冠应在 2 月龄以内进行。

现在有些蛋种鸡场建议不要对种公鸡进行剪冠处理。理由是种公鸡保持全冠有利于较早、较有效地实施公母分群饲养以及体重控制，有助于维持产蛋后期的受精率，种公鸡保持全冠不易受到热应激的影响。

② 断喙、断趾　人工授精的公鸡一般要断喙，以减少育雏、育成期的死亡。现在先进的断喙方法是用红外线光束穿透喙基部的外表层直至基础组织，而后数周内雏鸡正常的啄食行为使坚硬的外表层逐渐脱落，大约在 4 周的时间内所有的鸡只都有了圆滑的喙部。由于没有任何外伤，不会出现细菌感染，并可大大减少对雏鸡的应激。自然交配的公鸡不用断喙，但要断趾，以免配种时踩伤、抓伤母鸡。

目前全世界种鸡不断喙的趋势正在上升，许多未断喙的鸡群生产性能表现甚好，尤其是在遮光或半遮光条件下育雏育成的鸡群。

③ 单笼饲养　在群养时公鸡会互相打斗、爬跨等，影响精液数量和品质，为了避免应激，繁殖期人工授精的公鸡应该单笼饲养。

④ 温度和光照　成年公鸡在 20～25℃ 环境条件下，可生产理想的精液。温度高于 30℃，导致暂时抑制精子的产生；而温度低于 5℃ 时，公鸡的性活动降低。

光照时间在 12～14h，公鸡可产生优质精液，少于 9h 光照，则精液品质明显下降。光照强度在 10lx 就能维持公鸡的正常生理活动。

⑤ 体重检查　为了保证整个繁殖期公鸡的健康和生产优质的精液，应每月检查一次体重，凡体重低于或超过标准 100g 以上的公鸡，应暂停采精，或延长采精间隔，并另行单独饲养，以使公鸡尽快恢复体质。

五、提高种蛋合格率的措施

只有合格种蛋才能入孵，因此提高种蛋合格率是提高种鸡场经济效益的重要措施。

1. 品种

影响种蛋品质的肉斑、血斑及各种畸形蛋都与遗传有关。因此，必须选择肉斑率、血斑率及畸形蛋比例低的鸡种。

2. 增加拣蛋次数

种蛋收集和存放应使用专用的蛋托和蛋箱，所使用的蛋托和蛋箱必须经过消毒。拣蛋时必须洗手消毒，将不合格的蛋拣出单独存放。拣出的脏蛋应先擦干净，再消毒。每天应拣蛋 4～6 次。

3. 年龄

年龄较大的鸡所产的蛋，蛋重大，蛋壳品质差，破损率高，种蛋的合格率低。因此，种母鸡一般使用到 64～66 周龄就要淘汰，否则，就要进行强制换羽。

4. 防疫

加强各种防疫，减少种鸡群疾病的发生，许多传染性疾病都会使蛋壳质量变差。

六、鸡的强制换羽技术

换羽是鸡正常的生理现象，从换羽开始到结束为 3～4 个月。人工强制换羽是人为采取强制性方法，给鸡以突然应激，造成新陈代谢紊乱，营养供应不足，促使鸡迅速换羽然后尽快恢复产蛋。

1. 强制换羽的意义

(1) 延长产蛋鸡的利用年限，减少培育育成鸡的费用　一般父母代种鸡饲养至 64～66 周龄（种蛋利用 9～10 月后）淘汰更新。通过强制换羽，父母代种鸡也可延长利用 6 个月左右。因此强制换羽可以提高种鸡的利用率，节省饲料。青年鸡 150 日龄产蛋率 50%，强制换羽 2 月产蛋率就可达到 50%。

(2) 母鸡存活率高，蛋壳质量好　采用强制换羽措施，让鸡的体重下降 25%～30%，将沉积在子宫腺中的脂肪耗尽，使其分泌钙质的功能得以恢复，从而改善蛋壳质量，降低蛋的破损率，提高种蛋合格率，还能提高种蛋受精率和孵化率。

(3) 缩短换羽期　任其自然换羽需 3～4 个月，人工强制换羽只需 2 个月左右。

(4) 可根据市场需要控制休产期和产蛋期，提高种蛋的利用率。

2. 采用强制换羽的一般条件

参加强制换羽的种鸡群健康状况要良好，产蛋性能较高，种用价值高。一般来讲，第一产蛋期产蛋性能好的鸡群，实行强制换羽后，第二个产蛋期母鸡生产性能也较高。

3. 强制换羽的方法

(1) 断水绝食法（饥饿法，畜牧学法）　通过对饲料、饮水和光照的控制，使鸡体重减轻，生殖器官相应萎缩，从而达到停产换羽的目的。此法又因鸡种、体质、产蛋水平和季节气温等的不同而有不同。

① 严格的方法　最初 1～2 天（夏季 1 天）断水绝食，从第 3 天（夏季第 2 天）开始只供应饮水不喂食，持续到 8～13 天，每天 8h 光照，以后再逐渐恢复给料和增加光照。换羽期短，一般 50 天即可恢复产蛋，但死亡率高，损失较大。适合于鸡群体质健壮、气候适宜、饲养管理条件好的鸡场采用。

② 缓和的方法　间断给水给料，或只限料不限水，死亡率低，生产上采用较多。

(2) 高锌饲料换羽法（化学法）　在鸡的饲料中加入 2% 的锌，鸡的采食量急剧减少，连续 7 天喂饲含锌饲料鸡就停止产蛋。从第 8 天开始，喂给普通日粮。在喂含锌饲料期间不停水，自由采食，每天光照 8h。这种方法使母鸡迅速换羽、迅速恢复产蛋，但开产后产蛋率上升慢。

目前生产中多采用断水绝食法和加锌日粮相结合的强制换羽方法，即断水断料 2～3 天，停止人工给光或光照降到 8h，然后开始给水，第 3 天让鸡自由采食含 2% 锌的饲料连喂 7 天，一般 10 天后全部停产。这时可恢复光照，换羽 20 天后，母鸡开始产蛋。

4. 衡量强制换羽的指标

(1) 换羽期的长短　从强制换羽开始到产蛋率恢复到 50％，一般为 6～8 周。

(2) 失重率　根据鸡群的周龄、季节和饲养方式等，一般失重率达 20％～30％为宜，才能使输卵管中的脂肪基本耗尽。

(3) 死亡率　小于 3％～5％，一般第 1 周末死亡率控制在 1％，1～10 天死亡率控制在 1.5％，1～5 周死亡率控制在 2.5％，1～8 周死亡率控制在 3％。

(4) 羽毛脱换速度　7～10 天羽毛应大部脱落，10～20 天主翼羽开始脱落，70％以上的主翼羽在 10～50 天内脱落。

5. 实行强制换羽应注意的事项

(1) 鸡群的选择　选择健康无病的高产鸡群，并选择体重一致的鸡，淘汰病、弱和已经换羽的鸡。

(2) 疫苗接种和驱虫　强制换羽前一周对选择的鸡群进行新城疫疫苗的接种和药物驱虫。

(3) 换羽期间应掌握好脱羽速度、失重率和死亡率三项指标的相对平衡。

(4) 恢复给料和光照时要逐渐进行　给料数量和营养水平都应逐渐增加，一般恢复期给料的第 1 天每只喂 10～30g，以后每天增加 10～20g，到第 10 天左右达到正常采食。要保证料槽充足，喂料时使全群鸡只都能同时吃料。

(5) 注意鸡舍卫生　及时清扫羽毛杂物，防止因饥饿啄食，引起消化道疾病。

(6) 实行强制换羽的适宜周龄　一般在种母鸡产蛋 60 周龄左右，当产蛋率在 60％以上时为好。

(7) 适宜的换羽时间　强制换羽最好选在秋冬之交进行，换羽效果最好。

(8) 不能连续强制换羽和给种公鸡换羽　种母鸡强制换羽只能进行一次，种公鸡强制换羽会影响精液品质。

项目二　快大型肉用种鸡饲养管理

现代肉鸡育种以提高肉用性能为中心，以提高增重速度为重点，育成的肉用鸡种体形大，肌肉发达，采食量大，饲养过程中易发生过肥或超重，使正常的生殖机能受到抑制，表现为产蛋减少、腿病增多、种蛋受精率降低，使肉种鸡自身的特点和肉种鸡饲养者所追求的目的不一致。解决肉种鸡产肉性能与产蛋任务的矛盾，重点是保持其生长和产蛋期的适宜体重，防止体重过大或过肥。所以，发挥限制饲养技术的调控作用，就成为饲养肉种鸡的关键。

一、种鸡的饲养管理方式

肉用种鸡的一个生产周期为 64～66 周，分为育雏期、育成期和产蛋期三个阶段。肉用种鸡的饲养方式有以下三种。

1. 全垫料平养

一般采用厚垫料平养，先将鸡舍地面清扫以后，冲洗消毒，撒上一层熟石灰，然后再铺上 5～6cm 厚的垫料，育雏 1～2 周后继续铺设新的垫料，直至厚度达 20～25cm 为止，垫料于育雏结束后一次清除。优点是可省去更换垫料的繁重劳动，垫料能发酵产热，提高舍温，垫料内由于微生物的活动，可产生维生素 B_{12}。这种地面柔软舒适，育雏育成期腿部疾病发生率和死淘率较低。种鸡经常扒翻垫料，可增加运动量，增加食欲和新陈代谢，促进生长发育，有利于鸡只在垫料上栖息和自然交配，种蛋的受精率高。缺点是鸡与粪便接触，患病的概率大，垫料地面往往使母鸡产窝外蛋增多，垫料管理难度大，耗费较高。

2. 垫料-板条式平养

垫料-板条式平养又称垫料与板条混合地面，这种方式以鸡舍宽度来划分，垫料地面占鸡舍中央的面积，用板条搭成的棚架沿鸡舍纵长的两侧铺设，又称高—低—高鸡舍，棚架与垫料地面的面积比例为 2∶1。产蛋箱以板条边沿为基础，悬挂于中央垫料区的两侧。棚架高度为 $40\sim60cm$，靠近垫料一侧下部要装上铁丝网封严，防止鸡只进入板条下的集粪区。饲养人员在中央垫料上行走或操作，也可通过台阶式踏脚板到棚架上饲养管理鸡群。棚架上面放置喂料和饮水设备，鸡群在上面采食、饮水和栖息，到松软的垫料区运动和自然交配。这种方式将垫料和网上平养的优点结合起来，是一种典型的肉种鸡管理方式，在肉种鸡生产中广泛采用。

平养肉种鸡可采用一段制，即从 1 日龄雏鸡开始在同一栋舍内饲养，中间不需转舍，饲养至鸡群淘汰为止。这种方式节省人工，减少了转群应激，但鸡舍利用率较低，多适于中小型肉种鸡场采用。

3. 笼养

随着肉鸡业的快速发展，近年来一些肉种鸡饲养场使用肉种鸡笼养技术，取得了良好效果。生产实践证明，只要使用专用笼具，满足肉种鸡的营养需要，按笼养鸡的饲养管理要求，使用人工授精技术，就能起到提高鸡群饲养密度和种蛋受精率的目的。笼养肉种鸡一般采用多段制，即按饲养阶段分舍饲养，鸡舍与设备专一配套，如目前大型肉种鸡场设有若干分场，既提高了生产设施的利用率和生产效率，又便于实行全进全出。

二、种母鸡各阶段的饲养管理

1. 育雏育成期公母分群饲养

育雏、育成期种公鸡和种母鸡的饲养管理原则基本相同，但体重生长曲线和饲喂程序却不一样。虽然种公鸡的数量在整个鸡群中所占的比例较小，但在遗传方面却起着百分之五十的作用。因此，种公鸡和种母鸡在达到其最适宜的体重目标方面具有同样的重要性。目前大多数饲养管理成功的鸡群在整个育雏育成阶段都采用种公鸡和种母鸡分开饲养的程序，至少前 6 周要分开饲养。育雏育成种公鸡和种母鸡分开饲养的主要优势如下。

① 同一群体中由于种公鸡和种母鸡具有不同的采食竞争能力，种公鸡和种母鸡的生长发育就会出现很大的差异。分群饲养可为种公鸡和种母鸡采用不同的饲料进行饲喂，更有效地分别控制种公鸡和种母鸡的体重和均匀度，使其发挥最大的生产潜力。

② 可在育雏的初期为种公鸡提供更多的光照，促使其早期生长，以期获得较大的骨架发育（骨架的大小与受精率之间具有十分密切的关系）。

③ 有助于加强生物安全体系，如果种公鸡或种母鸡受到疾病侵袭，可防止另一方受到感染。

2. 育成期的限制饲养

（1）育成期的培育目标 10 日龄至 15 周龄，是决定肉种鸡体形发育的重要阶段。育成前期随着采食量的增加，鸡体生长明显加快，其骨骼、肌肉为生长的主要部位，至 12 周龄以后骨骼发育减慢，生殖系统发育开始加快，沉积脂肪能力变强。

（2）限制饲养的目的

① 延迟性成熟期　通过限制饲喂，后备种鸡的生长速度减慢，体重减轻，使性成熟推迟，一般可使开产日龄推迟 10～40d。

② 控制生长发育速度　使体重符合品种标准要求，提高均匀度，防止母鸡过多的脂肪沉积，并使开产后小蛋数量减少。

③ 降低产蛋期死亡率　在限制饲喂期间，鸡无法得到充分营养，非健康和弱残的鸡在群体中处于劣势，最终无法耐受而死亡。这样在限喂期间将淘汰一部分鸡，育成后的鸡受到锻炼，在产蛋期间的死亡率降低。

④ 节省饲料　限制饲喂可节约饲料，降低生产成本，一般可节省 10％～15％的饲料。

⑤ 使同群内的种鸡的成熟期基本一致，做到同期开产、同时完成产蛋周期。

（3）限制饲养的方法　为了控制体重，首先必须进行称重以了解鸡群的体重状况。称重一般从 4 周龄开始，每周称重一次，每次随机抽取全群总数的 2％～5％或每栋鸡舍抽取不少于 50 只鸡，公母分开进行称重。称重后与标准体重进行对比，如果鸡体重未达标，则应增加饲喂量，延长采食时间，增加饲料中能量、蛋白质水平，甚至延长育雏料（育雏料中能量、蛋白质含量较高）饲喂周龄直至体重达标为止。如体重超标，则应进行限制饲喂，限制饲喂一般有三种方法：

① 数量的限制　饲料配方不变，减少饲喂数量，不限定采食时间。限制饲喂前计算出鸡的自由采食量，根据超重程度，计算出饲喂数量，喂料量一般低于自由采食量的 90％。每天应对饲喂数量准确称量并准确记录。

② 质量的限制　改变饲料配方，降低饲料营养成分含量，使饲料中一些重要营养指标（能量、蛋白质）低于正常水平，即低能量、低蛋白质饲料等。

③ 时间的限制　每天规定吃料时间，其余时间盖上或吊起料槽或料桶。此方法操作较难。使用料槽时若操作不当，不易控制。

以上三种方法根据实际需要也可合并或交叉使用。生产中常见的限制饲喂措施有每日限饲、隔日限饲、喂五限二、喂四限三、喂六限一等几种饲喂程序。近年来，喂四限三饲喂程序越来越流行，主要原因在于该程序每周料量增加的比较缓和。生产上应利用饲养管理人员有关饲喂程序方面的经验，才能取得最佳饲养效果。

（4）限制饲养应注意的问题

① 所有肉用种鸡如果超重，不要减料，维持原有水平，到下一周该加料时，暂不增加料，达到标准体重为止。

② 转群、免疫、发病、天气突然变冷等应激因素到来时，应在标准水平上增加 10％～15％的喂量，直到解除应激因素为止。

③ 体重不足应加料，通常差 1g 体重增加 1～2g 料。

④ 限制饲喂前要进行调群、断喙。调群时，将鸡群分为大、中、小三群，针对不同群体采取不同的饲喂方法和措施。断喙对于防止啄癖很有帮助，因限饲时鸡群饥饿感增加，会诱使啄癖的出现。

⑤ 槽位不足使用隔日饲喂法，即在 1d 内投放两天的饲料量，这样可使鸡群生长均匀。

（5）体重体况控制

① 体重的标准和要求 体重标准的重要性在于保证育成鸡在该鸡种规定的体重标准和周龄达到性成熟。

育成鸡体重的增加主要取决于肌肉和脂肪沉积。肌肉生长不良使鸡过度疲劳，脂肪沉积过多使鸡过肥，两者均会影响以后的产蛋。而骨骼发育的好坏也决定着育成鸡的体质。因而育成期应促进骨骼、肌肉生长，降低脂肪沉积。

生长发育整齐是育成期鸡群管理的重点之一，以便实施增料和其他管理措施。鸡群的整齐程度用均匀度表示，它也是检查育成鸡限制饲养效果的重要指标。均匀度是指抽样称重中，在规定体重范围内的个体占抽样鸡只总数的百分比，通常以平均体重±10%这一范围内的个体所占比例大小表示。现代鸡种要求育成期体重的均匀度达到80%以上。

② 体况监测 肉种鸡除保证鸡群均匀生长发育之外，另一重要因素就是要注意监测鸡的发育状态。身体发育状态也就是鸡只骨架上肌肉和脂肪的丰满程度，不同年龄阶段的鸡只丰满度具有不同的状态。种母鸡丰满度过分或丰满度不足，其产蛋高峰和产蛋总数会明显低于丰满程度理想的鸡群，过分肥胖的种公鸡会降低交配能力，从而影响受精率，而且腿部疾病的发生率也很高。体况监测是通过目测或触摸的方法监测种鸡丰满度的发育，确保整个生产周期种鸡群生产性能持续稳定。评估种公鸡和种母鸡丰满度有三个重要的时期，即16～23周龄、30～40周龄和40周龄至淘汰。种鸡身体有四个主要部位需要监测，即胸部、翅部、耻骨和腹部脂肪。评估鸡只丰满程度的最佳时机是每周进行体重称测时对鸡只进行触摸，在抓鸡之前注意观察鸡只的总体状态。

胸部丰满度（用手触摸从鸡只的嗉囊部到腿部）分为丰满度过分、不足和理想三个标准。至15周龄时，种鸡的胸部肌肉应完全覆盖胸骨。胸部横断面应呈现英文字母"V"的形状。丰满度不足的鸡只胸骨比较突出，其横断面呈现英文字母"Y"的形状，这种现象绝对不允许发生。丰满度过分的鸡只胸部两侧的肌肉较多，其横断面像较宽大的字母"V"或较细窄的字母"U"。20周龄时鸡只胸部应具有多余的肌肉，胸部的横断面应呈现较宽大的"V"形状。25周龄时鸡只的胸部横断面应像窄细的英文字母"U"。30周龄时胸部横断面应像丰满的"U"形。

监测翅部丰满度时，是通过挤压鸡只翅膀桡骨和尺骨之间的肌肉进行的。20周龄时很像人手小拇指尖的程度，25周龄应类似于人手中指尖的程度，30周龄类似于人手大拇指尖的程度。

测量种母鸡耻骨开张程度的目的是判断其性成熟的状态。不同周龄的种母鸡耻骨开张程度为：12周龄耻骨闭合，见蛋前21天耻骨开张一指半，见蛋前10天耻骨开张两指到两指半，开产时耻骨开张三指。适宜的耻骨间距取决于鸡只的体重、光照刺激的周龄以及性成熟程度。

腹部脂肪能为种鸡最大限度地生产种蛋提供能量贮备。一般肉种鸡从24～25周龄开始，腹部出现明显的脂肪累积。29～31周龄时（大约产蛋高峰前2周），腹部脂肪达到最大尺寸，足以充满人的一手。丰满度适宜的宽胸型肉种母鸡在产蛋高峰期几乎没有任何的脂肪累积。产蛋高峰过后，要避免腹部累积过多的脂肪，否则产蛋率会下降较快，受精率和孵化率也会降低。

③ 校正体重 如果鸡群平均体重与标准体重相差90g以上，应重新抽样称重。如情况属实，应按照下列方法加以纠正。该原则既适用于种公鸡也适用于种母鸡。

15周龄前体重过低将会导致鸡只体形小、均匀度差，16～22周龄饲料利用率降低。解决办法是延长育雏料的饲喂时间，立即饲喂下一步计划所要增加的料量，加大计划增加的料量直至体重恢复到标准体重为止，一般种鸡体重没低于标准体重50g，每只鸡每天在原有基础上额外增加50kJ的能量，一周内体重可恢复到标准体重。

15周龄前体重超过标准体重将会导致鸡只体形大、均匀度差，产蛋期饲料利用效率降低。解决办法是减少下一步所要增加的料量，推迟下一步所要增加料量的时间。

3. 15周龄至光刺激期间的饲养管理

这一阶段是影响母鸡开产、早期蛋重、种蛋产量、产蛋高峰前饲料绝对需要量和产蛋高峰潜力的关键时期。加强饲养管理的目的是尽量减少种鸡性成熟中的差异，满足种母鸡各方面的生理需要，为性成熟做好准备。此期饲养管理的重点是制订一个合理的增重、增料计划，确保母鸡向性成熟和产蛋期平稳过渡。

（1）增重 15周龄至光刺激期间应通过增加料量加速种母鸡的均匀生长，获取适宜的周增重。体重不断增长的结果会促进种母鸡生理上产生变化，逐渐趋于性成熟，还可以保证日后提高产蛋性能。鸡群可以从育成料换成预产期料或直接从育成期料换成产蛋期料。此期得到充分发育的鸡对光刺激反应敏感，在体成熟过程中也达到了相应的性成熟。所以，此期要保证较大的增重，发育不足的较瘦个体对光刺激不敏感，因分泌性激素不足使性成熟推迟，还会导致初产蛋重小、不合格种蛋比例增加、受精率低下、体重均匀度差和性成熟时间的不一致。但如果这个阶段鸡群喂料量过多，导致体重超过标准，也会出现早产，蛋大且双黄蛋比例增加，产蛋高峰不高，种鸡总产蛋数减少，整个产蛋期饲料需求量加大，整个生产周期受精率降低，鸡群死亡率增加。

（2）公母混群 通常情况下，种公鸡和种母鸡在20～23周龄时就能达到混群的要求。如果种公鸡群体中性成熟时间存在差异，应将脸、冠、肉髯等第二性征表现突出的种公鸡与种母鸡混群，尚未达到性成熟的种公鸡可再等待一定的时间，使其继续发育，待完全达到性成熟后再混群。公母混群时所挑选的种公鸡应体重均匀、无生理缺陷、双腿健壮、脚趾笔直、羽毛丰满、体态直立、肌肉结实。生产中常用的方法是22周龄时先混入6%的种公鸡，此后至29周龄再混入余下的2.5%～3%。

（3）种母鸡饲喂设备 槽式（链式）喂料系统是最常用的喂料设备。每只鸡至少应有15cm的采食位置。防止种公鸡偷吃母鸡料最有效的方法是在料槽上安装格栅，可将头部较宽、冠部较高的种公鸡隔绝在料槽之外。格栅内侧最小宽度为43～45mm。还应在格栅顶部57mm处横向安装一条铁丝或在格栅顶部安装塑料管。如果种公鸡不剪冠，配合使用格栅和横向铁丝（或塑料管）可以确保大约百分之百的种公鸡无法吃到母鸡料。

4. 光刺激期间至30周龄产蛋高峰前的饲养管理

（1）光刺激期间至5%产蛋率之间种母鸡的饲养管理 此阶段饲养管理的目的是利用光照和饲料刺激种母鸡产蛋。应该按照能够获得正常体重生长曲线的饲喂程序饲喂，并严格按照所推荐的光照程序加光，这样种鸡才能够适时开产。增光刺激与成熟体重的一致性，是实施增光措施的基本要求。鸡群没有达到适宜体重时，过早增加光照，鸡体对光照刺激失去敏感性，反而导致开产推迟。如果鸡群出现体成熟推迟或性成熟提前时，应推迟1～2周进行增光刺激，而在性成熟和体成熟同步提前的鸡群，则应提前增加光照刺激。必须定期增加料量以获得适宜的周增重、适宜的丰满度和适时的开产时间。监测种母鸡的耻骨宽度，确保性成熟的发育状态。保证饲料、饮水质量，避免疾病的发生，否则会对整个鸡群的开产及开产后的生产性能产生重大影响。种母鸡推荐的光照程序（密闭式鸡舍，仅供参考）见表6-1。

表 6-1　种母鸡推荐的光照程序（密闭式鸡舍，仅供参考）

年龄	周龄										21～22	23～24	25～26	27
	日龄	1～2	3	4	5	6	7	8	9	10～146				
光照时间/h		23	19	16	14	12	11	10	9	8	12	13	14	15
光照强度		育雏区域 80～100lx；鸡舍内 10～20lx				育雏区域 30～60lx；鸡舍内 10～20lx				10～20lx,如有啄癖,应降低光照强度	30～60lx			

（2）5％产蛋率至产蛋高峰期间种母鸡的饲养管理　此阶段饲养管理的目的是促进和提高种母鸡的产蛋性能，其中包括早期蛋重、种蛋质量、产蛋高峰水平以及产蛋持续性。

种母鸡在产蛋初期必须增加体重，以最大限度地发挥其产蛋性能和提高种蛋质量。此阶段每天应观察和分析产蛋率、体重以及相应条件的变化并调整每天的料量。随着鸡群产蛋率逐渐上升，对营养的需要量不断增加，以产蛋率变化调整鸡群的饲料供给量，是这一阶段饲养工作的主要措施。鸡群产蛋率从5％上升到70％，要求平均日产蛋率增加2.5％。这就意味着鸡群从开产至70％产蛋率的时间不得超过4周，否则产蛋高峰到来较晚，并很难达到80％以上。产蛋率从70％到80％这段时间，每天产蛋率平均增加1％以上，从产蛋率80％至最高峰时日产蛋率上升0.25％以上。

喂料量随产蛋率的递增速度增加供给，增料过快或过慢都会影响产蛋性能，增料是决定能否按时达到产蛋高峰的关键措施。还可利用每天喂料后，观察鸡群吃完料槽内饲料所需要的时间，判定供料量是否适宜。维持较高的产蛋量，还要严格把好饲料质量关，对饲料原料进行质量检测。应确保种鸡每日各种营养物质的摄入量，产蛋前期，体重停滞或下降都说明鸡体营养不足。当气温升至27℃以上时，鸡的采食量明显下降，应对日粮配方进行调整。种母鸡重要生产性能标准观察次数见表6-2，产蛋期种母鸡的饲喂程序实例见表6-3。

表 6-2　种母鸡重要生产性能标准观察次数

指标	体重	均匀度	产蛋率	蛋重	吃料时间	鸡只状况（丰满度）	鸡舍温度
次数	至少每周一次		每天一次			至少每周一次	每天一次

表 6-3　产蛋期种母鸡的饲喂程序实例

日产蛋率/%	5	10	15	20	25	30	35	40	45	50	55	60	65	70～75
料量增加/g		2	2	2.5	2.5	2.5	2.5	3	3	3	3	4	4	4
饲料总量/[g/(日·只)]	123	125	127	129.5	132	134.5	137	140	143	146	149	153	158	163

注：1. 产蛋前根据体重情况喂料，鸡群5％产蛋率时实施第一次加料。

2. 产蛋率上升阶段和产蛋高峰时的料量应根据鸡群的产蛋水平、蛋重、体重、环境、均匀度、吃完料的时间和环境温度而调整。

3. 均匀度良好的鸡群产蛋率上升很快，料量应相应进行调整。

4. 预期产蛋高峰超过产蛋性能标准，应在产蛋率70％～75％以后进一步增加饲料量。

（3）促使种母鸡开产的饲养管理要点

① 每周监测种母鸡的平均体重、均匀度和增重。

② 从产蛋率5％开始加料、加光刺激产蛋率上升。

③ 根据产蛋率上升情况、产蛋前的料量、环境温度和预计的高峰料量制定加料程序。

④ 采用少量多次逐渐增加的加料方法，种母鸡的卵巢会更加有序地排卵。

⑤ 蛋重、产蛋率和体重与标准出现偏差时，应及时采取措施，提前或推迟增加料量的时间。

⑥ 种鸡群吃料时间有所变化应及时采取措施。

5. 产蛋高峰后种母鸡的饲养管理

此阶段饲养管理的目的是最大限度地提高每只种母鸡受精种蛋的数量。为保持种母鸡30周龄以后的身体健康和旺盛精力，种母鸡必须按照体重标准以近乎于平均的速率获得体重增加。如果增重不足，种母鸡得不到足够的营养摄入，整体产蛋率就会有所下降。如果种母鸡增重过快，生产后期的产蛋率和受精率都会低于期望值。产蛋高峰后，体重超重和过多沉积脂肪会使产蛋持续性、蛋壳质量以及种蛋受精率明显降低。为防止肉种鸡过量体脂肪沉积和超重，要求采用减料措施。具体实施时要考虑到减料对鸡体造成的应激，避免导致产蛋率迅速下降，所以不同鸡群减料量和开始时间也不一样。应根据产蛋率、种母鸡体况、实际体重与标准体重的差异、环境温度、吃料时间、鸡群的健康状况等情况减料。一般在环境因素不变的前提下，当鸡群产蛋率停止上升后一周开始。每次减料以后，如果产蛋率下降的速度比预期的要快，应将料量立即恢复到原来的水平并在5～7天后再尝试减料。

6. 产蛋期的其他管理措施

(1) 采食和饮水位置　种母鸡0～10日龄80～100只雏鸡用1个雏鸡喂料盘，0～7周龄使用槽式喂料盘或盘式喂料器，采食位置为5cm/只，7～10周龄，10cm/只，10周龄以后，15cm/只。种公鸡0～10日龄80～100只雏鸡用1个雏鸡喂料盘，0～7周龄使用槽式喂料盘或盘式喂料器，采食位置为5cm/只，7～10周龄，10cm/只，10～20周龄，15cm/只，20周龄以后，18cm/只。育雏育成期使用自动循环或槽式饮水器，饮水位置为1.5cm/只，乳头饮水器8～12只鸡用1个，杯式饮水器20～30只鸡用1个。产蛋期使用自动循环或槽式饮水器，饮水位置为2.5cm/只，乳头饮水器6～10只鸡用1个，杯式饮水器15～20只鸡用1个。

(2) 产蛋箱配备与拣蛋　鸡群生长到18周龄时把产蛋箱放入鸡栏内，让鸡熟悉环境，在预计开产前1周将产蛋箱门打开，每4～5只母鸡用1个产蛋箱。为减少蛋的破损及污染，每2小时拣蛋一次。对刚开产的鸡群，每天上下午要巡视、收集地面和棚架上的种蛋。蛋托应定期清洗消毒，饲养员在收集种蛋前清洗和消毒双手，对收集的种蛋及时进行熏蒸消毒，每立方米空间用高锰酸钾21g、福尔马林42mL。

(3) 饲养密度　0～20周龄种公鸡的饲养密度为3～4只/m²，种母鸡为6～7只/m²。20周龄至淘汰，种公鸡和种母鸡的饲养密度为4～5只/m²。天气炎热条件下，饲养密度降低10%～20%。

(4) 光照　产蛋期要求每天给予15～16h的连续光照，光照强度不低于30～60lx，并且照度均匀。开关灯时间要固定不变，最好安装定时控制装置。

(5) 观察鸡群　在每次喂料时观察鸡群的精神、采食及饮水情况，水槽或乳头饮水系统有无漏水现象，笼养时看设备是否正常，跑出的鸡只要及时抓到笼内，发现异常及时采取相应的措施。

(6) 卫生消毒　保持舍内清洁卫生，经常带鸡消毒，杀灭病原微生物。

(7) 准确记录　记录产蛋数、喂料量、温度、湿度、死亡淘汰数、有无异常情况等。如采食量减少时，应查找原因及时解决，避免产蛋率大幅度波动。

三、种公鸡的饲养管理

1. 体重控制

在保证肉用种公鸡营养需要量的同时应控制其体重,以保持该品种应有的体重标准。在育成期必须进行限制饲喂,从 15 周龄开始,种公鸡的饲养目标就是让种公鸡按照体重标准曲线生长发育,并与种母鸡一道均匀协调地达到性成熟。混群前每周至少一次、混群后每周至少两次监测种公鸡的体重和周增重。平养种鸡 20～23 周龄公母混群后,监测种公鸡的体重更为困难,一般是在混群前将所挑选的±5％标准体重范围内 20％～30％的种公鸡做出标记,在抽样称重过程中,仅对做出标记的种公鸡进行称重。根据种公鸡抽样称重的结果确定喂料量的多少。

2. 种公鸡的饲喂

公母混群后,种公鸡和种母鸡应利用其头型大小和鸡冠尺寸之间的差异由不同的饲喂系统进行饲喂,可以有效地控制体重和均匀度。种公鸡常用的饲喂设备有自动盘式喂料器、悬挂式料桶和吊挂式料槽。每次喂完料后,将饲喂器提升到一定高度,避免任何鸡只接触,将次日的料量加入,喂料时再将喂料器放下。必须保证每只种公鸡至少拥有 18cm 的采食位置,并确保饲料分布均匀。采食位置不能过大,以免使一些凶猛的公鸡多吃多占,均匀度变差,造成生产性能下降。随着种公鸡数量的减少,其饲喂器数量也应相应减少。经证明,悬挂式料桶特别适合饲喂种公鸡,料槽内的饲料用手匀平,确保每一只种公鸡吃到同样多的饲料。应先喂种母鸡料,后喂种公鸡料,有利于公母分饲。要注意调节种母鸡喂料器格栅的宽度、高度和精确度,检查喂料器状况,防止种公鸡从种母鸡喂料器中偷料,否则种公鸡的体重难以控制。

3. 种公鸡的体况监测

每周都应监测种公鸡的状况,建立良好的日常检查程序。种公鸡的体况监测包括种公鸡的精神状态,是否超重,机敏性和活力,脸部、鸡冠、肉垂的颜色和状态,腿部、关节、脚趾的状态,肌肉的韧性、丰满度和胸骨突出情况,羽毛是否脱落,吃料时间,肛门颜色(种公鸡交配频率高肛门颜色鲜艳)等。平养肉种鸡时,公鸡腿部更容易出现问题,比如跛行、脚底肿胀发炎、关节炎等,这些公鸡往往配种受精能力较弱,应及时淘汰。公母交配造成母鸡损伤时,淘汰体重过大的种公鸡。

4. 适宜的公母比例

公母比例取决于种鸡类型和体形大小,公鸡过多或过少均会影响受精率。自然交配时一般公母比例为 (8～9)：100 左右比较合适。无论何时出现过度交配现象(有些母鸡头后部和尾根部的羽毛脱落是过度交配的征兆),应按 1：200 的比例淘汰种公鸡,并调整以后的公母比例。按常规每周评估整个鸡群和个体公鸡,根据个体种公鸡的状况淘汰多余的种公鸡,保持最佳公母比例。人工授精时公母比例为 1：(20～30) 左右比较合适。

5. 创造良好的交配环境

饲养在"条板-垫料"地面的种鸡,公鸡往往喜欢停留在条板栖息,而母鸡却往往喜欢在垫料上配种,这些母鸡会因公鸡不离开条板而得不到配种。为解决这个问题,可于下午将一些谷物或粗玉米颗粒撒在垫料上,诱使公鸡离开条板在垫料上与母鸡交配。

6. 替换公鸡

如果种公鸡饲养管理合理,与种母鸡同时入舍的种公鸡足以保持整个生产周期全群的受精率。随着鸡群年龄的增长不断地淘汰，种公鸡的数目逐渐减少。为了保持最佳公母比例，鸡群可在生产后期用年轻、健康、强壮公鸡替换老龄公鸡。对替换公鸡应进行实验室分析和临床检查，确保其不要将病原体带入鸡群。确保替换公鸡完全达到性成熟，避免其受到老龄种母鸡和种公鸡的欺负。为防止公鸡间打架，加入新公鸡时应在关灯后或黑暗时进行。观察替换公鸡的采食饮水状况，将反应慢的种公鸡圈入小圈，使其方便找到饮水和饲料。替换公鸡应与老龄公鸡分开称重，以监测其体重增长趋势。

项目三　优质型肉用种鸡饲养管理

优质型肉鸡是指地方品种或具有中国地方品种鸡特色的良种鸡。在我国分布有许多地方鸡品种，不同品种的体形外貌、生长速度、饲料利用率高低差异较大，同时其生活习性、适应性也不同。因此各地要根据当地的自然情况及饲养管理条件，选择适合当地饲养的优质型肉鸡品种，这样才能取得较好的收益。不论饲养哪种优质型肉鸡品种，优质型肉种鸡饲养管理的目的都是提供量多质优的种蛋，获得生产性能高的雏鸡。优质型肉种鸡饲养阶段的划分因品种稍有差异，一般 0～6 周龄为育雏期，7～20 周龄为育成期，21 周龄至淘汰为产蛋期。

一、育雏期、育成期种鸡的饲养管理

1. 常见的育雏育成方式

（1）地面平养　把鸡饲养在鸡舍内的水泥地面、砖结构、土地面或炕面上，地面上铺有垫草，舍内设有饲喂设备、饮水器、取暖设备等。此种方法占地面积大，管理不方便，雏鸡易患病，所以只适用于小规模的鸡场采用。

（2）网上平养　将雏鸡养在距地面 50～60cm 高的铁丝网上（也可用塑料网、木板条、竹竿等），网的结构分网片和框架两部分。网片采用直径为 3mm 的冷拔钢丝焊成，并进行镀锌防腐处理，网片应与框架相配。网孔尺寸为 20mm×80mm 或 20mm×100mm。育雏前期需要在网片上面加铺一层塑料网片，喂料器、饮水器具均放在塑料网片上。鸡不与粪接触，发病率降低。

（3）笼养　把鸡饲养在鸡舍内的重叠笼或阶梯笼内，笼子一般用金属、塑料做成。此种方式近几年在大规模优质型肉种鸡场中逐渐被采用。

2. 育雏期、育成期的饲养管理要点

（1）公母分群饲养　父母系通常属于不同的品种或品系，体重差异大，为了保证其正常生长发育，公母应分群饲养。育成开始时，淘汰外貌不合格的、体小体弱的公母鸡，淘汰鸡可转为商品肉鸡饲养。

（2）饲养标准　参考我国地方品种鸡的饲养标准，育成料使用低蛋白质配方，一般蛋白质含量为 15%，同时为了降低成本可少量使用菜籽饼等低成本原料，但一般不宜超过总量的 5%。

（3）饲养密度　根据种鸡体形、饲养方式灵活掌握。

（4）饲养季节　饲养优质型肉种鸡大多采用半开放的种鸡舍，生产水平受季节影响大。在不考虑其他因素（如市场行情）时，一般春季育雏最好，秋冬次之，夏季最差。

（5）光照制度　育成期光照原则是不能逐渐延长光照时间，只能逐渐减少或恒定，特别是我国优质型肉种鸡一般都饲养在开放式鸡舍，更应注意光照控制，采用自然光照加人工补

充光照控制光照时间。光照强度不能太强，应为 $5\sim10lx$。这一点对育成鸡的性成熟和以后的产蛋力有很大影响。

（6）后备种公鸡选择　优质型肉种鸡培育历史较短，而且种公鸡体形和羽毛颜色对商品鸡的影响很大。因此，在接近性成熟的时候要根据品种标准选留合乎要求的公鸡做种用。

二、产蛋种鸡的饲养管理

1. 产蛋期的饲养方式

（1）平养　在饲养优质型肉用种鸡时，平养方式是生产中采用的主要方式之一。在平养方式中，"条板-垫料"平养方式效果最为理想。"条板-垫料"鸡舍地面每只鸡所需面积为 $0.16m^2$，即每平方米可养种鸡 5.4 只，每只鸡所需料槽的槽位为 $8\sim10cm$，料槽的高度应为其底部与鸡背等高。饮水器有乳头式、普拉松式等多种。一般普拉松式饮水器每个可满足 $50\sim60$ 只鸡的饮水需要，乳头式每个可满足 $10\sim15$ 只鸡的饮水需要。平养方式均采用自然交配进行配种，公、母比例为 $1:(8\sim10)$。

（2）笼养　优质型肉种鸡笼养方式有大笼饲养和单笼饲养两种。大笼饲养时每笼饲养母鸡 $18\sim20$ 只、公鸡 2 只，采用自然交配方式配种。单笼饲养时每个单笼饲养 $2\sim3$ 只母鸡，公鸡用单独个体笼饲养，采用人工授精方式配种，公、母比例为 $1:(20\sim30)$。笼养方式采用料槽和乳头饮水器喂料、饮水，也可采用自动喂料系统喂料。

2. 产蛋期饲养

（1）产蛋期饲养标准　优质型肉鸡种鸡一般 21 周龄之后进入产蛋期。根据产蛋率的高低，蛋白质含量为 $16\%\sim18\%$，并在控制成本的前提下尽可能多地采用鱼料、豆饼等优质蛋白饲料原料。饲料钙含量 3.2%、磷 0.71%，稍低于同期蛋鸡，与快大型肉种鸡接近。产蛋率在 80% 以上时，蛋白质含量为 18%，钙 3.5%；产蛋率在 $65\%\sim85\%$ 时，蛋白质含量为 17%，钙 3.2%；产蛋率小于 65% 时，蛋白质含量为 15.5%，钙 3%。注意根据体重情况调整营养水平，优质型肉种鸡应有不肥不瘦的繁殖体况。

（2）根据产蛋率的高低及时调整饲料配方　优质型肉种鸡的产蛋率变化模式同其他种鸡是一样的，从开产到高峰快速上升，然后再逐渐下降，但高峰期没有蛋种鸡高。一般 $17\sim19$ 周龄为母鸡性成熟的关键时期，必须由育成饲料换成预产料或产蛋前期料。由育成料换成产蛋期料时应注意应有一周以上的过渡时期。优质型肉种鸡的产蛋率一般是 $22\sim24$ 周龄达 5%，然后迅速上升，在 $26\sim27$ 周龄产蛋率达 50%，30 周龄左右产蛋率便可达 85% 左右的高峰，之后便逐步下降，一般每周下降 1% 左右，到 72 周龄降至 50% 左右。产蛋率不同，鸡所需饲料的营养物质浓度和数量便不一样。应根据产蛋率情况对饲料配方进行不同的调整，尤其是蛋白质和钙的含量应有不同的指标要求。

（3）喂料　喂料可自动化操作也可人工操作。大型鸡场可采用自动化操作，中、小型鸡场可采用人工操作。喂料过程中，每日喂 $3\sim4$ 次，炎热季节早晚各加喂一次。每次加料不能超过料槽深度的 1/3，否则浪费饲料。

3. 产蛋期管理要点

（1）转群　可根据生产实际和设备周转情况，育成鸡可在 $15\sim19$ 周龄转入产蛋鸡舍。优质型肉种鸡一般个体较小，转群过早，因鸡体较小，鸡笼缝隙过大，会发生跑鸡现象，管理上会比较麻烦；转群过晚，由于鸡临近开产或已经开产，转群时的强应激会推迟产蛋率的上升，推迟产蛋高峰的来临。转群的同时对病、弱、残的鸡进行淘汰。

（2）温、湿度 鸡舍内最适宜的温度是 18～23℃，最低不应低于 7℃，最高不超过 30℃。如超过此温度范围则会严重影响采食和产蛋量。相对湿度保持在 60%～75%。为了保持最佳湿度，平时应注意增加通风，改善舍内空气环境，但当舍内温度低于 18℃时应以保温为主，减少通风，舍内温度高于 27℃时则以降温为主，可加大通风量。

（3）光照制度 光照管理参照同期的蛋鸡和肉鸡光照方案，结合各品种的性成熟时间进行。生产中应根据不同的种鸡喂养季节采取不同的光照方案，不同的光照方案具体实施措施各不相同，但所有方案都应遵循的原则是产蛋期每日光照强度不可减弱和时间不能缩短。在产蛋期（21 周龄或 22 周龄起）每天光照时间应保持逐渐增加，到一定水平时再固定不变，切勿减少，但每天光照时间最长不超过 16～17h，否则对产蛋无益。我国饲养优质型肉种鸡密闭式鸡舍较少，尤其是农村更多的是采用开放式鸡舍，光照时间控制较为复杂，应制订出完善的光照程序，并按照光照程序严格执行，不能随意变动。

（4）减少不合格种蛋 合格的种蛋是种鸡场的生产目标，为了得到尽可能多的种蛋，除了给种鸡提供合理而丰富的营养物质、提高公鸡精液质量、增加母鸡机体健康外，饲养管理的改善也会明显增加合格种蛋数量，尤其是平养方式可以减少污染蛋、破损蛋的数量。

① 种蛋的收集 根据季节不同，要求每日收集种蛋次数为 4～5 次，夏季应增加收集种蛋次数。母鸡每天产蛋时间并不均匀分布，约 70% 的蛋集中在上午 9：00 至下午 15：00 这段时间，这段时间收集种蛋间隔时间应缩短，产蛋箱中存留的蛋越少，蛋的破损也就越少。蛋收集后应在半小时内进行熏蒸消毒，然后在温湿度适宜的环境下贮存。

② 平养时夜晚应关闭产蛋箱 晚上最后一次收集蛋时应将产蛋箱关闭，空出产蛋箱，不让蛋留在产蛋箱内过夜，也不能让鸡留在产蛋箱内过夜，以保持产蛋箱内的清洁、卫生。产蛋箱的垫料应清洁、干燥、松软，并及时添加和更换。

③ 防止窝外蛋 产蛋箱应于开产前两周放入舍内，让鸡逐渐熟悉并习惯使用。产蛋箱数量应足够，每 4 只母鸡一个产蛋箱。产蛋箱垂直放置于舍内，尽量放在较暗的地方。

（5）减少优质型肉种鸡的就巢性 由于优质型肉种鸡一般都含有土鸡血源，有些母鸡会有一定的就巢性（抱窝），即母鸡产蛋一段时期后，占据产蛋箱进行孵化的行为，这是母鸡正常的繁殖本能。严重时母鸡一年抱窝可达几次或十几次，严重影响全年的产蛋量。减轻优质型肉种鸡的就巢性是提高产蛋量的一项重要措施。主要措施如下。

① 改变环境 发现抱窝母鸡及时挑出，放在通风而明亮的地方，不设置产蛋箱，并给予其他应激因素的干扰，如水浸、羽毛穿鼻等方法。

② 药物催醒 用 1% 的硫酸铜溶液皮下注射 1mL/只，或丙酸睾丸素注射 12.5mg/kg，也可口服复方阿司匹林 1～2 片，连用 3d。

虽然以上措施对减轻就巢性有一定的作用，但消除就巢性最根本的措施是通过选择，淘汰有就巢性的种鸡。

复习思考题

1. 蛋用种鸡和商品蛋鸡在饲养管理上有何区别？
2. 怎样提高种蛋的合格率？
3. 快大型肉用种鸡各阶段饲养管理的主要措施有哪些？
4. 优质型肉种鸡饲养管理的特点是什么？

实训　鸡的称重与均匀度的测定

【目的要求】

熟练掌握体重抽测的方法和鸡群均匀度的测定方法。

【材料和用具】

1. 称重设备（台秤、家禽秤或鸡舍内的自动称重系统）、围网、运鸡笼。
2. 体重记录表格、某鸡种各周龄体重和均匀度标准。
3. 种鸡（≥500只）。

【内容和方法】

1. 称测数量

在进行均匀度测定时，称测种鸡的数量以从鸡群中随机抽取2%～5%（不得少于50只）的鸡只为宜。

2. 称测时间

从第4周开始直到产蛋高峰前，必须在每周同一天的同一时间进行空腹称重。每日限饲的种鸡在喂料后4～6h称重，隔日限饲的在停饲日称重。

3. 称重设备

称重设备有多种类型可以选择，但要使用精确度可达到±20g的设备，同一鸡群多次或反复称重必须使用同一类型的称重器。所有的称重器都需要校准并随时准备好标准的重量砝码以检测称重器是否称重准确。每次抽样称重前后都要对称重器进行校准。

4. 称重

随机在种鸡群中用捕捉围网把种鸡围住，每次围圈50～100只鸡逐只单个称重。为避免任何选择偏差，所有被围圈的鸡只都必须称重。如果栏内或舍内的鸡群数量超过1000只，则必须在栏内或舍内两个不同的位置进行抽样称重。

5. 均匀度的计算

将所称鸡只（如50只）的单个体重相加，再除鸡只数（如50只），即得出抽测群的平均体重。如抽测平均体重为1500g，再对这50只抽测鸡逐个查看体重，数出体重在抽测群平均体重±10%范围内的鸡只数，然后除以抽测数，即得出均匀度。如下式：

$$均匀度（\%）=体重在抽测群平均体重±10\%的鸡数/抽测群总数×100\% \qquad (6-1)$$

如体重在抽测群平均体重±10%（1350～1650g）的鸡有40只，则该群鸡的均匀度为80%（40/50×100%）。

6. 体重均匀度的意义

体重能保证种鸡在该鸡种规定的体重标准和周龄达到性成熟，同时也决定着种鸡的体质。种鸡均匀度的意义是要使鸡群发育整齐一致。只有详细地称量才能够很好地控制种鸡的体重与均匀度，对超重的进行限饲，对于低体重的要加强饲喂。生产上将所称测的体重和计算的均匀度与该周龄某品种的体重和均匀度标准进行比较，如果在标准之上，说明鸡群生长发育正常。当称量测得鸡群的均匀度低于70%时，尤其是低于平均体重严重时，就要及时地分析原因。一般从疾病、喂料饮水的均匀性、饲喂程序、饲料质量、断喙、环境条件等方面去查找，并根据其原因采取相应的措施。

【作业】

按步骤写出实训结果。

模块七 水禽生产

【知识目标】
① 了解鸭、鹅生产的特点。
② 掌握鸭、鹅的饲养管理技术。

【技能目标】
能够进行鸭、鹅生产中的基本操作。

我国是最早驯化和饲养水禽的国家之一，目前我国已发展成为世界上最大的水禽生产国，同时水禽产品的消费量也居世界之首。近年来，我国水禽生产已逐渐由分散零星饲养向集约化、专业化方式转变，由小农经济向现代化商品经济方式转变，由落后的传统饲养方式向科学的现代化饲养方式转变。水禽产品也越来越受到广大消费者的青睐。

项目一 鸭的饲养管理

一、鸭的生产特点及饲养方式

1. 生产特点

我国肉鸭和蛋鸭生产表现出多方面的特点：第一，生产和消费区域性强，集中在四川、江苏、福建、浙江、江西、广东、广西、湖南、湖北、安徽、山东、河北等省区；小群体大规模、公司加农户的生产模式迅速扩大，大公司不断出现，产业化程度迅速提高。第二，各省区的龙头企业快速发展，带动了产业进步，提升了各企业的市场竞争力。第三，鸭肉和鸭蛋初级产品的生产量迅速增加，加工业和市场开发能力相对滞后。

2. 饲养方式

由于我国各地自然条件和经济条件以及鸭品种的差异，鸭的饲养方式有所不同，主要有放牧、全舍饲和半舍饲三种饲养方式。

（1）放牧 这是我国传统的饲养方式。由于鸭的合群性好，觅食能力强，能在陆上、水中觅食各种天然的动植物性饲料。放牧饲养可以节约大量饲料，降低成本，同时使鸭群得到很好的锻炼，增强鸭的体质。育成期蛋鸭、肉用麻鸭等常采用这种饲养方式。大型肉鸭及蛋鸭大规模生产时不宜采用放牧饲养的方式。

（2）舍饲 整个饲养过程在鸭舍内进行。这种方式的优点是可以人为地控制饲养环境，受自然因素制约较小，有利于科学养鸭，达到稳产高产的目的；由于集中饲养，便于向集约化生产过渡，同时可以增加饲养量，提高劳动效率；由于不外出放牧，减少了寄生虫病和传染病感染的机会，从而提高了成活率。此法饲养成本比其他方式高。雏鸭、大型肉鸭、蛋鸭大规模生产时一般采用这种方式。这种方式又可分为以下三种类型：

① 地面平养　在舍内地面铺上 5～10cm 厚的松软垫料，将鸭直接饲养在垫料上。若垫料出现潮湿、板结，则加厚垫料。一般随鸭群的进出更换垫料，可节省清圈的劳动量。这种方式简单易行，投资少，寒冷季节还可因鸭粪发酵而有利于舍内增温。但这种管理方式需要大量垫料，房舍的利用率低，且舍内必须保证通风良好，否则垫料潮湿、空气污浊、氨气浓度上升，易诱发各种疾病。

② 网上平养　在舍内设置离地面 60～90cm 高的金属网、塑料网或竹木栅条，将肉鸭饲养在网上，粪便由网眼或栅条的缝隙落到地面，可采用机械清粪设备，也可人工清理。这种方式省去了日常清圈的工序，避免或减少了由粪便传播疾病的机会，而且饲养密度比较大，房舍的利用率比地面平养增加 1 倍以上，提高了劳动生产率。但这种方式一次性投资较大。

③ 立体笼养　这种方式一般用于育雏，即将雏鸭饲养在特制的单层或多层笼内。笼养既有网上平养的优点，又比平养更能有效地利用房舍和热量；缺点是投资大。近年来，蛋鸭的立体笼养也在逐步兴起。

（3）半舍饲　鸭群饲养固定在鸭舍、陆上运动场和水上运动场，不外出放牧。吃食、饮水可设在舍内，也可设在舍外，一般不设饮水系统，饲养管理不如全舍饲那样严格。这种方式一般与养鱼的鱼塘结合在一起，形成一个良性循环。它是我国当前养鸭中采用的主要方式之一，尤其是种鸭大多采用这种饲养管理方式。

二、雏鸭的培育

刚孵化出来的雏鸭，绒毛稀短，调节体温的能力差，常需要人工保温；其消化器官容积小，消化机能尚未健全，饲养雏鸭时要喂给容易消化的饲料，雏鸭的生长速度快，尤其是骨骼相对生长得更快，需要丰富而且全面的营养物质，才能满足其生长发育的要求；对外界环境的抵抗力差，易感染疾病，因此育雏时要十分重视卫生防疫工作。

1. 做好育雏前的准备工作

育雏是一项艰苦而又细致的工作，是决定养鸭成败的关键。因此，在雏鸭运到之前要做好充分的准备。首先，要根据雏鸭数量准备好足够面积的房舍，足够数量的供温、供料、供水等设备。育雏舍的门窗、墙壁、通风孔及所有设备都应检修好后彻底清洗消毒。如采用育雏笼或网上育雏，要仔细检查网底有无破损，铁丝接头不要露在平面上，以免茬口刺伤雏鸭。其次，要准备好足够数量的饲料和药品，地面饲养的还要准备足量干燥、清洁且松软的垫料，如刨花、木屑或切碎的稻草等。进雏鸭前一天要调试好加温设备，并将舍温提高到合适的温度，切忌等到雏鸭放进育雏室或育雏笼时才临时加温。

2. 雏鸭的选择

雏鸭品质的优劣是雏鸭养育成败的先决条件。因此要选择出壳时间正常、初生重符合本品种标准的健康雏鸭。健康的雏鸭活泼好动，眼大有神，反应灵敏，叫声洪亮，腹部柔软，大小适中，脐口干燥、愈合良好、绒毛整洁、毛色符合品种标准。凡是头颈歪斜、瞎眼、痴呆、站立不稳、反应迟钝、绒毛污秽、腹大且硬、脐口愈合不好及有其他不符合品种要求的雏鸭均应剔除。

3. 适时"开水"和"开食"

雏鸭出壳后第一次饮水和喂食称为"开水"（也叫"潮水"）和"开食"。原则上"开水"应在雏鸭出壳后 12～24h 内进行，运输路途远的，待雏鸭到达育雏舍休息 0.5h 左右立即供给复合维生素和葡萄糖水让其饮用。传统养鸭"开水"的方式是将雏鸭分装在竹篓里，慢慢将竹篓浸入水中，以浸没鸭爪为宜，让雏鸭在15℃的浅水中站5～10min，雏鸭受水刺激，将会活跃起来，边饮水边活动，这样可促进新陈代谢和胎粪的排出。集约化养鸭"开水"多采用饮水器或浅水盘，直接让雏鸭饮用。饮水15～30min后可给雏鸭"开食"，即"开水"以后让雏鸭梳理一下羽毛，身上干燥一点后再"开食"。也有紧接"开水"之后就给雏鸭喂食的做法，这主要看气温高低、出壳迟早和雏鸭的精神状态而定。传统养鸭"开食"的饲料是使用煮制的夹生米饭，现在集约化养鸭大多直接采用全价颗粒饲料破碎后饲喂。

4. 做好保温工作

育雏舍内合适而平稳的温度环境是确保雏鸭成活和健康成长的关键。温度适宜时，雏鸭饮水、采食活动正常，行动灵活，反应敏捷，不打堆，休息时分布均匀，生长快。温度偏低时，雏鸭趋向热源，相互挤压打堆，易造成死伤和发生呼吸道疾病，生长速度也会受到影响。温度偏高时，雏鸭远离热源，饮水增加，食欲降低，正常代谢受到影响，抗病力下降。通常第一周龄雏鸭对温度的要求为30～32℃，以后每周比前一周降低2℃左右。育雏温度力求平稳，切忌忽高忽低。

5. 及时分群

刚出壳的雏鸭有大小、强弱之分，育雏时应及时分群饲养，每群雏鸭以300只左右为宜。一般情况下，分群后不再随便混合。饲养一段时间需要调整时，将体重过大的分一群、体重过小的分一群。

6. 下水训练，锻炼放牧

采取放牧或半舍饲方式饲养蛋鸭，一般5日龄后即可训练雏鸭下水活动。由于雏鸭全身的羽毛容易被水浸湿下沉，最初调教时，只能将鸭赶入浅水池或沟渠的边沿线处活动，嬉水片刻要及时上岸休息，并要有专人守望。10日龄后适当延长下水活动时间，并可选择较理想的放牧环境进行放牧调教，放牧的时间要由短到长，逐步锻炼。

7. 搞好清洁卫生

要经常保持育雏舍内环境卫生，所有喂料和饮水的用具都要保持清洁。粪便及脏污的垫草要及时清除，舍内要干燥通风，防止潮湿，保持饮水的卫生，以免引起消化道疾病。

三、育成期鸭的饲养管理

蛋鸭自5周龄起至开产前的养育时期，称为育成期。育成期内鸭生长发育迅速，活动能力很强，贪吃贪睡，食性很广，需要及时补充各种营养物质；育成鸭神经敏感，合群性很强，可塑性较大，适于调教和培养良好的生活规律。

1. 育成鸭舍饲时的饲养管理

从雏鸭舍转到育成鸭舍时，饲养管理方法应该逐渐转变，不要使转群前后的饲养管理方法和环境出现太大变化。重点要做好平稳脱温和饲料的逐步过渡工作。

育成期间的青年鸭，各器官系统进入旺盛的发育阶段，向健全和成熟方向发展。从生理上看，这个时期鸭的性腺开始活动，发育迅速。因此，在育成鸭的培育过程中，在保证其正常生长发育所需营养的前提下，应适当控制饲养，尤其注意日粮中的蛋白质水平不能太高，钙的含量也要适宜，防止性腺的过早发育，保证鸭体的均衡发展，防止超重、早产、早衰，力求使后备种鸭的体重和性成熟期达到最适化。育成期限制饲养时要定期称测体重，一般每周一次，称重时随机抽样，比例为5%～7%。每次称重后，与相应品种各阶段体重标准进行比较，以便及时调整饲喂次数和喂料量。

育成鸭的生殖器官发育迅速，对光照敏感，育成期要注意控制光照时间，防止过早性成熟。开放式鸭舍一般执行自然光照法，不再补充人工光照，密闭式鸭舍控制在 8～10h。进入产蛋期后，要逐渐增加光照时间，达到规定值后必须保持稳定，切忌随意减少或打乱光照时间。育成期的鸭神经质，性急胆小，因此在饲养过程中应尽量减少各种应激因素。此外，育成期间还要加强疾病的预防工作，如鸭瘟、禽霍乱等传染病的预防注射都要在开产以前完成。

2. 育成鸭放牧时的饲养管理

放牧养鸭是我国传统的养鸭方式，这种方法可充分利用鸭场周围丰富的天然饵料，适时为稻田除虫，同时也满足了育成期蛋鸭食性广、觅食能力强、易于驯化的生理要求。

放牧养鸭首先要科学地选择放牧场所。早春放浅水塘、小河流，让鸭觅食螺蛳、鱼虾、草根等水生生物。春耕开始后在耕翻的田内放牧，觅取田里的草籽、草根和蚯蚓、昆虫等天然动植物饲料。水稻栽插之前，将鸭子放牧在麦田，充分觅食遗落的麦粒。稻田插秧后 2 周左右至水稻成熟之前，将鸭子放牧稻田，觅食害虫、杂草。待水稻收割后再放牧，可让鸭子觅食落地稻粒和草籽。

育成鸭放牧之前还要进行采食训练和信号调教。放牧前要有意识地诱导鸭子采食稻谷、草籽、螺蛳等。大群放牧必须使鸭子能听懂各种指令和信号，因此放牧前要用固定的信号和动作进行训练，使鸭群建立起听指挥的条件反射。

3. 肉用仔鸭肥育期的饲养管理

肉用仔鸭从育雏期结束至上市这个阶段称生长肥育期。肉用仔鸭这一时期的生理特点是体温调节机能已趋于完善，对外界环境的适应性较强，消化机能已经健全，肌肉与骨骼的生长发育处于旺盛期，采食量迅速增加，绝对增重增加较快。生长肥育期的饲养管理既要根据生长发育特点，又要结合当地自然条件和品种类型，选用合适的饲养方式（舍饲、放牧、填饲），进行科学的饲养管理。

大型肉鸭、工厂化规模饲养肉鸭或在没有放牧条件的地区多采用舍饲饲养方式（见大型肉鸭的饲养管理）。

我国南方大部分地区水网密布，气候温和，野生动植物饲料资源丰富，又是我国水稻的主产区。这些地区，长期以来习惯采用当地麻鸭类型的品种或用大型肉鸭与麻鸭杂交生产的后代生产肉用仔鸭。为充分利用天然的动植物资源和秋收后稻田中散落的谷粒，肉用仔鸭生长肥育期大多采用放牧补饲的饲养方式。这种方式要根据当年一定区域内水稻栽播时间的迟早选择好放牧路线，到放牧结束时该鸭群尽可能达到上市体重。保持适当的放牧节奏，尽量满足放牧鸭群的生活规律。如春末秋初，鸭群每天要出现 3～4 次采食高潮，同时也出现3～4次休息和戏水过程；在秋后至初春，气温低、日照短，一般出现早、中、晚三次采食高潮。

填饲是肉鸭的一种快速育肥方式，填肥鸭主要供制作烤鸭用。北京鸭经填肥制作烤鸭已有数百年历史。填饲是在中雏鸭养到 5～6 周龄、体重达 1.75kg 以上时，进行人工强制喂饲大量能量饲料（常用玉米），使其在短期内快速增重和积累脂肪。填肥期一般为 2 周左右，填肥开始前，先将鸭子按公母、体重分群，以便于掌握填喂量。一般每天填喂 2～3 次，每次的时间间隔相等，填喂时动作要轻，每次填喂后适当放水活动，清洁鸭体，帮助消化，促进羽毛生长。

四、产蛋期鸭的饲养管理

1. 商品蛋鸭的生产

与育成期相比，开产后的母鸭胆子逐渐大起来，敢接近陌生人，性情温顺，食量大、食欲好，勤于觅食。产蛋鸭代谢旺盛，对饲料要求高。在管理上，鸭舍内应保持环境安静，谢绝陌生人进出。放鸭、喂料、休息等都要有规律，如改变喂料次数、调整光照时间、大幅度更换饲料品种等，都会引起鸭群生理机能紊乱，造成减产或停产。

(1) 产蛋初期和前期的饲养管理　蛋鸭产蛋初期一般指从开产至 200 日龄左右，产蛋前期指 201～300 日龄左右。当母鸭适龄开产后，产蛋量逐日增加。日粮营养水平，特别是蛋白质含量要随产蛋率的递增而调整，并注意能量蛋白比的适度，促使鸭群尽快达到产蛋高峰，达到高峰期后要稳定饲料种类和营养水平，使鸭群的产蛋高峰期尽可能长久些。

此期内鸭群自由采食，每只蛋鸭每日约耗料 150g。从育成期过渡到此期，光照时间要逐渐增加，达到产蛋高峰期时，自然光照加上人工光照时间应增加到 14～15h。在此期内，要经常观察蛋重和产蛋率上升的趋势，如发现蛋重增加的势头慢，产蛋率高低徘徊，甚至出现下降的趋势，要从饲养管理上找原因。每月应空腹抽测母鸭的体重，如超过此期标准体重的 5% 以上，应检查原因，并调整饲喂量或日粮的营养水平。

(2) 产蛋中期的饲养管理　蛋鸭产蛋中期一般指 301～400 日龄左右。此期内的鸭群因已进入高峰期产蛋并已持续 100 多天，体力消耗较大，对环境条件的变化敏感，如不精心饲养管理，难以保持高峰产蛋率，甚至引起换羽停产。此期内的营养水平，尤其是日粮中蛋白质和钙的含量要在前期的基础上适当提高。光照时间稳定在 16～17h。在日常管理中要注意观察蛋壳质量有无明显变化，产蛋时间是否集中，精神状态是否良好，洗浴后羽毛是否沾湿等，以便及时采取有效措施。

(3) 产蛋后期的饲养管理　蛋鸭产蛋后期指 400～500 日龄左右。蛋鸭群经长期持续产蛋之后，产蛋率将会不断下降，此期内饲养管理的主要目标是尽量减缓鸭群产蛋率的下降。如果管理得当，此期内鸭群的平均产蛋率仍可保持 75%～80%。此期内应按鸭群的体重和产蛋率的变化调整日粮营养水平和给料量。如果鸭群体重增加，有过肥趋势时，应将日粮中的能量水平适当下降，或适当增加些青粗饲料，或控制采食量。如果鸭群产蛋率仍维持在80% 左右，而体重有所下降，则应增加些动物性蛋白质的含量。如果产蛋率已下降到 60%左右，已难于使其上升，无需加料，应予及早淘汰或进行强制换羽。

2. 种鸭的饲养管理要点

饲养种鸭的目标与饲养商品蛋鸭一样，都要求获得较高的产蛋量，但饲养种鸭是要获得尽可能多的合格种蛋，而且要有较高的受精率，能孵化出品质优良的雏鸭。

(1) 种公鸭的选择与饲养　留种公鸭需按种公鸭的标准进行严格的选择。公鸭必须符合相应的品种标准，生长发育良好，体格强壮，性器官发育健全，精液品质优良。育成期，公母鸭最好分群饲养，有放牧条件时，尽可能采用放牧为主的饲养方法，让其多活动、多锻炼。当公鸭性成熟，但还未到配种期时，尽量放旱地，少让其下水活动，以免形成恶癖。配种前 20 天，将公鸭放入母鸭群中，此时要多放入水中，少关在舍内饲养，创造条件，引诱并促使其性欲旺盛。

(2) 注意合适的公母配比　蛋用型麻鸭品种，体形小而灵活，性欲旺盛，配种性能很好。在早春和冬季，公母比例可采用 1∶20，夏秋季，公母比例可提高到 1∶(25～33)。大型肉用种鸭公母比例 1：5 左右，公鸭不能过少，但也不宜过多，否则会引起争配，反而使受精率下降。在育成期公母分群饲养的种公鸭群中，注意混入少量的母鸭，防止发生"同性恋"。饲养过程中，要观察公鸭的配种表现，经常检查种公鸭的生殖器官和精液品质，注意受精率的变化，发现伤残或其他不合格的公鸭，应及时淘汰，并补充新的公鸭。

（3）加强饲养管理，做好卫生防疫工作　饲养上，要按照种母鸭的产蛋率和体重的变化，及时提供必需的营养物质，注意保持必需氨基酸的平衡和维生素的供给，以提高种蛋的受精率和孵化率。管理上，要特别注意舍内垫草的干燥和清洁，每日早晨及时收集种蛋，不能让种蛋受潮或受污染。加强通风换气，保持鸭舍环境的安静。在气候良好的天气，放牧饲养的鸭群，应尽量早放鸭、迟收鸭，保证种鸭舍外的活动时间。种鸭场应谢绝外人参观，防止带入病原。认真做好场区的卫生消毒工作，按照种鸭的免疫程序，定时防疫。

五、大型肉鸭的饲养管理

1. 商品肉鸭生产的特点

（1）生长快，周期短，经济效益高　目前，用于集约化生产的肉鸭大多是配套系生产的杂交商品代鸭。其早期生长速度是所有家禽中最快的一种，8 周龄活重可达 3.2～3.5kg，其体重的增长量为出壳重的 60～70 倍。

由于大型肉鸭的早期生长速度极快，生长周期短，可在较短的时间内上市，不但提高了鸭舍和设备的利用率，同时资金周转快，经济效益好，这对集约化的养鸭十分有利。

（2）体重大，出肉率高，肉质好　大型肉鸭的上市体重一般在 3.0kg 以上，胸肌特别丰厚，出肉率高。据测定，8 周龄上市的大型肉用鸭的胸腿肉可达 600g 以上，占全净膛屠体重的 25％ 以上，胸肌可达 350g 以上。这种肉鸭肌间脂肪含量多，所以特别细嫩可口。

（3）性成熟早，繁殖率强，商品率高　肉鸭是繁殖率较高的水禽，大型肉鸭配套系亲本母鸭开产日龄为 26 周龄，开产后 40 周内可获得合格种蛋 180 枚左右，可生产肉用仔鸭 120～140 只。以每只肉鸭上市活重 3.0kg 计算，每只亲本母鸭年产仔鸭活重为 360～420kg，约为其亲本成年体重的 100 倍。

（4）采用全进全出的生产流程　大型肉用鸭的生产采用全进全出的生产流程，可根据市场需要，在最适屠宰日龄批量出售，以获得最佳经济效益。同时，建立配套屠宰、冷藏、加工和销售体系，以保证全进全出制的顺利实施。

2. 商品肉鸭的饲养管理技术

（1）育雏期的饲养管理　0～3 周龄是大型肉鸭的育雏期，习惯上把这段时期的肉鸭称为雏鸭。雏鸭的饲养是肉鸭生产的重要环节。刚出壳的雏鸭比较娇嫩，各种生理机能都不完善，还不能完全适应外部环境条件，而大型肉鸭的雏鸭生长又特别迅速，因此，必须从营养和饲养管理上采取措施，给予雏鸭周到细致的照顾，促使其平稳、顺利地过渡到以后的生长阶段，同时也为以后的生长奠定基础。

① 进雏前的准备　育雏前首先要根据进雏数量配备好育雏人员、育雏舍和各种育雏设备，以及饲料、药品和地面平养所需的垫料等。接雏前 1～2 天还要将育雏舍内的温度调整好，待温度上升到合适的范围并稳定后方可进雏。

② 掌握好育雏温度　大型肉鸭是长期以来用舍饲方式饲养的鸭种，不像麻鸭那样比较容易适应环境温度的变化。因此，在育雏期间，特别是在出壳后第一周内要保持较高的环境温度。第一天的舍内温度通常保持在 29～31℃，随日龄增长而逐渐降低，至 20 天时，应把

育雏温度降到与舍温一致的水平。室温一般控制在 18～21℃ 最好。

③ 控制好环境湿度　育雏前期，室内温度较高，水分蒸发快，育雏室内的相对湿度要高一些。如舍内空气湿度过低，雏鸭易出现脚趾干瘪、精神不振等轻度脱水症状，影响健康和生长。所以，1 周龄以内，育雏室内的相对湿度应保持在 60％～70％，2 周龄起维持在 50％～60％。环境湿度过低时，可通过放置湿垫或洒水等提高湿度；环境湿度过高时，可通过加强通风，勤换垫料、保持垫料的干燥等加以控制。

④ 提供新鲜的空气　雏鸭的饲养密度大，排泄物多，育雏舍内容易潮湿，积聚 NH_3 和 H_2S 等有害气体，影响雏鸭的生长发育。因此，育雏舍在保温的同时要注意通风，保持舍内空气清新。在舍外气温较低时，可将育雏舍内温度先提高 1～2℃，再打开窗户通风，以保证舍温的稳定。

⑤ 正确的光照和合理的密度　光照可以促进雏鸭的采食和运动，有利于雏鸭的健康生长。出壳后的头 3 天内采用 23～24h 光照，以便于雏鸭熟悉环境，觅食和饮水。关灯 1h 保持黑暗，目的在于使雏鸭能够适应突然停电的环境变化。光照的强度不要过高，通常在 10lx 左右。4 日龄以后可不必昼夜开灯，白天利用自然光照，早晚开灯喂料，光照强度只要能保证雏鸭能看见采食即可。

育雏时，还要掌握好密度，密度过大，雏鸭活动不便，采食、饮水困难，空气污浊，不利于雏鸭生长；密度过小，则房舍利用率低，多消耗能源，不经济。

因此，要根据品种、饲养管理方式、季节等的不同，确定合理的饲养密度。不同饲养方式下雏鸭的饲养密度见表 7-1。

表 7-1　雏鸭的饲养密度

周龄	地面平养/(只/m²)	网上饲养/(只/m²)	笼养/(只/m²)
1	20～30	30～50	60～65
2	10～15	15～25	30～40
3	7～10	10～15	20～25

⑥ 精心饲养　清洁而充足的饮水对肉鸭正常生长至关重要，雏鸭出壳 12～24h 发现雏鸭东奔西走并有啄食行为时，要立即给雏鸭饮水、开食。"开水"的水中可加入 0.1％ 的高锰酸钾或 5％ 的葡萄糖；开食的饲料可直接使用小粒径或破碎的全价颗粒饲料，"开水"后，要保持清洁饮水不间断。"开食"后，最初几天，因为雏鸭的消化器官还没有经过饲料的刺激和锻炼，消化机能不健全，因而要少喂勤添，随吃随给，以后逐步过渡到定时定餐。

（2）肥育期的饲养管理　4 周龄至上市前的阶段为商品肉鸭的肥育期。在此期雏鸭的骨骼和肌肉生长旺盛，消化机能已经健全，采食量大大增加，体重增加很快，在饲养管理上要抓住这一特点，使肉鸭迅速达到上市体重后出栏。

① 平稳脱温　育雏期向肥育期过渡时，要逐渐打开门窗，使雏鸭逐步适应外界气温，遇到外界气温较低或气温变化不定时，可适当推迟脱温日龄。脱温期间，饲养员要加强对鸭群的观察，防止挤堆，保证脱温安全。

② 及时更换饲料　从第四周起换用肉鸭肥育期的日粮，即适当降低蛋白质水平，使饲料成本相对降低。颗粒料的直径提高到 3～4mm。

③ 及时分群　脱温后，应按体格强弱、体重大小分群饲养，对体质较差、体重偏轻的鸭，要补充营养，使它们在此期内迅速生长发育，保证出栏时的体重要求，肥育期如采用地

面平养，其饲养密度分别为：4 周龄 7～8 只/m²、5 周龄 6～7 只/m²、6 周龄 5～6 只/m²、7～8 周龄 4～5 只/m²。

④ 及时上市　根据肉鸭的生长状况及市场价格选择合适的上市日龄，对提高肉鸭饲养的经济效益有较大的意义。大型肉鸭的生长发育较快，4 周龄时体重即可达到 1.75kg 左右。4～5 周龄时，饲料报酬较高，个体又不太大，肉脂率也较低，适合市场的需要，但胸肉较少，鸭体含水率较高，瘦肉率较低。7 周龄时肌肉丰满，且羽毛基本长好，饲料转化率也高，若再继续饲养，则肉鸭偏重，绝对增重开始下降，饲料转化效率也降低。所以，一般选择 7 周龄上市，最迟至 8 周龄。

⑤ 正确运输　商品肉鸭行动迟缓，皮肉很嫩，容易损伤。在运输前 2～3h 应停止喂料，让鸭充分饮水后装笼运输。装笼时应视气温高低确定装载密度，一般冬季和早春可多装些，炎热夏季少装些，以防闷热致死。

六、番鸭的饲养管理与半番鸭（骡鸭）的生产

番鸭又称"瘤头鸭"、"洋鸭"、"火鸭"，为著名的肉用型鸭。番鸭与普通家鸭之间进行的杂交，是不同属间的远缘杂交，所得的杂交后代具有较强的杂交优势，但一般没有生殖能力，故称为半番鸭（又称骡鸭）。半番鸭的主要特点是生长快，体重大，胸肌丰厚（胸肌占全净膛重的 15%～16%），瘦肉率高，肉质细嫩，生活力强，耐粗放饲养，也适于填肥、生产优质肥肝。

1. 雏番鸭的饲养管理

雏番鸭是指 4～5 周龄内的小番鸭。雏番鸭的体温调节机能较弱，消化能力差，但生长极为迅速。育雏时必须根据这些特点采取合理的饲养管理措施。栖鸭属的雏番鸭与河鸭属的雏鸭在饲养管理技术上基本相似，但也有一些不同的要求。番鸭异性间差别较大，3 周龄以后，公母体重距离拉大（达 50% 左右），公鸭性情粗暴，抢食强横，因此应对初生雏进行性别鉴定，公母分群饲养。为防止番鸭之间相互啄斗、交配时互相抓伤和减少饲料浪费，雏番鸭在第三周内要进行断趾和断喙。由于母番鸭具有低飞能力，留种母鸭在育雏阶段还需切去一侧翅尖。

2. 种番鸭的饲养管理

(1) 育成期的饲养管理要点　从第 5 周至 24 周为番鸭的育成期，这 20 周是饲养种番鸭的关键时期，育成期的好坏直接影响到种鸭的产蛋性能及种蛋的受精率。育成期的工作重点是限制饲养和控制光照，以控制种鸭的体重，防止过肥或过瘦，保持鸭群良好的均匀度和适时性成熟。

(2) 产蛋期的饲养管理要点　24 周龄左右转群，转群时按种鸭的体形、体重、体尺标准进行选择，公母比例控制在 1：(4～5)，分群饲养，每 200～300 只为一群，饲养密度为每平方米 3～4 只。24 周龄起，逐渐增加光照时间和光照强度，并将育成日粮转换为产蛋日粮，将限制饲喂改为自由采食。

番鸭是晚熟的肉鸭品种，28 周龄左右才开产，整个产蛋期分两个产蛋阶段，第一阶段为 28～50 周，第二阶段为 64～84 周，在两个产蛋阶段之间有 13 周左右的换羽期（休产期）。成功的换羽是提高番鸭产蛋量的有效措施，当母鸭群产蛋率降低到 30% 左右、蛋重减轻时，应实行人工强制换羽，以缩短换羽期。

抱窝是母番鸭的一种生理特性，在临床上表现为停止产蛋，生殖系统退化，骨盆闭合，

形成孵化板，鸣叫，在产蛋箱内滞留时间延长，占窝，采食减少，羽毛变样。易形成抱窝的条件主要有饲养密度过大，产蛋箱太少，光照分布不均匀或较弱，捡蛋不及时等。解除抱窝的办法是定期转换鸭舍，第一次换舍是在首批抱窝鸭出现的那一周（或之后），两次换舍间隔时间平均为夏季 10～12d、春秋季 16～18d。换舍必须在傍晚进行，把产蛋箱打扫干净，重新垫料，清扫料盘。加强饲养管理，尽量消除引起抱窝的条件。

3. 半番鸭（骡鸭）生产

生产骡鸭的杂交分为正交（即公瘤头鸭与母家鸭）和反交（即公家鸭与母瘤头鸭）两种方式。我国普遍采用正交方式生产骡鸭，这样可充分利用番鸭优良的肉质性能和家鸭较高的繁殖性能，提高经济效益。而且用正交方式生产的骡鸭公母之间体重相差不大，12 周龄平均体重可达 3.5～4.0kg，这对肉鸭生产来说是有利的。如果采用反交方式生产骡鸭，母瘤头鸭产蛋少，而且所生产的骡鸭公母体重相差较大，12 周龄公骡鸭体重可达 3.5～4.0kg，而母骡鸭只有 2.0kg。用反交方式生产骡鸭经济效益较低。

采用自然交配的公母比一般为 1：4。公瘤头鸭应在 20 周龄前放入母家鸭群中，公母混群饲养，让彼此熟识，性成熟后方能顺利交配。自然交配受精率较低，一般在 50%～60%。由于公番鸭与母家鸭（尤其是麻鸭品种）体重相差较大，现多采用人工辅助交配或人工授精技术。采用人工输精时需要加强公番鸭的采精训练和诱情，每周输精两次效果较好。

项目二　鹅的饲养管理

一、鹅的生产特点及饲养方式

1. 生产特点

（1）鹅生产具有明显的季节性　鹅的繁殖具有季节性，绝大多数品种在气温升高、日照延长的 6～9 月间，卵黄生长和排卵都停止，接着卵巢萎缩，进入休产期，直到秋末天气转凉时才开产，主要产蛋期在冬春两季。因而肉用仔鹅生产具有明显的季节性，多集中在每年的上半年。

（2）鹅是节粮型家禽，生产成本低　鹅是最能利用青绿饲料的家禽。无论以舍饲或放牧方式饲养，其生产成本均较低。

（3）鹅早期生长快，生产周期短　鹅的早期生长发育很快，4 周龄体重可达成年体重的40%。因此，肉用仔鹅生产具有投资少、收益快、效益高等优点。

（4）鹅产品用途广　鹅肉脂肪含量少（11.2% 左右），肉质细嫩，营养丰富；鹅绒富有弹性，吸水率低，隔热性强，质地柔软，是高级衣、被的填充料；鹅肥肝是一种高热能的食品，具有质地细嫩、营养丰富、风味独特等优点，是西方国家食谱中的美味佳肴。

2. 饲养方式

鹅的饲养方式可分为舍饲、圈养和放牧三种饲养方式。肉用仔鹅三种方式均可选用。产蛋期种鹅以舍饲为主，放牧为辅。

舍饲多为地面垫料平养或网上平养，一般在集约化饲养时采用。整个饲养期可分为育雏（0～4 周龄）和育肥（5 周龄至上市）两个阶段。舍饲适合于规模批量生产，但生产成本相对较高，对饲养管理水平要求也高。

圈养是早期将雏鹅饲养在舍内保温，后期将鹅饲养在有棚舍的围栏内露天饲养。围栏内可以有水池，无水池也可以旱养。饲喂配合饲料或谷物饲料及青绿饲料，不进行放牧。这种方式也适合于规模化批量生产，投资比舍饲少，对饲养管理水平要求也没有舍饲高。

放牧饲养方式是以放牧为主，适当补饲精料。放牧饲养可灵活经营，并可充分利用天然饲料资源，节约生产成本，但饲养规模受到限制。从我国当前养鹅业的社会经济条件和技术水平来看，采用放牧补饲方式，小群多批次生产肉用仔鹅更为可行。

二、雏鹅的培育

雏鹅是指孵化出壳到四周龄或一月以内的鹅，又叫小鹅。雏鹅的培育是养鹅生产中的一个重要环节，是鹅饲养管理的基础，是种鹅饲养成败的关键。

1. 育雏前的准备

（1）制订育雏计划　主要包括育雏时间的确立和育雏数量的确定等。育雏时间要根据当地的气候状况与饲料条件以及市场的需要等因素综合确定，其中市场需要尤为重要。育雏数量的多少，应根据鹅场的具体情况而定，主要考虑鹅舍的多少、资金条件和生产技术与管理水平等。

（2）育雏舍与设备的准备　首先根据进雏数量计算育雏舍面积，准备育雏舍，并对舍内照明、通风、加温设备进行检修。进雏前要对育雏舍彻底清扫、清洗与消毒。

（3）饲料、垫料、药品及育雏用品的准备　育雏前要准备好开食饲料，开食的精饲料要求不霉变、无污染、营养完善、颗粒大小适中、适口性好、易消化等。还要事先种一些鹅喜爱吃的青绿饲料，刈割切碎后供雏鹅食用。地面平养育雏时要准备好卫生、干燥、松软的垫料。育雏期间应准备的药品包括消毒药物、抗菌药物、疫苗和维生素、微量元素添加剂等。此外还要准备温度计、秤、记录表格以及清洁卫生用具等。

（4）预温　为了使雏鹅接入育雏舍后有一个良好的生活环境，在接雏前1～2天启用加热设备，使舍温达到28～30℃。地面平养育雏，进雏前3～5天在育雏区铺上一层厚约5cm的垫料，厚薄要均匀。预热期间注意检查供热设备是否存在问题。

2. 育雏期的饲养管理

（1）雏鹅的选择　雏鹅质量的好坏，直接影响雏鹅的生长发育和成活率。因此，生产上必须选择出壳时间正常、健壮的雏鹅饲养。健康的雏鹅体重大小符合品种要求，群体整齐，脐部收缩良好，绒毛洁净而富有光泽，腹部柔软，抓在手中挣扎有力、有弹性。

（2）雏鹅的饲养　雏鹅经选择后应尽快运送到目的地，并在育雏舍稍作休息后进行"潮口"与"开食"。潮口的水要清洁卫生，首次饮水时间不能太长，以3～5min为宜，潮口后即可喂料，开食的料可使用浸泡过的小米或破碎的颗粒饲料和切成丝状的幼嫩青饲料，随着雏鹅日龄的增长，逐步使用配合饲料，逐步增加青饲料的比例，供应清洁的饮水。雏鹅日粮的配制，应根据鹅的品种、日龄、当地饲料来源等条件综合考虑。

（3）雏鹅的管理　雏鹅体质娇嫩，各种生理机能尚不健全，对外界环境的适应能力较差。因此，在育雏期必须加强管理，满足雏鹅生长发育所需的各种环境条件。

雏鹅的保温期一般为2～3周，第一周的温度控制在28～30℃，而后每周下降2～3℃。小规模育雏可采用传统的自温育雏方法，即将雏鹅置于有垫料的育雏器内，加盖麻袋、棉毯等物进行保温，并视气候的变化适当增减保温物，温度的控制全靠饲养人员的经验。自温育雏时，一定要掌握好适宜的密度，根据雏鹅动态，准确地控制保温物，注意调整好保温和通风的关系。大群饲养采用人工给温育雏，热源可采用红外灯、电热板、保温伞、热风炉等。

给温育雏时，雏鹅生长快，饲料利用率高，适合批量生产，而且劳动效率较高。

雏鹅最怕潮湿和寒冷，低温潮湿时，雏鹅体热散发加快，容易引起感冒、下痢等疾病。因此，室内喂水时切勿外溢，及时清除潮湿垫料，保持育雏舍的清洁和干燥。

为了防止集堆，要根据出雏时间的迟早和雏鹅的强弱分群饲养，每群 100～150 只。掌握合理的饲养密度，一般第一周 12～20 只/m²，第二周 8～15 只/m²，第三周 5～10 只/m²，第四周 4～6 只/m²，饲养员要加强观察，及时赶堆分散，尤其在天气寒冷的夜晚更应注意。

适时放牧和放水，既可使雏鹅清洁羽毛，减少互啄，又可促进雏鹅新陈代谢，加快骨骼、肌肉和羽毛生长，并能提高雏鹅的适应性，增强抗病能力。但雏鹅的放牧和放水都不宜过早，放牧时间不宜过长。放牧前舍饲期的长短应根据雏鹅体质、气候等因素而定。春末夏初，雏鹅养到 10 日龄左右，如天气晴朗、气候温和，可在中午进行放牧。夏季温度高，气候温暖，雏鹅养到 5～7 日龄就可在育雏室的附近草地上活动，让其自由采食青草。放水可以结合放牧进行。刚开始放牧的时间要短，约 1h 即可，以后逐渐延长。

搞好育雏舍内外的环境卫生，可提高雏鹅的抗病力，保证鹅群的健康。育雏舍要制定严格的卫生防疫制度，切实做好雏鹅常见病的防治工作。

三、肉用仔鹅的育肥

1. 肉用仔鹅的特点

肉用仔鹅是指雏鹅不论公、母，一般养到 10～12 周龄上市。雏鹅经过 1 月左右的舍饲育雏和放牧锻炼后，消化道容积增大，对饲料的消化吸收力和对外界环境的适应性及抵抗力都有所增强。这一阶段是骨骼、肌肉和羽毛生长最快的时期。此时，圈养鹅要加大青饲料的供给，放牧鹅群应加强放牧和补饲，尽可能满足仔鹅生长发育所需要的各种营养物质，促进肉用仔鹅的快速生长，适时达到上市体重。

2. 肉用仔鹅的育肥方式

肉鹅饲养到 60～70 日龄，圈养肥育效果好的即可上市出售，放牧饲养的仔鹅骨架大，胸肌不够丰满，屠宰率较低，尚需短期育肥后才能上市出售。按照饲养管理方式的不同，育肥期可分为放牧育肥、舍饲育肥和填饲育肥三种方式。

放牧育肥是传统的育肥方法，适用于放牧条件较好的地方，主要利用收割后茬地残留的麦粒或稻田中散落谷粒进行肥育。放牧育肥必须充分掌握当地农作物的收割季节，事先联系好放牧的茬地，预先育雏，制订好放牧育雏的计划。一般可在 3 月下旬或 4 月上旬开始饲养雏鹅，这样可以在麦类茬地放牧一结束，仔鹅即可上市。

舍饲育肥生产效率较高，育肥的均匀度比较好，适用于放牧条件较差的地区或季节，最适于集约化批量饲养。舍饲育肥需饲喂配合饲料，也可喂给高能量的日粮，适当补充一部分蛋白质饲料。供给充足的饮水。在光线较暗的房舍内进行，减少外界环境因素对鹅的干扰，限制鹅的光照和运动，让鹅尽量多休息。

填饲育肥可缩短肥育期，肥育效果好，但比较麻烦。此法是将配合日粮或以玉米为主的混合料加水拌湿，搓捏成 1～1.5cm 粗、6cm 长的条状食团，待阴干后填饲。填饲是一种强制性的饲喂方法，分手工填饲和机器填饲两种。手工填饲时，用左手握住鹅头，双膝夹住鹅身，左手的拇指和食指将鹅嘴撑开，右手持食团先在水中浸湿后用食指将其填入鹅的食道内。开始填饲时，每次填 3～4 个食团，每天 3 次，以后逐步增加到每次填 4～5 个食团，每天 4～5 次。填饲时要防止将饲料塞入鹅的气管内。机器填饲法速度快、效率高，更适用于大群仔鹅的肥育。填饲方法是用填饲机的导管将调制好的食团填入鹅的食道内，填饲的仔鹅应供给充足的饮水，或让其每天洗浴 1～2 次，有利于增进食欲、光亮羽毛。

四、种鹅育成期的饲养管理

1. 育成鹅的选择与淘汰

育成鹅也称后备种鹅，一般是指从 60～70 日龄到母鹅开始产蛋或公鹅开始配种之前留做种用的仔鹅。选好后备种鹅，是提高种鹅质量的重要环节。后备种鹅应经过 3 次选择，把生长发育良好、符合本品种特征的鹅留作种用。

（1）第一次选择　在育雏期结束时进行。重点选留体重大的公鹅、中等体重的母鹅，淘汰体重较小的、有伤残的、有杂色羽毛的个体。经选择后，大型鹅种的公母比例为 1∶2；中型鹅种为 1∶（3～4），小型鹅种为 1∶（4～5）。

（2）第二次选择　在 70～80 日龄进行。根据生长发育规律、羽毛生长情况以及体形外貌等特征进行选择。淘汰生长速度较慢、体形较小、腿部有伤残的个体。

（3）第三次选择　在 150～180 日龄进行。此时鹅全身羽毛已长齐，应选择具有品种特征、生长发育良好、体重符合品种要求、体形结构和健康状况良好的个体留作种用。公鹅要求体形大，体质健壮，躯体各部分发育匀称，肥瘦和头的大小适中，雄性特征明显，两眼灵活有神，胸部宽而深，腿粗壮有力。母鹅要求体重中等，颈细长而清秀，体形长而圆，臀部宽广而丰满，两腿结实、间距宽。经选择后，大型鹅种的公母比例为 1∶（3～4），中型鹅种为 1∶（4～5），小型鹅种为 1∶（6～7）。

2. 育成期的饲养管理要点

根据种鹅育成期的生理特点，一般将育成期种鹅分为生长阶段、控制饲养阶段和恢复饲养阶段。

（1）生长阶段　指 80～120 日龄这一时期。此阶段的鹅仍处在生长发育和换羽时期，需要较多的营养物质，不宜过早进行粗放饲养，应根据放牧场地草质的好坏，做好补饲工作，并逐渐降低补饲日粮的营养水平，使机体得到充分发育，以便顺利进入控制饲养阶段。

（2）控制饲养阶段　一般从 120 日龄开始至开产前 50～60 天结束。育成鹅经第二次换羽后，如供给足够的饲料，50～60 天便可开始产蛋。但此时由于种鹅的生长发育尚不完全，个体间生长发育不整齐，开产时间参差不齐，导致饲养管理十分不便。加上过早开产的蛋较小，种蛋的受精率低。因此，这一阶段应对种鹅采取控制饲养，使种鹅适时开产，比较整齐一致地进入产蛋期。

控制饲养的方法主要有两种：一种是减少补饲日粮的喂料量，实行定量饲喂；另一种是控制饲料的质量，降低日粮的营养水平。放牧为主的种鹅一般采用后者，但一定要根据放牧条件、季节以及鹅的体质，灵活掌握饲料配比和喂料量，既要能维持鹅的正常体质，又要能降低鹅的饲养费用。控制饲养阶段，无论给食次数多少，补料时间应在放牧前 2h 左右。

（3）恢复饲养阶段　经控制饲养的种鹅，应在开产前 60 天左右进入恢复饲养阶段。此时种鹅的体质较弱，应逐步提高补饲日粮的营养水平，并增加喂料量和饲喂次数。经 20d 左右的饲养，种鹅的体重可恢复到控制饲养前期的水平；种鹅开始陆续换羽，为了使种鹅换羽整齐和缩短换羽的时间，节约饲料，可在种鹅体重恢复后进行人工强制换羽。

五、种鹅产蛋期的饲养管理

1. 产蛋期的划分

产蛋鹅是指 31 周龄以后的鹅。根据产蛋鹅饲养管理要求的不同，常将种鹅的产蛋期划分为产蛋前期、产蛋期和休产期三个阶段。

2. 产蛋期的饲养管理要点

(1) 产蛋期的饲养要点　后备种鹅进入产蛋前期时，放牧鹅群既要加强放牧，又要及时换用种鹅产蛋期日粮进行适当补饲，并逐渐增加补饲量；舍饲的鹅群应注意日粮中营养物质的平衡，使种鹅的体质得以迅速恢复，为产蛋积累营养物质。进入产蛋期后，应以舍饲为主、放牧补饲为辅。在日粮配合上，采用配合饲料，其粗蛋白质含量应提高到 15％～16％，待日产蛋率到 30％左右时，粗蛋白质含量增加到 17％～18％。注意维生素和矿物质的补充，可在鹅舍内补饲矿物质的饲槽中，经常放些矿物质饲料任其采食。

(2) 产蛋期的管理要点

① 光照管理　种鹅临近开产期，用 6 周左右的时间逐渐增加每日的人工光照时间，使种鹅的总光照时间达每天 15h 左右，并维持到产蛋结束。许多研究证实，25lx 的光照强度对产蛋期的种鹅是适宜的。

② 配种管理　按不同品种的要求，合理安排公母比例。在自然交配条件下，我国小型鹅种公母比例为 1∶(6～7)，中型鹅种为 1∶(5～6)，大型鹅种为 1∶(4～5)。冬季的配比应低些，春季可高些。鹅的自然交配在水面上完成，陆地上交配很难成功。为了保证高的受精率，要充分放水。要提供良好的水上运动场，其水源应没有污染，水深应在 1m 左右，保证每 100 只鹅有 45～60m² 水面面积。种鹅在早晨和傍晚性欲旺盛，要利用好这两个时期。早上放水要等大多数鹅产蛋结束后进行，晚上放水前要有一定的休息时间。采取多次放水，能使母鹅获得复配的机会。必要时可进行人工辅助配种。

③ 放牧管理　产蛋期的母鹅，腹部饱满下沉，行动迟缓，放牧时应选择路近而平坦的草地，路上应慢慢驱赶，上下坡时不可让鹅争先拥挤，以免跌伤。不能让鹅群在污染的沟、塘、河内饮水、洗浴和交配。

④ 产蛋管理　母鹅的产蛋时间多在凌晨至上午 9 时以前。因此种鹅应在上午产蛋基本结束时才开始出牧。对在窝内待产的母鹅，不要强行驱赶出牧。对出牧途中折返的母鹅，应任其自便。舍饲鹅群应在圈内靠墙处设置足够的产蛋箱（一般每 4～5 只鹅共用一只）。在每日产蛋时间内应注意保持环境的安静，饲养人员不要频繁进出圈舍，视鹅群大小每日集中捡蛋 2～3 次。

⑤ 就巢性控制　我国许多鹅种在产蛋期间都表现出不同程度的就巢性（抱性），对产蛋性能造成较大影响。如果发现母鹅有恋巢表现时，应及时隔离，关在光线充足、通风凉爽的地方，只给饮水不喂料，2～3d 后喂一些干草粉、糠麸等粗饲料和少量精料，使其体重不过于下降，待醒抱后能迅速恢复产蛋。使用一些醒抱药物治疗也有较明显的效果。

六、种鹅休产期的饲养管理

1. 饲喂技术

种鹅的产蛋期一般只有 5～6 个月。产蛋末期产蛋量明显减少，畸形蛋增多，公鹅的配种能力下降，种蛋受精率降低，在这种情况下，种鹅进入持续时间较长的休产期。此时的日粮由精改粗，即转入以放牧为主的粗饲期。目的是促使母鹅消耗体内脂肪，促使羽毛干枯，容易脱落，此期的喂料次数渐渐减少到每天 1 次或隔天 1 次，然后改为 3~4d 喂 1 次。在停止喂料期间，不应对鹅群停水，大约经过 12~13d，鹅体重减轻，主翼羽和主尾羽出现干枯现象时，则可恢复喂料。经恢复 2~3 周的喂料，鹅的体重又逐渐回升，这时就可以人工拔羽。人工拔羽有手提法和按地法等，前者适合小型鹅种，后者适合大中型鹅种。拔羽的顺序为主翼羽、副翼羽、尾羽。公鹅比母鹅早 20~30d 拔羽。人工拔羽的目的是缩短鹅的换羽时间，使种鹅换羽与产蛋协调起来，并控制母鹅在公鹅精力最充沛的时候大量产蛋，提高种蛋受精率。母鹅经人工拔羽处理后，要比自然换羽提早 20~30d 产蛋。

2. 活拔羽绒技术

活拔羽绒是根据鹅羽绒具有自然脱落和再生的生物学特性，利用休产期的种鹅或后备种鹅，在不影响其生产性能的情况下，采用人工强制的方法，从活鹅身上直接拔取羽绒的技术。

（1）活拔羽绒前的准备　在开始拔羽的前几天，应对鹅群进行抽样检查，如果绝大部分的羽毛毛根已经干枯，用手试拔羽毛容易脱落，说明已经成熟，正是拔羽时期，否则就要再养一段时间。拔羽前一天晚上要停止喂料，以便排空粪便，防止拔羽时鹅粪的污染。如果鹅群羽毛很脏，拔羽当天清晨放鹅下水游泳，随即赶上岸让鹅沥干羽毛后再行拔羽。拔羽前准备好围栏及放鹅毛的容器，还要准备一些凳子、秤及消毒药棉、药水等。拔羽场地要避风向阳，选择天气晴朗、温度适中的天气拔羽。

（2）鹅体的保定　鹅体的保定有双腿保定、卧地式保定、半站立式保定、专人保定等方法。易掌握且较为常用的方法是拔羽术者坐在矮凳上，使鹅胸腹部朝上，头朝后，将鹅胸部朝上平放在术者的大腿部，再用两腿将鹅的头颈和翅夹住。

（3）拔羽的操作　拔羽的顺序是先从胸上部开始拔，由胸到腹，从左到右。胸腹部拔完后，再拔体侧、腿侧、尾根和颈背部的羽绒。拔羽的方法有毛绒齐拔法和毛绒分拔法两种。毛绒齐拔法简单易行，但分级困难，影响售价；毛绒分拔法即先拔毛片，再拔绒朵，分级出售，按质计价，这种方法较受欢迎。操作时，用左手按压住鹅的皮肤，右手的拇指和食指、中指拉着羽毛的根部，每次适量，顺着羽毛的尖端方向，用巧力迅速拔下，将片羽和绒羽分别装入袋中。在拔羽过程中，如出现小块破皮，可用红药水、紫药水、碘酊等涂抹消毒，并注意改进手法。

（4）活拔羽绒后鹅的饲养管理　活拔羽绒对鹅来说是一个比较大的外界刺激，鹅的精神状态和生理机能均会发生一定的变化，如鹅精神委顿、活动减少、行走摇晃、胆小怕人、翅膀下垂、食欲减退等，个别鹅还会出现体温升高、脱肛等，一般情况下，上述反应在第二天可见好转，第三天恢复正常，通常不会引起生病或造成死亡。为确保鹅群的健康，使其尽早恢复羽毛生长，必须加强饲养管理。拔羽后鹅体裸露，3d 内不在强烈阳光下放养、7d 内不要让鹅下水和淋雨。活拔羽绒后的公母鹅应分开饲养，以防交配时公鹅踩伤母鹅，皮肤有伤的鹅也应单独分群饲养，舍内应保持清洁、干燥，最好铺以柔软干净的垫料，夏季要防止蚊虫叮咬，冬季要注意保暖防寒。活拔羽绒后，鹅机体新陈代谢加强，维持需要增加，羽绒再生需要较多的营养物质。因此，活拔羽绒后的最初一段时间内，饲料中应增加含硫氨基酸的蛋白质含量，补充微量元素，适当补充精饲料。

七、肥肝生产

1. 肥肝及其营养价值

肥肝包括鸭肥肝和鹅肥肝，它采用人工强制填饲，使鸭、鹅的肝脏在短期内大量积蓄脂肪等营养物质，体积迅速增大，肥肝重量比普通肝脏重 5～6 倍，甚至十几倍。肥肝富含不饱和脂肪酸、卵磷脂，具有降胆固醇、降血脂、延缓衰老、防止心血管病发生等功效，是欧美许多国家的美味佳肴。

2. 填饲鹅的选择

朗德鹅为法国培育的专门生产肥肝的品种，肥肝重约 700～900g，引进后对我国生态条件适应良好，是发展肥肝生产的首选品种。我国鹅种资源丰富，通常选择肥肝生产性能好的大型品种作父本，用繁殖率高的品种作母本，进行杂交，利用杂种一代生产肥肝。例如，用狮头鹅作父本，分别与产蛋较高的太湖鹅、四川白鹅、五龙鹅杂交，其杂种的肥肝明显得以提高。

3. 填饲技术

（1）适宜的填饲日龄、体重和季节

① 鹅填饲适宜日龄和体重　鹅填饲适宜日龄和体重随品种和饲养条件而不同，通常要求在骨骼、肌肉生长基本成熟后进行填饲效果较好。一般选择 84～110 日龄、体重 4.0～5.0kg 的仔鹅填饲，饲料转化率最高。

② 填饲季节　填饲的最适宜温度为 10～15℃，超过 25℃ 以上则不适宜。因此，肥肝生产不宜在炎热的季节进行。相反，填饲鹅对低温的适应性较强，在 4℃ 气温条件下对肥肝生产无不良影响。

（2）填饲饲料　最好用优质无霉变玉米，粒状玉米比粉状玉米效果好。玉米粒加工方法有三种。

① 炒玉米法　将玉米在铁锅内用文火不停翻炒，至粒色深黄，八成熟为宜。炒完后装袋备用。填饲前用温水浸泡 1～1.5h，沥去水分，加入 0.5％～1％ 的食盐，搅匀后填饲。

② 煮玉米法　将玉米浸没煮 3～5min，沥去水分，趁热加入占玉米总量 1％～2％ 的猪油和 0.3％～1％ 的食盐，搅匀即可填用。

③ 浸泡法　冷水浸泡玉米 8～12h，沥干水分，加入 0.5％～1％ 的食盐和 1％～2％ 的动（植）物油脂。

（3）预饲期和填饲期

① 预饲期　鹅从非填饲期进入填饲期应通过预饲期，让鹅逐步完成由放牧至舍饲、由自由采食转为强制填饲、由定额饲养转为超额饲养的转变。预饲期应做好防疫卫生工作，搞好圈舍及周围的卫生消毒，注射禽霍乱疫苗。驱虫用丙硫苯咪唑，每千克体重 10～25mg，一次投服。舍内光线宜暗淡，保持安静。舍内饲养密度以每平方米 2 只为宜。

② 填饲期　填饲期一般为 3～4 周，大、中型品种为 4 周，小型品种为 3 周。日饲量由少逐渐增多，小型鹅 200～400g 增至 500g，大、中型鹅 500～650g 增至 750～1000g。日填饲 3～5 次，用粒状料。保持鹅舍冬暖夏凉，通气良好，少光、清洁、安静，保证有充足的清洁饮水，每升水中加 1g 食用苏打。整个育肥期内要供饲沙砾。

（4）填饲方法　可分为人工填饲和机械填饲两种。由于人工填饲劳动强度大，工效低，所以多为民间传统生产使用，而商品化批量生产一般使用机械填饲。填饲机有多种型号，分为手摇和电动两种。机械填饲时，填料人左手抓住鹅头，食指和大拇指挤压鹅喙的基部将其口掰开，右手拇指将鹅舌向前向下压向下腭，然后将口腔移向喂料管，使上腭紧贴填饲管的管壁，慢慢将填料管插入食道膨大部，食道和填饲管要保持在一条直线上，左手握喙，右手握住填料管出口的膨大部，慢慢将玉米推进食道下部，先将下部填满，再慢慢将填饲管往上退，边退边填，一直填到距咽喉5cm处停止。

4. 鹅屠宰取肝

成熟鹅屠宰前12h停止填饲，但不停水。屠宰时抓住鹅的双腿，倒挂在宰杀架上，头部向下，割断气管和血管，充分放血，使屠体皮肤白而柔软，肥肝色泽正常。待血放净后将鹅置于65～68℃水中浸烫，1min后脱毛。将屠体放在4～10℃的冷库中预冷10～18h后再取肝。屠体剖开后，仔细将肥肝与其他脏器分离，取肝时要小心不要将肥肝划破，取出的肝要适当整修处理，然后将其放入0.9%的盐水中浸泡10min，捞出沥干，称重分级。

复习思考题

1. 试比较蛋鸭的圈养和放牧饲养法。
2. 什么是骡鸭？简要说明骡鸭的生产技术要点。
3. 种鹅产蛋期饲养管理的要点有哪些？
4. 如何进行后备种鹅的放牧饲养？
5. 肉用仔鹅的育肥方法有哪些，各有何特点？
6. 简述鸭、鹅活拔羽绒技术的操作要点。
7. 肥肝鹅在填饲期应如何管理？

实训　鹅活拔羽绒技术

【目的要求】

了解活拔羽绒技术，掌握人工拔羽方法。

【材料和用具】

用于拔羽的鹅若干只，贮存羽绒用的口袋、秤，红药水、药棉等。

【内容和方法】

在试验场进行，由教师示范，学生分组操作。

1. 拔毛前应对鹅群抽验，如果绝大部分的羽毛根已干枯，用手试拔羽毛易脱落，正是拔毛时期。

2. 拔毛前一天，晚上停料停水，以便排空粪便，防止鹅粪污染。

3. 操作者坐在凳子上，用绳捆住鹅的双脚，鹅头朝操作者，背置于操作者腿上，用双腿夹住鹅只，然后开始拔毛。拔毛部位应集中在胸部、腹部、体侧等。可以毛绒齐拔，混合出售；也可毛绒分拔，先拔毛片，再拔绒朵，分级出售。

4. 羽绒包装应轻拿轻放，双层包装，放在干燥、通风的室内贮存，包装、贮存时要注意分类、分别标志，分区放置，以免混淆。

【作业】

每人完成 1～2 只鹅的拔羽任务，并写出拔羽心得体会。

模块八　家禽兽医保健

【知识目标】
　　① 理解兽医生物安全体系的内涵。
　　② 掌握禽场常用的消毒、安全用药、疾病净化、免疫接种及免疫监测等技术。
　　③ 认识禽场废弃物的危害，掌握禽场废弃物的处理方法及调控措施。

【技能目标】
　　能够在家禽生产中熟练应用消毒、安全用药、疾病净化、免疫接种及免疫监测等技术。

项目一　建立兽医生物安全体系

一、兽医生物安全体系的内涵

　　兽医生物安全体系是指采取必要的措施切断病原体的传入途径，最大限度地减少各种物理的、化学的和生物的致病因子对动物群造成危害的一种生物安全体系。它是畜牧业发达国家兽医专家学者和动物生产企业，经过数十年研究和生产实践，在总结经验和教训的基础上提出来的最优化畜禽生产体系和疫病防治系统工程。重点强调了环境因素在保证畜禽健康中的作用，同时充分考虑了动物福利和畜禽养殖对周围环境的影响，其总体目标是防止各种病原微生物以任何方式危害动物，使动物生长和生产处于最佳的健康状态，发挥其最佳的生产性能，以获得最大的经济效益。

二、兽医生物安全体系的作用和意义

　　兽医生物安全体系是目前最经济、最有效的控制传染病的方法，同时也是预防和控制传染病的基础和前提。它将疾病的综合性防治作为一项系统工程，在空间上重视整个生产系统中各部分的联系，在时间上又将最佳的饲养管理条件和传染病综合防治措施贯彻于养殖生产的全过程，强调不同生产环节之间的联系及其对动物健康的影响。该体系集饲养管理和疾病预防为一体，通过阻止各种致病因子的侵入，防止动物群受到疾病危害，对疾病的综合防治、提高动物的生长和生产性能具有重要作用。

　　建立健全兽医生物安全体系是发展现代畜牧业的需要，是保证畜产品质量安全和提升畜牧业竞争力的必然选择。通过兽医生物安全措施的实施，对促进规模养殖业发展，推进畜牧业生产方式转变；切断传播途径，减少和杜绝动物疫病传入和传播；提升畜产品质量，保障畜产品安全，减少人畜共患病给人类健康带来的威胁；提高畜牧业生产水平和经济效益等方面均具有十分重要的意义。

三、兽医生物安全体系的内容

不同的畜禽养殖生产类型需要的生物安全水平不同，体系中各个基本要素的作用及意义也有差异。兽医生物安全体系的内容主要包括三个方面：环境控制、传播控制和疫病控制。就养禽生产而言，包括禽场场址选择、规划和布局、禽舍建筑、隔离、消毒、药物保健、免疫接种、生产制度确定、主要传染病监测与净化和禽场废弃物处理等。在养殖场疫病的控制过程中，应充分理解生物安全的内涵，将兽医生物安全的各项措施和方法贯彻落实到养殖生产的各个环节。

项目二　家禽场消毒

消毒是指通过物理、化学或生物学的方法杀灭或清除环境及传播媒介上的病原微生物的技术。对于养禽场而言，消毒是贯彻"预防为主"方针的重要措施。通过消毒可以杀灭病原微生物，切断传播途径，阻止疫病的传播和蔓延。根据消毒的对象不同可将消毒分为环境净化消毒、人员消毒、空舍消毒、设备及用具消毒、带禽消毒、死禽及粪便的处理与消毒等。

一、消毒的主要方法

常用的消毒方法有物理消毒法、化学消毒法和生物消毒法。

1. 物理消毒法

物理消毒法是通过机械性清扫、冲洗、通风换气、高温、干燥、照射等物理方法，对环境或物品中的病原体清除或杀灭。

（1）机械性消毒　通过清扫、洗刷、通风等手段，清除禽舍周围、墙壁、设施以及家禽体表污染的粪便、垫草、饲料等污物，以消除或减少环境中的病原微生物。该方法虽然不能真正杀灭病原微生物，但随着污物的清除，大量病原微生物也被除去。

（2）辐射消毒法　阳光是天然的消毒剂，通过其光谱中的紫外线和热量以及水分蒸发引起的干燥等因素的作用，能够直接杀灭多种病原微生物。如将清洗过的用具或蛋箱等放在阳光下暴晒，能达到较好的消毒效果。紫外线灯照射消毒一般用于进出禽舍的人体消毒、对空气中的微生物消毒以及防止一些消毒过的器具再被污染等。

（3）高温灭菌　利用高温使微生物的蛋白质及酶发生凝固或变性，以杀灭致病微生物。通常分为湿热灭菌法和干热灭菌法。

① 煮沸灭菌法　适用于金属器械、玻璃及橡胶类等物品的灭菌。在水中煮沸至100℃后，持续15~20min。如在水中加入碳酸氢钠，使其成为2%的碱性溶液，沸点可提高到105℃，灭菌时间可缩短至10min，并可防止金属物品生锈。

② 高压蒸汽灭菌法　常用于耐高温的物品，如手术器械、玻璃容器、注射器、普通培养基和敷料等物品的灭菌。灭菌前，将需要灭菌的器械物品包好，装在高压灭菌锅内，进行高压灭菌。通常所需压力为0.105MPa时，温度121.3℃维持20~30min可达到灭菌目的。

③ 干烤灭菌法　用干热灭菌箱进行灭菌。通常灭菌条件为：加热至160℃维持1~2h；适用于易被湿热损坏和在干燥条件下使用更方便的物品（如试管、玻璃瓶、培养皿等）的灭菌。

④ 火焰灼烧灭菌法　用火焰喷射器对粪便、场地、墙壁、笼具、其他废弃物品进行灼

烧灭菌，或将动物的尸体以及被传染源污染的饲料、垫草、垃圾等进行焚烧处理。

2. 化学消毒法

化学消毒法是指应用化学消毒剂对病原微生物污染的场所、物品等进行清洗、浸泡、喷洒或熏蒸，以达到杀灭病原体的目的。化学消毒法是养禽业中最常用的消毒方法。

（1）禽场常用消毒剂　禽场所用消毒剂较多，有碱类、卤素类、醛类、氧化剂类、酚类、双链季铵盐类、阳离子表面活性剂等。每个禽场应选择2～3种消毒剂，交替使用。

①氢氧化钠（火碱）　碱类消毒剂，适用于禽舍、器具、墙壁、地面及运输车辆的消毒。常用2%～5%溶液，可杀死病毒和繁殖型细菌。4%溶液45min能杀死芽孢，若加入10%食盐能增强杀芽孢能力。

②石灰（生石灰）　碱类消毒剂，主要成分是氧化钙，加水即成氢氧化钙而产生杀菌作用。通常将生石灰加水制成10%～20%石灰乳，用于禽舍墙壁、运动场地面或排泄物的消毒，或直接将生石灰粉撒于禽舍周围阴湿地面、粪池周围等处。

③漂白粉　卤素类消毒剂，广泛应用于禽舍、地面、粪池、排泄物、饮水等消毒。饮水消毒可在1000kg水中加6～10g漂白粉，10～30min后即可饮用；地面和路面可撒干粉再洒水消毒；粪便和污水消毒可按1∶5的用量，一边搅拌，一边加入漂白粉。

④二氯异氰尿酸钠（消毒威）　卤素类消毒剂，主要用于养殖场地喷洒和浸泡消毒，也可用于饮水消毒，消毒力较强，可带禽消毒。

⑤三氯异氰尿酸钠（又名强氯精）　卤素类消毒剂，杀菌谱广，对细菌繁殖体、芽孢、病毒及真菌孢子均有较强的杀灭作用。常用于饮水、器具、场地和排泄物的消毒。饮水消毒，每升水加4～6mg；喷洒消毒，每升水加200～400mg。

⑥聚维酮碘　卤素类消毒剂，能杀灭细菌、芽孢、真菌、病毒及原虫等，克服了碘酊的强刺激性和易挥发性，且作用持久。用于手术部位、皮肤、黏膜消毒。5%溶液用于皮肤消毒及治疗皮肤病；0.1%的溶液用于黏膜及创面清洗消毒。

⑦新洁尔灭（苯扎溴铵）　阳离子表面活性剂，具有杀菌和去污作用，能杀灭一般细菌繁殖体，不能杀灭芽孢。无刺激性和腐蚀性，毒性低。0.1%溶液用于消毒皮肤、黏膜、创伤、手术器械及禽蛋消毒。

⑧百毒杀　双链季铵盐，广谱消毒剂，可带禽消毒。常用于饮水、内外环境、用具、种蛋、孵化器等的消毒。饮水消毒，每升水中加本品50～100mg；禽舍、器具消毒，每升水中加本品150～500mg。

⑨福尔马林　醛类消毒剂，是含37%～40%的甲醛水溶液，主要用于禽舍、禽蛋和孵化器等的熏蒸消毒，对细菌、真菌、病毒和芽孢等均有效。2%～5%水溶液用于喷洒墙壁、地面、料槽及用具消毒；禽舍熏蒸一级消毒每立方米空间：福尔马林14mL，高锰酸钾7g；二级消毒（用于旧禽舍）：福尔马林28mL，高锰酸钾14g；三级消毒（用于污染严重禽舍）：福尔马林42mL，高锰酸钾21g。

⑩戊二醛　醛类消毒剂，可杀灭细菌的繁殖体、芽孢、真菌和病毒。2%的溶液浸泡消毒橡胶、塑料制品及手术器械；20%的溶液喷洒消毒环境，一般病毒性疾病1∶40倍稀释，细菌性疾病1∶500倍稀释。

⑪过氧乙酸　氧化剂类消毒剂，能杀死细菌、霉菌、芽孢及病毒。0.05%～0.5%用于禽体、禽舍地面、用具的喷雾消毒，喷雾后密闭门窗1～2h；用3%～5%溶液加热熏蒸，每立方米空间2～5mL，熏蒸后密闭门窗1～2h。

⑫甲酚皂溶液（来苏儿）　酚类消毒剂，能杀灭细菌繁殖体，对真菌亦有一定的杀灭作用；常用其 3％～5％的溶液，消毒器械、用具及场地，10％溶液消毒污物及排泄物。

⑬复合酚（菌毒敌、农乐）　酚类消毒剂，本品含酚 41％～49％、乙酸 22％～26％。主要用于禽舍、笼具、饲养场地、运输车辆及病禽排泄物的消毒，喷洒浓度为 0.3％～1％。

（2）保证消毒效果的措施　消毒药的作用效果受多方面因素的影响，为了保证消毒效果，应注意做好以下几方面工作。

①清除污物　消毒药的作用效果与环境中有机物量的多少成反比，即有机物的量越多，消毒效力越差。有机物的存在，一方面可以掩盖病原微生物，对其起机械保护作用；另一方面有机物中的蛋白质可以与消毒药结合，消耗药量，使消毒效力降低。因此，在应用消毒药之前，应清除环境中的杂物和污物，经彻底冲洗后再使用化学消毒剂。

②有针对性地选择化学消毒剂　不同种类的微生物和微生物发育的不同阶段，对药物的敏感性不同。一般繁殖型的细菌易于杀灭，细菌的芽孢耐受力强，较难杀灭；病毒对碱敏感，而对酚类有抵抗力。适当浓度的酚类对不产生芽孢的繁殖型细菌有杀灭作用，但对于休眠期的芽孢作用不强。

③消毒药的浓度要适当　一般来说消毒药的浓度越高其作用越强。但也有例外，如 75％的乙醇消毒效果好于 95％的乙醇。另外，应根据消毒对象选择浓度，如同一种消毒药在应用于外界环境、用具、器械时可选择高浓度；而应用于体表、特别是创伤面消毒时应选择低浓度。

④作用的温度和时间要适当　温度升高可以增加消毒剂的作用效果，缩短作用时间。一般温度每增加 10℃，消毒效果可增强 1 倍。在其他条件相同时，消毒剂与被消毒对象作用时间越长，消毒效果越好。

⑤适宜的环境湿度　熏蒸消毒时，湿度对消毒效果的影响很大，如过氧乙酸或甲醛熏蒸消毒时，环境的相对湿度应控制在 60％～80％。

⑥消毒剂酸碱度要合适　环境或组织中的酸碱度对消毒药的作用影响较大，如含氯消毒剂作用的最佳 pH 为 5～6，而阳离子表面活性剂新洁尔灭则在碱性环境中的杀菌力增强。

3. 生物热消毒

生物热消毒是指通过堆积发酵、沉淀池发酵、沼气池发酵等产热或产酸，以杀灭粪便、污水、垃圾及垫草等的内部病原体的方法。常用于禽粪等污物的无害化处理。

二、消毒的程序

根据消毒的类型、对象、环境温度、病原体性质以及传染病流行特点等因素，将多种消毒方法科学合理地加以组合而进行的消毒过程称为消毒程序。

1. 空舍消毒

空舍消毒的目的是给禽群在饲养过程中创造一个良好的干净舒适的环境，清除以往鸡群和外界环境中的病原体。空舍消毒程序通常为粪污清除、高压冲洗、喷洒消毒剂、清水冲洗、干燥后熏蒸消毒、再次喷洒消毒剂、晾干后转入家禽。

（1）粪污清除　在空舍后，先用消毒液进行喷洒消毒，如果有寄生虫还要使用杀虫剂。将能移走的设备与用具移出舍外，扫落天花板、墙壁上的蜘蛛网和灰尘，并将灰尘、垃圾、废料、粪便等一起清扫集中作无害化处理。

（2）高压冲洗　经过彻底清扫后，使用高压水枪由上到下、由内向外冲洗干净。对于较脏的地方，可先进行人工刮除再冲洗。并注意对角落、缝隙、设施背面的冲洗，做到不留死角、不留污垢，真正达到清洁的目的。

（3）喷洒消毒剂　禽舍经彻底冲洗、干燥后，即可进行喷洒消毒。为了提高消毒效果，一般要求使用两种以上不同类型的消毒药进行至少两次消毒，即第一次喷洒消毒 24h 后用高压水枪冲洗，干燥后再喷洒消毒一次。

（4）熏蒸消毒　喷洒消毒干燥后，将禽舍门窗、通风孔封闭，使舍内温度升至 25℃ 以上、相对湿度 60% 以上进行熏蒸。按二级消毒的剂量进行封闭熏蒸消毒。先将高锰酸钾轻轻放入瓷盆中，再加等量的清水，用木棒搅拌至湿润，然后小心地将福尔马林倒入盆中，操作员迅速撤离禽舍，关严门窗即可。待熏蒸 24h 以后，打开门窗、天窗、排风孔将舍内气味排净。消毒工作完成后，禽舍应关闭，避免闲杂人员入内。

2. 设备用具的消毒

塑料制成的料槽、饮水器，可先用水冲刷，洗净晾干后再进行浸泡消毒，在熏蒸前送回禽舍进行熏蒸消毒。蛋箱、运输用的鸡笼等因传染病原的危害性大，应在运回饲养场前进行消毒或在场外严格消毒。

3. 环境消毒

首先应在大门口建车辆消毒池和人员消毒通道。车辆消毒池的长度为进出车辆车轮长度 2 倍以上，深度大于 15cm、宽度与门同宽。消毒池内放入消毒药液，每周更换 2～3 次。在人员消毒通道内设置喷雾装置，对过往人员喷雾消毒，喷雾消毒液可采用 0.1% 百毒杀溶液、0.1% 新洁尔灭或 0.5% 过氧乙酸。每栋禽舍的门前要设置脚踏消毒池，消毒液每天更换一次。生产区的道路每周用消毒药液喷洒 1～2 次，禽舍间的空地，每季度要翻耕一次，并定期喷洒消毒药。

4. 带禽消毒

带禽消毒是指定期用消毒药液对禽舍、笼具和禽体进行喷雾消毒。带禽消毒能有效抑制舍内氨气的产生和降低氨气浓度，可杀灭多种病原微生物，有效防止各种呼吸道疾病的发生，夏季还有防暑降温的作用。在 10 日龄以后即可实施带禽消毒。一般育雏期每周消毒 2 次，育成期和产蛋期每周消毒 1～2 次，发生疫情时每天消毒 1 次。

常用于带禽消毒的消毒剂有过氧乙酸、新洁尔灭、次氯酸钠、百毒杀等。消毒时应朝禽舍上方以画圆圈方式喷洒，切忌直对禽头喷雾。雾粒大小控制在 80～120μm。喷雾距离禽体 50cm 左右为宜。需要注意的是：①活疫苗免疫接种前后 3d 内停止带禽消毒；②为减少应激，喷雾消毒时间最好固定，且应在暗光下或傍晚时进行；③喷雾时应关闭门窗，消毒后应加强通风换气，便于禽体表及禽舍干燥；④最好选择几种消毒药交替使用，一般情况下，一种消毒药连续使用 2～3 次后，就要更换另外一种消毒药，以防病原微生物对消毒药产生耐药性，影响消毒效果；⑤带禽消毒会降低禽舍温度，冬季应先适当提高舍温 3～4℃ 后再喷药消毒。

项目三　家禽安全用药

在家禽的疫病防治中，除了加强饲养管理，搞好免疫接种、检疫诊断和消毒工作等措施外，药物的防治也是一项重要措施。尤其是对于目前尚无有效疫苗可用的一些传染病（主要是细菌病）、寄生虫病（主要是原虫病）和代谢病，药物防治显得更为重要。

一、家禽药物的使用方法

1. 群体给药法

(1) 混饲给药　将药物均匀地拌入料中，让家禽在采食饲料的同时摄入药物。该法简便易行，节省人力，减少应激，效果可靠，适用于群体给药和预防性用药，尤其适用于长期性投药。对于不溶于水或适口性差的药物更为恰当。当病禽食欲差或不食时不能采用此法。在应用混饲给药时，应注意以下几个问题。

① 准确掌握拌料浓度　应按照拌料给药浓度，准确、认真计算所用药物的剂量。若按禽只体重给药，应严格按照禽群只体重，计算总体重，再按照要求把药物拌进料内。

② 药物和饲料必须混合均匀　混合不均匀，可使部分禽只药物中毒和部分禽只吃不到药物，达不到防治目的。尤其是对于家禽易产生毒副作用的药物及用量较少的药物，更要充分均匀混合。混合时应采用逐步稀释法，即先把药物和少量饲料混匀，然后再把混合药物的饲料拌入一定量的饲料中混匀，最后将混合好的饲料加入大批饲料中，继续混合均匀。

③ 注意饲料添加剂与药物之间的关系　有些药物混入饲料后，可与饲料中的某些成分发生拮抗反应，应密切注意不良作用。如饲料中长期添加磺胺类药物，易引起 B 族维生素和维生素 K 的缺乏，这时应适当补充这些维生素；添加氨丙啉时，应减少饲料中维生素 B_1 的添加量，每千克饲料中维生素 B_1 的添加量应在 10mg 以下。

④ 注意配伍禁忌　若同时使用两种以上药物时，必须注意配伍禁忌。如莫能菌素、盐霉素禁止与泰妙菌素、竹桃霉素合用，否则会造成禽只生长受阻，甚至中毒死亡。

(2) 混饮给药　将药物溶解于饮水中让家禽自由饮用。适于短期投药或群体性紧急治疗，特别适用于禽类因病不能食料，但还能饮水的情况。混饮给药时应注意以下几点。

① 药物性质　通过混饮给药的主要是易溶于水的药品；较难溶于水的药物，通过加热、搅拌或加助溶剂等方法能溶解并可达到预防和治疗效果的也可以通过饮水给药；中草药用水煎后再稀释也可通过饮水给药。

② 掌握饮水给药时间的长短　饮水时间过长，药物失效；时间过短，有部分鸡摄入剂量不足。在水中不易破坏的药物，如磺胺类药物、氟喹诺酮类药物，其药液可以让鸡全天饮用；对于在水中一定时间内易破坏的药物，如盐酸多西环素、氨苄西林等，药液量不宜太多，应让鸡在短时间（1～2h）内饮完，从而保证药效。在规定时间内未能喝完的药液应及时去除，换上清洁的饮水。

③ 注意药物的浓度　药物在饮水中的浓度最好以用药家禽的总体重、饮水量为依据。首先计算出一群家禽所需的药量，并严格按比例配制符合浓度的药液。具体做法是先用适量水将所投药物充分溶解，加水到所需量，充分搅匀后，倒入饮水器中供家禽饮用。

④ 水量控制　根据家禽的可能饮水量来计算药液量，药液宜现配现用，以一次用量为好，以免药物长期处于环境中放置而降低疗效。水量太少，易引起少数饮水过多的禽只中毒；水量太多，一时饮不完，达不到防治疾病的目的。如冬天家禽饮水量一般减少，配给药液就不宜过多；而夏天饮水量增高，配给药液必须充足，否则就会造成部分禽只饮水不足，影响药效。

⑤ 注意水质对药物的影响　混饮给药一般用去离子水为佳，因为水中存在的金属离子可能影响药效的发挥。此外，也可选用深井水、冷开水和蒸馏水。井水、河水最好先煮沸，冷却后，去掉底部沉淀物再用；经漂白粉消毒的自来水，在日光下静置 2～3h，待其中氯气

挥发后再用。

⑥ 用药前停水　为使家禽在规定时间内能顺利将药液喝完，一般在用药前停止饮水，夏季约为 2h、冬季约为 4h。另外，投药时，饮水器要充足，保证禽群在同一时间内都能喝上水，避免家禽竞争饮水而导致饮药量不均。

（3）气雾给药　使用气雾发生器将药物分散成为微滴，让禽类通过呼吸道吸入或作用于皮肤黏膜的一种给药法。使用气雾给药时，应注意以下几点。

① 恰当选择气雾用药　要求选择对动物呼吸道无刺激性，且能溶解于呼吸道分泌物中的药物，否则不宜使用。

② 准确掌握用药剂量　同一种药物，其气雾剂的剂量与其他剂型的剂量未必相同，不能随意套用。应通过试验确定气雾剂的有效剂量。

③ 严格控制雾粒的大小，确保用药的效果　颗粒越小，越容易进入肺泡，但却与肺泡表面的黏着力小，容易随肺脏呼气排出体外；颗粒越大，则大部分散落在地面和墙壁或停留在呼吸道黏膜表面，不易进入肺脏深部，造成药物吸收不好。临床用药时，应根据用药目的，适当调节气雾颗粒的大小。如果要治疗深部呼吸道或全身感染，气雾颗粒的大小应控制在 $0.5\sim5\mu m$，如果要治疗上呼吸道炎症或使药物主要作用于上呼吸道则要加大雾化颗粒。

④ 掌握药物的吸湿性　若要使微粒到达肺的深部，应选择吸湿性弱的药物；若治疗上呼吸道疾病，应选择吸湿性强的药物。因为吸湿性强的药物粒子在通过湿度很高的呼吸道时其直径能逐渐增大，影响药物到达肺泡。

（4）外用给药　多用于禽的体表，以杀灭体外寄生虫、微生物，或用于禽舍、周围环境和用具等的消毒。根据用药的目的可选择喷雾、药浴、喷洒、涂抹、熏蒸等方式。如杀灭体外寄生虫时可采用喷雾法，将药液喷雾到禽体上；治疗水禽的体外寄生虫病时可采用药浴法；杀灭环境中的病原微生物时，可采用熏蒸法、喷洒法等。

2. 个体给药法

（1）口服给药　将药物经口投入食道的上端，或用带有软塑料管的注射器把药物经口注入鸡的嗉囊内。此法用药量准确，但费时费工。

（2）注射给药　当家禽病情危急或不能口服药物时，可采用注射给药。主要有皮下注射、肌内注射、静脉注射等。其中以皮下注射和肌内注射最常用。注射给药时，应注意注射器的消毒和勤换针头。

① 皮下注射　可采用颈部皮下、胸部皮下和腿部皮下等部位。皮下注射时用药量不宜过大，且应无刺激性。注射时由助手抓鸡或术者左手抓鸡，并用拇指、食指捏起注射部位的皮肤，右手持注射器沿皮肤皱褶处刺入针头，然后推入药液。

② 肌内注射　可在预防或治疗禽的各种疾病时使用。常用的注射部位有胸部肌肉和大腿外侧肌肉。溶液、混悬液、乳浊液均可肌内注射给药，刺激性强的药物可作深部肌内注射。注射时针头应与肌肉表面呈 $30°\sim45°$ 角刺入，不可垂直刺入，以免刺伤大血管或神经，特别是胸部肌内注射时更应谨慎操作，切不要使针头刺入胸腔或肝脏，以免造成伤亡。

3. 种蛋与鸡胚给药法

此法常用于种蛋消毒和预防蛋媒性疾病。

（1）熏蒸法　种蛋在熏蒸前先用消毒液或抗生素溶液进行清洗，以消除蛋壳上污染的细菌，防止其进入种蛋内。种蛋的熏蒸常用甲醛，在密闭条件下进行，最好装有鼓风机，以便使甲醛产生的气体均匀到达各个角落，在熏蒸后用等量的 16%～18% 的氨水进行中和，也可打开门窗进行通风换气。

（2）浸泡法　此法用来控制蛋媒性疾病。选用对所要控制病原的有效抗菌药物，配成一定浓度，将蛋浸泡在药液中。为了使药液进入蛋内可采用真空法和变温法。

① 真空法　将种蛋放入容器内，加入药液，然后用抽气机将密闭容器内的空气抽走，造成负压，并保持 5min，最后恢复常压，再保持 5min，使药液进入蛋内，将蛋取出晾干后即可进行孵化。

② 变温法　将种蛋放入孵化器内，使蛋温升至 37.8℃，保持 3～6h，然后趁热将蛋浸入 4～15℃的药液中，保持 15min，利用种蛋与药液之间的温度差造成负压，使药液进入蛋内。例如，预防鸡败血支原体病，可将种蛋表面清洗、消毒后浸入 40℃左右的泰乐菌素（浓度为 0.04%～0.10%）溶液中 15～20min，取出干燥后进行孵化。

（3）蛋内注射　将药物通过蛋的气室注入蛋白内或将药物直接注入卵黄囊内，以消灭通过蛋传播的病原微生物。如预防鸡败血支原体病，可将庆大霉素注入蛋白内或将泰乐菌素注入卵黄囊内。

二、家禽合理用药

1. 坚持"预防为主，防重于治"的原则

现代养禽业具有集约化程度高、生长速度快、生产周期短的共同特点，"预防为主，防重于治"的原则在禽病防治中尤为重要。为此，要重视孵化、育雏、育成、产蛋各环节的处理和用药，特别要重视选用预防药物，包括消毒药物、各种疫苗以及预防各种禽病的常规用药，以保证在整个生产周期内，有效地预防疾病的发生。

2. 正确的诊断，合理选药

正确的诊断是合理选择药物的前提，只有明确致病菌，掌握不同抗菌药物的抗菌谱，才能合理选择对病原菌敏感的药物。细菌的分离鉴定和药敏试验是合理选择抗菌药物的重要手段。

3. 选择适宜给药途径，严格掌握用药剂量与疗程

根据用药的目的、病情缓急及药物本身的性质确定最适宜的给药方法和用药剂量。首次用量可适当增加，随后几天用维持量。一般用药疗程为 3～5d，停药过早易导致复发。长时间使用抗菌药物易导致细菌产生耐药性或家禽药物中毒。

4. 正确的联合用药，注意配伍禁忌

临床上为了增强药物的疗效，减少或消除药物的不良反应以及治疗不同症状或混合感染，常常采取同时或短期内先后应用两种或两种以上的药物，称为联合用药。联合用药可能会发生药动学的相互作用，从而影响药物的吸收、分布、生物转化和排泄；或在药效上可能发生协同作用或拮抗作用。临床上应注意利用药物间的协同作用提高疗效，避免配伍禁忌。

5. 采取综合治疗措施，促进疾病康复

药物的作用是通过机体表现出来的，家禽机体的功能状态与药物的作用有密切关系。因此，在使用抗菌药物抑制或杀灭病原菌时，应注意饲料营养全面，根据家禽不同生长时期的需要合理调配日粮，以免出现营养不良或过剩。管理和环境方面要考虑家禽合适的饲养密度、禽舍适宜的温湿度、良好的通风与采光以及减少各种应激，保持饲养环境洁净和减少病原体污染等。同时还要注意对症治疗和辅助治疗。

6. 禁止使用违禁药物，防止兽药残留

禁止使用有致癌、致畸和致突变作用的兽药，禁止在饲料中长期添加兽药，禁止使用未经农业部门批准或已经淘汰的兽药，禁止使用对环境造成污染的兽药；禁止使用激素类或其他具有激素作用的物质和催眠镇静药物；禁止使用未经国家兽医行业主管部门批准的以基因工程方法生产的兽药；限制使用某些人、畜共用药物。注意兽药残留限量，严格执行休药期。最高残留限量通常是国家公布的强制性标准，决定动物性食品的安全性。所有药物都要遵守休药期或弃蛋期规定。肉禽用药尽量选用残留期短的药物，宰前 7d 停用一切药物，避免药残危害公共卫生。

项目四　种禽场疾病净化

在某一限定地区或养殖场内，根据特定疫病的流行病学调查结果和疫病检测结果，及时发现并淘汰各种形式的感染动物，使限定动物群中某种疫病逐渐被清除的疫病控制方法，称为疫病的净化。疫病净化对于传染病的控制起到了极大的推动作用。种禽场必须对既可水平传播，又可通过卵垂直传播的鸡白痢、鸡白血病及鸡支原体病等传染病采取净化措施。

一、鸡白痢的净化

目前常用的血清学检疫方法有全血平板凝集反应、血清平板凝集反应、试管凝集反应和琼脂扩散反应等。由于全血平板凝集反应方法简便、反应较快、结果准确，又可在现场进行，因此在生产实践中应用广泛。

1. 检疫时间

一般种鸡的检疫时间在 130～150 日龄，此时种鸡处于性成熟阶段，血检时反应速度快，检出率高，阳性鸡的检出率可达 90%～98% 以上，而且不影响种鸡的按时开产。此次检疫应逐只普检，淘汰阳性鸡和可疑鸡，阴性鸡转到消毒彻底的经微生物监测合格的蛋鸡舍。

连续检疫三次，每次间隔 30d，以后每隔三个月检疫一次，直到两次均不出现阳性后改为六个月检疫一次。将全部阳性带菌鸡检出并淘汰，以建立健康种鸡群。

2. 全血平板凝集反应操作方法

取一块清洁脱脂的玻璃板，将鸡白痢有色抗原一滴（约 0.05mL）垂直滴在玻璃板上，同时将被检鸡只固定，用针头刺破鸡冠或翅静脉，挤出血液用灭菌的接种环（直径 4～5mm）蘸取血液一满环（约 0.02mL）放在抗原上，随之用接种环涂均匀，在 20℃以上室温中静置 2min 内进行判定。2min 内出现明显颗粒状凝集或块状凝集的为阳性；抗原和血液混合后，在 2min 内不出现凝集或仅有均匀一致的微细颗粒或边缘处由于临干而形成有絮状物等均判定为阴性。除上述反应外，不易判定阳性或阴性的可判定为疑似。

二、鸡白血病的净化

通过对种鸡检疫、淘汰阳性鸡，以培育出无鸡白血病病毒（ALV）的健康鸡群。ALV检测的方法有多种，如琼脂扩散试验、酶联免疫吸附试验（ELISA）、补体结合试验和病毒中和试验等。目前常用琼脂扩散试验和酶联免疫吸附试验对鸡白血病病毒进行检疫。

鸡白血病净化的重点在原种场，也可在祖代场进行。通常推荐的检疫程序和方法是鸡群在 8 周龄和 18～22 周龄，用 ELISA 方法检测泄殖腔拭子中 ALV 抗原。然后在开产初期

（22～25周龄）检测种蛋蛋清中和雏鸡胎粪中的 ALV 抗原。阳性鸡及其种雏一律淘汰。经过持续不断的检疫，并将假定健康的非带毒鸡严格隔离饲养，最终达到净化种群的目的。

三、鸡支原体病的净化

鸡支原体病在正常情况下一般不表现临床症状，但若遇到环境突变或其他应激因素的影响，可能暴发本病或引起死亡。为建立无病鸡群，对种鸡群应定期进行凝集反应检查，淘汰阳性鸡。开产前全部检查，只有阴性鸡才能做种鸡，以后还要进行几次检查。同时也可以采用抗生素（如红霉素、泰乐菌素）处理或者通过种蛋孵化前预热法处理种蛋，减少经种蛋传播的可能。

项目五　家禽免疫接种与免疫监测

免疫接种是指用疫苗等生物制剂，刺激机体在不发病的情况下产生特异性免疫力，使易感动物转化为非易感动物，从而达到预防禽病的目的。为了养禽场的安全应制订合理的免疫程序，并进行必要的免疫监测，了解群体的免疫水平，及时调整免疫计划和采取必要的防治措施，减少疫病的发生。

一、免疫接种

1. 家禽免疫接种的途径与方法

家禽免疫接种可分为群体免疫法和个体免疫法。群体免疫方法主要有饮水免疫法、拌料法和气雾免疫法；个体免疫方法主要包括点眼和滴鼻法、刺种法、涂擦法以及注射法等。采用哪一种免疫方法，应根据具体情况而定，既要考虑工作方便和经济合算，又要考虑疫苗的特性和免疫效果。

（1）滴鼻、点眼法　用滴管或滴瓶，将稀释过的疫苗滴入鼻孔或眼结膜囊内，以刺激其上呼吸道或眼结膜产生局部免疫。此法能确保每只鸡得到准确疫苗量，达到快速免疫，抗体效果好；对于幼雏来说，这种方法可以避免或减少疫苗病毒被母源抗体的中和。适用于弱毒活疫苗的接种，如新城疫Ⅱ系、新城疫Ⅳ系、克隆30及传支 H_{120} 等疫苗的免疫。

（2）注射法　根据疫苗注入的组织部位不同，注射法又分为皮下注射和肌内注射。适用于马立克病疫苗、新城疫Ⅰ系苗、鸭病毒性肝炎苗、禽病毒性关节炎疫苗及各种油乳剂灭活苗的免疫接种。

① 皮下注射法　主要用于1日龄马立克病疫苗的预防接种，采用颈背皮下注射。

② 肌内注射法　注射部位常取胸肌、翅膀肩关节周围的肌肉或腿部外侧的肌肉。

（3）刺种法　多用于鸡痘疫苗的接种。用接种针或蘸水笔尖蘸取疫苗，刺种于鸡翅膀内侧无血管处的翼膜内，通过在穿刺部位的皮肤处增殖产生免疫。

（4）泄殖腔涂擦法　主要用于鸡传染性喉气管炎疫苗的接种免疫。接种时，将鸡泄殖腔黏膜翻出，用无菌棉签或小软刷蘸取疫苗，直接涂擦在黏膜上。

（5）饮水免疫法　常用于鸡新城疫Ⅱ系、Ⅳ系和克隆30苗、传染性支气管炎 H_{52} 及 H_{120} 疫苗、传染性法氏囊病弱毒疫苗的免疫。饮水法免疫虽然省时省力，但由于受水质、肠道环境等多种因素的影响，免疫效果不佳，抗体产生参差不齐。

（6）气雾免疫法　通过气雾发生器，使疫苗溶液形成雾化粒子，均匀地悬浮于空气中，随呼吸进入肺内而获得免疫的方法。气雾法免疫尤其适合大群免疫，是群体免疫的好方法。但并非所有的疫苗都适合气雾免疫，应选用对呼吸道有亲嗜性的疫苗，如新城疫Ⅳ系、新城疫-传染性支气管炎（H_{120}）二联苗、新威灵等疫苗，而鸡痘、鸡传染性法氏囊中等或弱毒活疫苗、鸡传染性喉气管炎疫苗及各种油乳剂灭活苗等，均不能用气雾法免疫。

2. 免疫程序的制定

免疫程序是指根据禽场或禽群的实际情况与不同传染病的流行状况及疫苗特性，对特定禽群制定的疫苗接种类型、次序、次数、方法及时间间隔等预先合理安排的计划和方案。制定科学合理的免疫程序，是获得最佳免疫效果的前提，是养殖成功与否的关键。在生产中，制定免疫程序应遵循以下原则：①依据威胁本地区或养禽场的传染病的种类及规律合理安排免疫程序。对本地或本场尚未证实的传染病，不要轻易接种，只有证实已经受到严重威胁时，才能计划免疫，不要轻易引进新的疫苗，特别是弱毒苗。②根据所养家禽的用途及饲养期长短制定免疫接种程序。③选用疫苗毒（菌）株的血清型要与当地流行血清型一致，并详细了解疫苗的免疫学特性。④根据传染病流行特点和规律，有计划地进行免疫。⑤定期免疫监测，根据抗体消长规律，确定首免日龄和加强免疫的时间，灵活及时地调整免疫程序。

总之，免疫程序的制定必须根据本地禽病流行情况及规律，家禽的品种、年龄、用途、母源抗体水平和饲养管理条件，以及疫苗情况等因素而定，不能机械性地照抄照搬；同时，还应根据实际应用效果、疫情变化、禽群动态、免疫检测结果等情况随时调整。鸡的免疫程序可参考表 8-1、表 8-2。

表 8-1　商品蛋（种）鸡免疫程序（仅供参考）

日龄	疫苗种类	接种方式
1	马立克病弱毒苗	皮下注射
7	新城疫Ⅳ系、传支弱毒苗	滴鼻、点眼
14	传染性法氏囊病疫苗	饮水
21	传染性法氏囊病疫苗	饮水
28	新城疫Ⅳ系、传支弱毒苗	滴鼻、点眼
30	鸡痘弱毒苗	刺种
45	传染性喉气管炎弱毒苗	点眼
60	新城疫Ⅰ系疫苗	肌内注射
90	鸡痘弱毒苗	刺种
120	新城疫、减蛋综合征二联苗	肌内注射
130	传染性支气管炎多价灭活苗	肌内注射

表 8-2　肉鸡免疫程序（仅供参考）

日龄	疫苗种类	接种方式
1	马立克病弱毒苗；1 头份/只	皮下或肌内注射
5	新城疫Ⅳ系、传支弱毒苗；2 头份/只	滴鼻、点眼
10	传染性法氏囊病疫苗；2 头份/只	饮水
23	新城疫Ⅰ系疫苗；1 头份/只	肌内注射
30	传支弱毒苗；2 头份/只	饮水
60	新城疫Ⅰ系疫苗；2 头份/只	肌内注射

3. 紧急接种

紧急接种是指在某些传染病暴发时，在已经确诊的基础上，为迅速控制和扑灭该病的流行，最大程度地减少损失，对疫区和受威胁的家禽进行的应急性免疫接种。紧急免疫接种应根据疫苗或抗血清的性质、传染病发生发展进程及其流行特点进行合理安排。

在紧急免疫接种时需注意：①紧急接种必须在疾病流行的早期进行，在诊断正确的基础上，越早越快越好；②在疫区应用疫苗进行紧急接种时，仅能对正常无病的家禽实施，对病禽和可能受到感染的潜伏期病禽，必须在严格的消毒下立即隔离，不能再接种疫苗，最好使用高免血清或其他抗体进行治疗；③按先后次序进行接种，应先从安全区再到受威胁区，最后到疫区。在疫区，应先从假定健康家禽开始接种，然后再接种可疑感染家禽；④注意更换注射器和针头。

二、免疫监测

免疫监测就是利用血清学方法，用某些疫苗免疫动物时，对免疫接种前后的抗体跟踪监测，以确定接种时间和免疫效果。在免疫前，监测有无相应抗体及其水平，以便掌握合理的免疫时机；在免疫后监测是为了了解免疫效果，如不理想可查找原因，或决定是否进行重免；有时还可及时发现疫情，尽快采取扑灭措施。鸡新城疫、禽流感和传染性法氏囊病是对养鸡业危害最大的三种烈性病毒性传染病。因此，简要地介绍这三种传染病的监测方法。

1. 鸡新城疫监测

利用鸡血清中抗新城疫抗体抑制新城疫病毒对红细胞的凝集现象，来监测抗体水平，作为选择免疫时间和判定免疫效果的依据。

（1）监测程序与目的

① 确定最适的首免时间 大中型鸡场应根据雏鸡1日龄时血清母源HI（红细胞凝集抑制试验）抗体效价的水平，通过公式推算最适首次免疫时间。

$$最适首免时间=4.5×（1日龄时HI抗体效价的平均对数值-4）+5 \qquad (8-1)$$

例如：1日龄母源HI抗体效价平均值为1：64，64即为2^6，其平均对数值为6，代入公式，则该批雏鸡最适首免日龄=4.5×（6-4）+5=14（d）

如果1日龄时HI抗体效价的平均对数值小于4，即小于1：16，则该批鸡须在1周内免疫。

② 免疫后监测，检验免疫效果 每次免疫后10d监测，检验免疫的效果，了解鸡群是否达到应有的抗体水平。

③ 免疫前监测，确定最佳免疫时机 大中型鸡场于每次接种前应进行监测，以便调整免疫时间，根据监测结果确定是按时、适当提前或推后免疫，以便确定最佳免疫时机。

（2）监测抽样 一定要随机抽样，抽样率根据鸡群大小而定。一般万只以上鸡群按0.5%抽样；千只到万只的鸡群抽样率不得少于1%；千只以下鸡群抽样率不得少于3%。

（3）监测方法 利用血凝试验（HA）和血凝抑制试验（HI）监测。

① 器材 鸡新城疫浓缩抗原、被检鸡的血清、鸡新城疫阳性血清、灭菌生理盐水、1%的鸡红细胞悬液、96孔微量反应板、微量移液器等。

② 血凝试验（HA）操作（表8-3）用微量移液器向微量反应板的第1~12孔各加生理盐水50μL。用灭菌的生理盐水将鸡新城疫浓缩抗原作5倍稀释，然后用微量移液器吸取5倍稀释的抗原50μL于第1孔中，并反复吹打4~5次，混匀后吸出50μL至第2孔，依次倍

比稀释到第 11 孔，从第 11 孔吸出 $50\mu L$ 弃去；第 12 孔不加抗原作为红细胞对照。最后，用微量移液器向第 $1 \sim 12$ 孔各加 1% 红细胞悬液 $50\mu L$。置于振荡器上，振荡 1min。室温静置 $15 \sim 20$min 后观察结果。

表 8-3　血凝试验的操作方法　　　　　　　　　　　　单位：μL

z孔号	1	2	3	4	5	6	7	8	9	10	11	12
抗原稀释度	2^1	2^2	2^3	2^4	2^5	2^6	2^7	2^8	2^9	2^{10}	2^{11}	对照
生理盐水	50	50	50	50	50	50	50	50	50	50	50	50
抗原液	50	50	50	50	50	50	50	50	50	50	50	
1%红细胞液	50	50	50	50	50	50	50	50	50	50	50	50

弃去50

病毒凝集价（抗原血凝滴度）的判断：能使鸡红细胞完全凝集的抗原最高稀释倍数，称为该病毒凝集效价，以 2 的指数表示。

③ 4 单位抗原的配制　配制 4 单位抗原时，抗原应稀释的倍数＝血凝滴度/4。

例如：抗原血凝滴度为 28，则 4 单位抗原应将原抗原作 2^6（64）倍稀释。即取 0.1mL 抗原，加入 6.3mL 生理盐水。

④ 血凝抑制试验（HI）操作（表 8-4）　用微量移液器向微量反应板的第 $1 \sim 11$ 孔各加生理盐水 $25\mu L$。再用微量移液器吸取被检血清 $25\mu L$ 于第 1 孔中并反复吹打 $4 \sim 5$ 次，混匀后吸出 $25\mu L$ 至第 2 孔，依次稀释到第 10 孔，从第 10 孔吸出 $25\mu L$ 弃去；第 11 孔不加血清作抗原对照，第 12 孔加新城疫阳性血清 $25\mu L$，作为血清对照。然后用微量移液器向反应板的第 $1 \sim 12$ 孔各加 $25\mu L$ 4 单位抗原。置于振荡器上，振荡 1min，室温静置 $15 \sim 20$min。最后，用微量移液器向第 $1 \sim 12$ 孔各加 1% 红细胞悬液 $25\mu L$。待抗原对照孔（第 11 孔）出现红细胞 100% 凝集（＋＋＋＋），而血清对照孔（第 12 孔）完全不凝集（－）时，即可进行结果观察。

表 8-4　血凝抑制试验的操作方法　　　　　　　　　　　　单位：μL

孔号	1	2	3	4	5	6	7	8	9	10	11	12
血清稀释度	2^1	2^2	2^3	2^4	2^5	2^6	2^7	2^8	2^9	2^{10}	抗原对照	血清对照
生理盐水	25	25	25	25	25	25	25	25	25	25	25	
被检血清	25	25	25	25	25	25	25	25	25	25		25
4单位抗原	25	25	25	25	25	25	25	25	25	25	25	25

室温中静置15~20min

1%红细胞液	25	25	25	25	25	25	25	25	25	25	25	25

弃去25

能够使 4 单位抗原凝集红细胞的作用完全被抑制的血清最高稀释倍数，称为该血清的血凝抑制效价，即 HI 效价，以 2 的指数（或对数）表示。一般认为鸡的免疫临界水平为 2^6

（或 6log2）。全部高于 2^6 可适当推迟新城疫免疫时间，全部低于 2^4 以下，应马上进行新城疫疫苗接种。

2. 禽流感监测

目前养鸡场常用的监测方法是血凝试验（HA）和血凝抑制试验（HI）。操作方法同鸡新城疫的监测。

3. 鸡传染性法氏囊病监测

通用采用琼脂扩散试验（AGP）进行监测，该法简单易行。

（1）操作方法

① 1‰琼脂糖平板制备　1g 琼脂粉＋8gNaCl＋100mL 蒸馏水，煮沸使之溶解。待溶解的琼脂温度降至 60℃ 左右时倒入洁净平皿中。厚度为 3～4mm，直径 9cm 平皿，每皿约 20mL；平置，在室温下冷却凝固。

② 打孔　将琼脂板放在预先印好的 7 孔形图案上，用打孔器按图形准确位置打孔，孔径为 4mm，孔距均为 3mm。然后用 16# 针头挑出孔内琼脂，注意不要挑破孔的边缘。并用记号笔在平皿底部周围孔上标记 1、2、3、4、5、6。

③ 封底　将平皿底部在酒精灯火焰上微微加热，使孔底琼脂糖稍微融化，以防止孔底边缘渗漏。

④ 加样　向中央孔滴加法氏囊标准琼扩抗原，向周边第 1 孔滴加法氏囊标准阳性血清，第 2 孔滴加被检鸡血清，第 3、4、5、6 孔滴加 1∶2、1∶4、1∶8、1∶16 等稀释的待检血清，均以加满而不溢出为度。

⑤ 感作　将琼脂凝胶板加盖保湿，置于 37℃ 温箱感作 24～48h 后判定结果。

（2）结果判定与应用

① 血清抗体效价判定　将琼脂板置日光灯或侧强光下观察，当标准阳性血清与抗原孔之间有明显致密的沉淀线，被检血清与抗原孔之间亦有沉淀线时，此受检血清判断为阳性。以出现沉淀线的血清最高稀释倍数即为血清抗体效价。

② 应用　如果确定首免适宜时间，则监测雏鸡的母源抗体，按总雏鸡数的 0.5％ 的比例采血，分离血清，用琼扩试验测 1 日龄雏鸡 IBD 母源抗体的阳性率，如果阳性率不到 50％ 的在 7 日龄接种；阳性率达 80％ 以上的在 7 日龄时再次采血测定，阳性率低于 50％ 时，应在 14～21 日龄接种，如超过 50％，在 17～24 日龄接种。如果检测免疫效果，则监测接种鸡的抗体，接种 12d，75％～80％ 的鸡呈阳性，证明免疫成功。

项目六　家禽场废弃物处理及调控

近年来，我国家禽业发展迅猛，规模化养禽场迅速崛起。然而，在规模化、高密度的禽场生产过程中产生的大量粪便、污水和有害气体等废弃物引起的污染问题也越来越突出，减污减排是国家发展规划确定的约束性指标，如何采取综合治理和调控措施，使这些废弃物既不对养殖场内产生危害，也不对场外环境造成污染，同时又能够变废为宝综合利用，促进家禽生产持续健康发展，已成为目前家禽生产中必须妥善解决的重要任务。

一、家禽废弃物的污染

家禽生产中形成的废弃物主要有禽粪、污水、病死家禽尸体、孵化废弃物等，这些废弃物均可对禽场和外界环境造成污染。

1. 对空气的污染

养殖过程产生的空气污染主要来源于粪便、污水、饲料、破损禽蛋、粉尘、垫料腐败发酵和家禽呼吸等。由于集约化饲养密度高，禽舍潮湿，上述废弃物在鸡舍内堆积发酵产生的降解产物与家禽呼出的气体相混合，产生恶臭。家禽长期暴露在恶臭环境中会影响生长，造成抵抗力下降和生产性能降低；同时由于部分养殖场位于城市近郊或村镇周边，恶臭对周边空气质量及居民身体健康也造成了一定的影响。

2. 对水体和土壤的污染

禽场废弃物中排放量最大的是粪便。据统计，每只蛋鸡每年能生产 45～50kg 新鲜鸡粪，每只肉鸡在每个饲养周期中平均产生 22～24kg 新鲜鸡粪，一个饲养 10 万只蛋鸡的规模化养殖场，年产新鲜鸡粪可达 5000 多吨。若家禽粪便得不到有效的处理，将会对环境、生态平衡等造成极大的破坏。另外，在家禽生产中，尽管排放的尿液很少，但禽场在生产过程中也会产生很多污水，尤其是规模化养禽场、孵化场。禽粪及禽场污水中含有大量的氮、磷、有机物和病原体。这些物质随粪便、污水排入河流和池塘中，会造成水体富营养化，恶化水质，严重时使水体发黑、变臭、失去使用价值，并且其有毒、有害成分还易渗到地下水中，使地下水溶解氧含量减少，有害成分增多。粪便中含有的铜、锌、铁等重金属进入水源和土壤，不但造成地表水或地下水污染，而且导致土壤板结，土地利用率下降。

3. 生物污染

家禽粪便和病死家禽尸体中携带大量的有害微生物，这些病原微生物是多种疾病的潜在发病源，可以在较长的时间内维持其感染性。据化验分析，家禽场所排放的每毫升污水中平均含 30 多万个大肠杆菌和 60 多万个肠球菌。如处理不当，不仅会造成大量蚊蝇孳生，而且还会成为传染源，造成疫病传播，影响人类和家禽健康。另外，未经处理的粪水归田还可能引发公共健康问题。

二、家禽场废弃物的处理

1. 粪便的处理与应用

（1）肥料化处理　禽粪中含有丰富的有机营养物质，是优质的有机肥料。但是禽粪不经发酵处理，直接施到土壤里对农作物有害。目前，禽粪便用作肥料较广泛的方法是堆肥法，即通过微生物降解禽粪中的有机物质，从而产生高温，杀死其中的病原菌、寄生虫及虫卵，使有机物腐质化，提高肥效。采用堆肥法处理禽粪的优点是：处理最终产物臭味少，较干燥，易包装和撒播。缺点是：处理过程中氨气有损失，不能完全控制臭味，所需场地大，处理时间长，容易造成下渗污染。目前一些有机肥生产厂在常规发酵法的基础上增加使用厌氧发酵法、快速烘干法、微波法、充氧动态发酵法等，克服了传统发酵法的一些缺点。

（2）能源化处理　禽粪由于含水量高，干燥困难，不便于直接燃烧，但禽粪可以通过厌氧发酵处理，将粪便中的有机物转化为沼气，同时杀灭大部分病原微生物，消除臭气，改善环境，减少人畜共患病的发生和传播，适用于刮粪和水冲法的家禽饲养工艺。该方法不仅可以提供清洁能源，解决养殖场及周围村庄部分能源问题；而且发酵后的沼渣、沼液还可作为优质无害的肥料。

2. 污水的处理与应用

（1）物理处理法　就是利用物理作用，除去污水中的漂浮物、悬浮物和油污等，同时从废水中回收有用物质的一种简单水处理法。常用于水处理的物理方法有重力沉淀、离心沉淀、过滤、蒸发结晶和物理调节等方法。

(2) 化学处理法　利用化学氧化剂等化学物质将污水中的有机物或有机生物体加以分解或杀灭，使水质净化，达到再生利用的方法。化学处理最常用的方法有混凝沉淀法、氧化还原法及臭氧法。

(3) 生物处理法　主要靠微生物的作用来实现。参与污水生物处理的微生物种类很多，包括细菌、真菌、藻类、原生动物、多细胞动物等。其中，细菌起主要作用，它们繁殖力强，数量多，分解有机物的能力强，很容易将污水中溶解性、悬浮状、胶体状的有机物逐步降解为稳定性好的无机物。生物处理法可根据微生物的好气性分为好氧生物处理和厌氧生物处理两种。生物处理法的类型较多，目前最常用的方法有：生物膜法、活性污泥法、氧化塘法、厌氧处理法等。

3. 死禽的处理与利用

死禽尸体如不及时处理，再加上随意丢弃，分解腐败，发出恶臭，不仅会造成环境、土壤和地下水污染，而且会形成新的传染源，对养殖场及周边的疫病控制产生极大的威胁。因此，必须进行妥善的处理。一般处理方法是焚烧和深埋处理，并对焚烧点和深埋点进行消毒。对非传染病死亡禽只也可以经过蒸煮、干燥、高压灭菌等工艺处理后加工成优质的肉骨粉。

4. 孵化废弃物的处理与利用

孵化废弃物主要有：无精蛋、死胚蛋、毛蛋、死雏和蛋壳等。孵化场废弃物在热天，很容易招惹苍蝇，因此，应尽快处理。无精蛋可用于加工食品或食用，但应注意卫生，避免腐败物质及细菌造成的食物中毒。死胚、死雏、毛蛋一般是经过高温消毒、干燥处理后，粉碎制成干粉，可代替肉骨粉或豆粕。孵化废弃物中的蛋壳，其钙含量非常高，可加工成蛋壳粉利用。但若没有加工和高温灭菌等设备，每次出雏废弃物应尽快深埋处理。

三、减少家禽废弃物污染的调控措施

1. 合理调配日粮，加强饲养管理，提高饲料转化率

(1) 合理选择和加工饲料原料　在选购饲料原料时一定要选择消化率高、营养差异小、有毒有害物质少和安全性能高的饲料原料。要按照不同阶段家禽的生理特点及对饲料加工要求来处理加工。同时，饲料加工处理的精确度要高，以免影响饲料营养成分的含量和饲料利用效率。

(2) 配制氨基酸平衡日粮　氨基酸平衡日粮是日粮中的氨基酸组成与动物对氨基酸需求相适应的日粮，是根据家禽对氮的需要量设计出的氮排出量最小的日粮。氨基酸平衡日粮的饲料转化率大大提高，营养素排出减少，不仅可节约蛋白质资源，又可减少氮的排放量，从而减少对环境的污染。

(3) 分阶段和分性别饲养管理　在日粮供给上，根据家禽年龄或生理机能变化，划分阶段饲喂是十分必要的。不同阶段的家禽饲喂不同营养水平日粮，使日粮组成更接近机体需要。另外，不同性别家禽生长效率不同，对产生最佳生长效果所需的重要营养素需求量也有显著差别，从两周龄起，实行公母分养，供给不同营养的饲料配方，可以大大改善饲料营养的利用率。

2. 合理应用饲料添加剂，减少排泄物数量

在家禽饲料中添加一些环保的添加剂可以增加饲料的消化率，减少污染物的排放量。目前常用的有酶制剂、微生态制剂、有机酸制剂、低聚糖、中草药添加剂和除臭剂等。

（1）酶制剂 酶制剂能有效降解饲料中的抗营养因子（如植酸、单宁、胰蛋白酶抑制剂因子）；补充动物内源酶的不足，激活内源酶的分泌，破坏植物细胞壁，使营养物质释放出来，提高淀粉和蛋白质等营养物质的可利用性；破坏饲料中可溶性非淀粉多糖，降低消化道食糜的黏度，增加营养的消化吸收。

（2）微生态制剂 微生态制剂能够有效促进机体调节肠道微生态平衡，减少氨和其他腐败物质的过多生成，降低肠内容物和粪便中氨气含量，使肠道内容物中甲酚、吲哚和粪臭素等物质的含量减少，减少粪臭味。同时具有提高增重及饲料报酬，增强消化酶活性，改善菌群平衡，增强机体抵抗力，以及降低死亡等作用。

（3）有机酸制剂 有机酸可激活胃蛋白酶原转化为胃蛋白酶，促进蛋白质的分解，提高小肠内胰蛋白酶和淀粉酶的活性，减慢胃的排空速度，延长日粮在胃内的消化时间，增进动物对蛋白质、能量和矿物质的消化吸收，提高氮在体内的存留；同时能通过降低胃肠道的pH 值改变胃肠道的微生物区系，抑制或杀灭有害微生物，促进有益菌群的生长增殖。

（4）低聚糖 低聚糖仅被一些含有特定糖苷键酶的有益菌利用，发酵产生短链脂肪酸，降低肠道内 pH 值，抑制有害菌的生长与繁殖。同时，低聚糖还可以结合病原菌产生的外源凝集素，避免病原菌在肠道上皮的附着。在饲料中适量添加，可促进动物肠道内双歧杆菌及乳酸菌等有益微生物的增殖，抑制沙门杆菌、大肠杆菌等病原菌的生长繁殖，改善肠道微生态，增强机体免疫力，防止腹泻；另外，还有促进饲料中蛋白质及矿物质元素的代谢吸收、提高动物的生长性能、改善动物的健康状况等作用。

（5）中草药添加剂 中草药不但能提供给动物丰富的氨基酸、维生素和微量元素等营养物质，提高饲料的利用率，减少日粮中污染物的排放，促进家禽生长；而且含有多糖类、有机酸类、苷类、黄酮类和生物碱类等多种天然的生物活性物质，可与臭气分子反应生成挥发性较低的无臭物质，同时中草药还具有杀菌消毒的作用，可增强机体的免疫力，抑制病原菌的生长与繁殖，降低其分解有机物的能力，使臭气减少。

（6）除臭剂 主要有丝兰提取物、沸石等。丝兰属植物提取物含有特殊的皂角苷表面活性剂和尿素酶抑制剂，能阻断尿素酶活性，减少氨的产生，可与氨、硫化氢、吲哚等有毒有害气体结合，从而起到控制恶臭的作用。同时，丝兰属植物提取物与肠道微生物有协同效应，有利于营养物质吸收。沸石是天然的除臭剂，内部有许多孔穴，能产生极强的吸附力，对畜舍氨气、硫化氢和二氧化碳等有害气体有很强的吸附性，把沸石撒在粪便及其禽舍的地面上，不仅能降低舍内有害气体的含量，还能吸收空气与粪便中的水分，有利于调节环境中的湿度；作为添加剂添加到饲料中，可补充家禽所需要的微量元素，提高日粮的消化利用率，减少粪尿中含氮、硫等有机物质的排放，提高动物的生产性能。

3. 合理选址，科学规划，减少废弃物污染

（1）合理选址 养禽场应建在远离居民区、学校、工矿企业和医院且排污方便的地方，建场时应考虑农牧结合和生态环境效益以及粪便、污水的处理与消纳。粪池、堆肥点应选择有利于排放、运输或施用之处。

（2）科学规划 规划应是从养殖场的建设到废弃物处理及再生资源利用的全程规划。如规划时可考虑利用场区内的绿化减少禽场臭气、改善禽场内的小气候；新建、改建或扩建的禽场应实现生产区、生活区、粪污处理区的隔离；净道与污道传送系统分开；鸡舍、粪便及污水处理系统要防渗漏；使用先进的养殖设备，通过使用乳头式饮水器、料线、刮粪机和禽舍环境控制仪等设备，控制污染物排放量等。另外，根据区域的资源优势和市场需求建设养殖产业集聚区，这样便于粪便的规模化处理，也便于养殖先进技术的推广应用，提高养殖经济效益，降低养殖成本与风险。

复习思考题

1. 什么是兽医生物安全体系？包括哪些内容？
2. 禽场常用的消毒方法有哪些？如何进行带禽消毒？
3. 混饲和混饮给药时应注意哪些问题？
4. 种鸡场应对哪些传染病进行净化？如何净化？
5. 如何制定科学的免疫程序？
6. 禽场废弃物种类有哪些？如何综合利用与处理禽场废弃物？

实训　家禽的免疫接种

【目的要求】

熟悉疫苗的保存、运送和使用前的检查方法，掌握免疫接种的操作技术。

【材料和用具】

1. 材料

疫苗、稀释液（生理盐水）。

2. 用具

金属注射器、玻璃注射器、针头、胶头滴管、刺种针、煮沸消毒锅、气雾发生器、空气压缩机等。

【内容和方法】

1. 疫苗的保存、运送和使用前检查

（1）疫苗的保存　各种疫苗均应保存在低温、阴暗和干燥场所，灭活苗应在2～8℃条件下保存，防止冻结。弱毒活疫苗应在−15～−10℃条件下保存。

（2）疫苗的运送　要求包装完整，防止碰坏瓶子和散播活的弱毒病原体。运送途中避免日光直射和高温，防止反复冻融，并尽快送到保存地点或预防接种的场所。弱毒疫苗应使用冷藏箱或冷藏车运送，以免其效价降低或丧失。

（3）疫苗使用前检查　各种疫苗在使用前，应仔细检查疫苗产品的名称、厂家、批号、有效期、物理性状等是否符合说明书的要求。同时，还要认真阅读说明书，明确使用方法、剂量及其他注意事项。对于过期、变质、无标签、无批号、裂瓶漏气、质地异常、来源不明以及未按要求贮存的疫苗，均应禁止使用。

经过检查，确实不能使用的疫苗，应立即废弃，不能与可用的疫苗混放在一起。废弃的弱毒疫苗应煮沸消毒或予以深埋。

2. 免疫接种的方法

免疫接种的方法很多，主要有皮下注射法、肌内注射法、刺种法、涂擦法、点眼与滴鼻法、饮水免疫法、气雾免疫法等数种。

（1）皮下注射法　雏禽常在颈背侧皮下部。接种时左手握住雏禽，使其头朝前腹弯下，用食指与拇指将头颈部背侧皮肤捏起，右手持注射器由前向后针头近于水平从皮肤隆起处刺入皮下，注入疫苗。

（2）肌内注射法　注射部位常取胸肌、翅膀肩关节四周的肌肉或腿部外侧的肌肉。胸肌注射时从龙骨突出的两侧沿胸骨成 $30°\sim45°$ 角刺入，避免于胸部垂直刺入，以免刺入胸腔，伤及内脏器官。腿部肌内注射时，朝鸡体方向刺入外侧肌肉，针头与肌肉表面呈 $35°\sim45°$ 角进针，以免刺伤大血管或神经。

（3）饮水免疫法　饮水免疫是将可供口服的疫苗混于水中，家禽通过饮水而获得免疫。为提高饮水免疫效果，必须注意以下几个问题：①用于饮水免疫的疫苗必须是高效价的，剂量是点眼滴鼻的 2 倍；②稀释疫苗用的水质要好，最好用蒸馏水，也可用深井水或冷开水，切不可使用含有漂白粉等消毒剂的自来水；③不能用金属容器，要用塑料饮水器，饮水器具要干净且充足，以保证所有鸡只能在短时间内饮到足够的疫苗量；④饮疫苗水前停止饮水 $2\sim4h$（视天气及饲料等情况而定），以便使鸡能尽快而又一致地饮用疫苗水；⑤饮水中最好能加入 $0.1\%\sim0.2\%$ 的脱脂奶粉，以减少水中异物对疫苗的影响；⑥在饮水免疫的前后 24h 不得饮用任何消毒药液；⑦稀释疫苗的水量要适当，根据实际饮水量决定，要求在 2h 内饮完。

（4）皮肤刺种法　接种时，将 1000 羽份的疫苗用 10mL 生理盐水稀释，充分摇匀后，用接种针或蘸水笔尖蘸取疫苗，刺种于鸡翅膀内侧无血管处的翼膜内，雏鸡刺种 1 针，较大的鸡刺种 2 针。

（5）点眼与滴鼻法　操作前应对滴鼻、点眼的工具进行计量校正，以保证免疫剂量。将疫苗用生理盐水作适当稀释，每只禽点眼、滴鼻各一滴（约 0.05mL）。操作时左手轻握鸡体，其食指与拇指固定住小鸡的头部，右手用滴管或滴瓶滴入鸡的一侧鼻孔或眼结膜囊内，待疫苗吸收后再放开鸡；滴鼻时，用食指按压住一侧鼻孔，以便疫苗滴能快速吸入。

（6）泄殖腔涂擦法　接种时，先按规定剂量将疫苗稀释好，将鸡泄殖腔黏膜翻出，用无菌棉签或小软刷蘸取疫苗，直接涂擦在黏膜上。

（7）气雾免疫法　用压缩空气通过气雾发生器，将稀释疫苗喷射出，使疫苗形成雾化粒子，均匀地悬浮于空气中，通过呼吸道吸入肺内，以达到免疫的目的。实施气雾免疫时应注意以下问题：①所用疫苗必须是高效价的、剂量加倍；②稀释疫苗应该用去离子水或蒸馏水，最好加 $0.1\%\sim0.2\%$ 脱脂乳粉或明胶；③雾滴大小要适中，要求成鸡雾粒的直径应在 $5\sim10\mu m$、雏鸡 $30\sim50\mu m$；④喷雾时房舍要密闭，要遮蔽直射阳光，最好在傍晚或夜间进行，喷雾前在鸡舍内喷洒清水，以增加湿度和清除空气中的浮尘，一般要求相对湿度在 70% 左右、温度在 20℃ 左右为宜；⑤喷雾时喷头与鸡只保持 $0.5\sim1m$ 左右，呈 $45°$ 角喷雾，使雾滴落在鸡头部，以头颈部羽毛略有潮湿感为宜；喷雾后 20min 开启门窗通风换气。

3. 免疫接种前的检查及接种后的护理与观察

（1）接种前的检查　在对家禽进行免疫接种时，必须对禽群进行详细了解和检查，注意家禽的年龄是否符合免疫年龄，以及家禽的营养和健康状况。只要禽群健康，饲养管理和卫生条件良好，就可保证免疫接种结果的安全。如饲养管理条件不良，则可能使家禽出现明显的接种反应，甚至发生免疫失败。对患病禽和可疑感染禽，暂不免疫接种，待康复后再根据实际情况决定补免时间。

（2）接种后的护理和观察　家禽接种疫苗后，部分禽会出现接种反应，有些禽可发生暂时性抵抗力降低现象，故应加强接种后的护理和观察。注意改善禽舍环境卫生及饲养管理，减少各种应激因素。因此，禽群接种疫苗后，应进行全面观察，观察期限一般不少于一周。产蛋禽在短期内可能出现停产或产蛋量下降。如发现严重反应甚至死亡，要及时查找原因，了解疫苗情况和使用方法。

4. 免疫接种的注意事项

注射器、针头、镊子等，经严格的消毒处理后备用。注射时每只家禽应使用一个针头。稀释好的疫苗瓶上应固定一个消毒过的针头，上盖消毒棉球。疫苗应随配随用，并在规定的时间内用完。一般气温在 15～25℃，6h 内用完，25℃ 以上，4h 内用完；马立克疫苗应在 2h 内用完，过期不可使用。针筒排气溢出的疫苗，应吸附于酒精棉球上，用过的酒精棉球和吸入注射器内未用完的疫苗应集中销毁。稀释后的空疫苗瓶深埋或消毒后废弃。

【作业】

1. 试述免疫接种的方法及注意事项。
2. 分析免疫失败的原因。

模块九　家禽场的经营与管理

【知识目标】
　① 熟悉经营与管理的概念及二者的关系。
　② 了解生产成本的构成和生产成本计算方法。
　③ 了解禽场生产计划制订的依据。
　④ 掌握养禽场经济效益分析的方法和内容。

【技能目标】
　① 可以准确进行生产成本的计算。
　② 会进行养鸡场盈亏临界点的计算。
　③ 能独立编制种鸡群周转计划。

项目一　成本分析

生产成本分析就是把养禽场为生产产品所发生的各项费用，按用途、产品进行汇总、分配，计算出产品的实际总成本和单位产品的成本的过程。

一、家禽生产成本的构成

家禽生产成本一般分为固定成本和可变成本两大类。

固定成本由固定资产（养禽企业的房屋、禽舍、饲养设备、运输工具、动力机械、生活设施、研究设备等）折旧费、土地税、基建贷款利息等组成，在会计账面上称为固定资金。特点是使用期长，以完整的实物形态参加多次生产过程；并可以保持其固有物质形态。随着养禽生产不断进行，其价值逐渐转入到禽产品中，并以折旧费用方式支付。全部固定成本除上述设备折旧费用外，还包括土地税、利息、工资、管理费用等。固定成本费用必须按时支付，即使禽场不养禽，只要这个企业还存在，都得按时支付。

可变成本是养禽场在生产和流通过程中使用的资金，也称为流动资金，可变成本以货币表示。其特点是仅参加一次养禽生产过程即被全部消耗，价值全部转移到禽产品中。可变成本包括饲料、兽药、疫苗、燃料、能源、临时工工资等支出。它随生产规模、产品产量而变化。

在成本核算账目计入中，以下几项必须放入账中：工资、饲料费用、兽医防疫费、能源费、固定资产折旧费、种禽摊销费、低值易耗品费、管理费、销售费、利息等。

对于成本分析的结果可以看出，提高养禽企业的经营效果，除了市场价格这一不由企业能决定的因素外，成本控制则应完全由企业控制。从规模化、集约化养禽的生产实践看，首先应降低固定资产折旧费，尽量提高饲料费用在总成本中所占比重，提高每只禽的产蛋量、活重和降低死亡率，其次是料蛋价格比、料肉价格比控制全成本。

二、生产成本支出项目的内容

根据家禽生产特点，禽产品成本支出项目的内容，按生产费用的经济性质，分直接生产费用和间接生产费用两大类。

1. 直接生产费用

直接生产费用即直接为生产禽产品所支付的开支。具体项目如下。

（1）工资和福利费　指直接从事养鸡生产人员的工资、津贴、奖金、福利等。

（2）疫病防治费　指用于鸡病防治的疫苗、药品、消毒剂和检疫费、专家咨询费等。

（3）饲料费　指鸡场各类鸡群在生产过程中实际耗用的自产和外购的各种饲料原料、预混料、饲料添加剂和全价配合饲料等的费用，自产饲料一般按生产成本（含种植成本和加工成本）进行计算，外购的按买价加运费计算。

（4）种鸡摊销费　指生产每千克蛋或每千克活重所分摊的种鸡费用。

$$种鸡摊销费（元/kg）=（种鸡原值-种鸡残值）/每只鸡产蛋重（kg） \qquad (9-1)$$

（5）固定资产修理费　是为保持鸡舍和专用设备的完好所发生的一切维修费用，一般占年折旧费的5%～10%。

（6）固定资产折旧费　指鸡舍和专用机械设备的折旧费。房屋等建筑物一般按10～15年折旧，鸡场专用设备一般按5～8年折旧。

（7）燃料及动力费　指直接用于养鸡生产的燃料、动力和水电费等，这些费用按实际支出的数额计算。

（8）低值易耗品费用　指低价值的工具、材料、劳保用品等易耗品的费用。

（9）其他直接费用　凡不能列入上述各项而实际已经消耗的直接费用。

2. 间接生产费用

间接生产费用即间接为禽产品生产或提供劳务而发生的各种费用。包括经营管理人员的工资、福利费；经营中的办公费、差旅费、运输费；季节性、修理期间的停工损失等。这些费用不能直接计入到某种禽产品中，而需要采取一定的标准和方法，在养禽场内各产品之间进行分摊。

除了上述两项费用外，禽产品成本还包括期间费。所谓期间费就是养禽场为组织生产经营活动发生的、不能直接归属于某种禽产品的费用。包括企业管理费、财务费和销售费用。企业管理费、销售费是指鸡场为组织管理生产经营、销售活动所发生的各种费用。包括非直接生产人员的工资、办公、差旅费和各种税金、产品运输费、产品包装费、广告费等。财务费主要是贷款利息、银行及其他金融机构的手续费等。按照我国新的会计制度，期间费用不能进入成本，但是养鸡场为了便于各群鸡的成本核算，便于横向比较，都把各种费用列入来计算单位产品的成本。

以上项目的费用，构成禽场的生产成本。计算禽场成本就是按照成本项目进行的。产品成本项目可以反映企业产品成本的结构，通过分析考核找出降低成本的途径。

三、生产成本的计算方法

生产成本的计算是以一定的产品对象，归集、分配和计算各种物料的消耗及各种费用的过程。养鸡场生产成本的计算对象一般为种蛋、种雏、肉仔鸡和商品蛋等。

1. 种蛋生产成本的计算

$$每枚种蛋成本＝（种蛋生产费用－副产品价值）/入舍种禽出售种蛋数 \quad (9-2)$$

种蛋生产费为每只入舍种鸡从入舍至淘汰期间的所有费用之和。种蛋生产费包括种禽育成费、饲料费、人工费、房舍与设备折旧费、水电费、医药费、管理费、低值易耗品费等。副产品价值包括期内淘汰鸡、期末淘汰鸡、鸡粪等的收入。

2. 种雏生产成本的计算

$$种雏只成本＝（种蛋费＋孵化生产费－副产品价值）/出售种雏数 \quad (9-3)$$

孵化生产费包括种蛋采购费、孵化生产过程的全部费用和各种摊销费、雌雄鉴别费、疫苗注射费、雏鸡发运费、销售费等。副产品价值主要是未受精蛋、毛蛋和公雏等的收入。

3. 雏禽、育成禽生产成本的计算

雏禽、育成禽的生产成本按平均每只每日饲养雏禽、育成禽费用计算。

$$雏禽（育成禽）饲养只日成本＝（期内全部饲养费－副产品价值）/$$
$$期内饲养只日数（育成期内饲养只数与天数相乘） \quad (9-4)$$

$$期内饲养只日数＝期初只数×本期饲养只数＋期内转入只数×从转入至期末日数－$$
$$死淘鸡只数×死淘日至期末日数 \quad (9-5)$$

期内全部饲养费用是上述所列生产成本核算内容中9项费用之和，副产品价值是指禽粪、淘汰禽等项收入。雏禽（育成禽）饲养只日成本直接反映饲养管理的水平。饲养管理水平越高，饲养只日成本就越低。

4. 肉仔鸡生产成本的计算

$$每千克肉仔鸡成本＝（肉仔鸡生产费用－副产品价值）/出栏肉仔鸡总重（kg） \quad (9-6)$$
$$每只肉仔鸡成本＝（肉仔鸡生产费用－副产品价值）/出栏肉仔鸡只数 \quad (9-7)$$

肉仔鸡生产费用包括入舍雏鸡鸡苗费与整个饲养期其他各项费用之和，副产品价值主要是鸡粪收入。

5. 商品蛋生产成本的计算

$$每千克鸡蛋成本＝（蛋鸡生产费用－副产品价值）/入舍母鸡总产蛋量（kg） \quad (9-8)$$

蛋鸡生产费用指每只入舍母鸡从入舍至淘汰期间的所有费用之和。

四、总成本中各项费用的大致构成

1. 育成鸡的成本构成

达20周龄育成鸡总成本的构成可见表9-1。有了此表，只要知道一项开支即可推算出总成本额。例如，知道饲料费开支多少，那么只要将饲料费除以65%，即可推算出该鸡养至20周龄时的总成本。

表9-1　育成鸡（达20周龄）总成本构成

项　目	每项费用占总成本的比例/%
雏鸡费	17.5
饲料费	65.0
工资福利费	6.8
疫病防治费	2.5

项　　目	每项费用占总成本的比例/%
燃料水电费	2.0
固定资产折旧费	3.0
维修费	0.5
低值易耗品费	0.3
其他直接费用	0.9
期间费用	1.5
合　　计	100

2. 鸡蛋的总成本构成（表9-2）

表 9-2　鸡蛋的总成本构成

项　　目	每项费用占总成本的比例/%
后备鸡摊销费	16.8
饲料费	70.1
工资福利费	2.1
疫病防治费	1.2
燃料水电费	1.3
固定资产折旧费	2.8
维修费	0.4
低值易耗品费	0.4
其他直接费用	1.2
期间费用	3.7
合　　计	100

五、养禽场成本临界线分析

成本临界线分析即保本线分析，也叫盈亏平衡点分析，成本临界线分析是一种动态分析，又是一种确定性分析，适合于分析短期问题，它是根据收入和支出相等为保本生产原理而确定的，这一临界点就是养禽场盈利还是亏损的分界线。现举例说明如下。

1. 鸡蛋生产成本临界线

鸡蛋生产成本临界线＝(饲料价格×日耗料量)÷[饲料费占总费用的比例(%)×日均产蛋重]

$$(9-9)$$

如某鸡场每只蛋鸡日均产蛋重为48g，饲料价格为每千克2.1元，饲料消耗110g/(d·只)，饲料费占总成本的比率为65%。该鸡场每千克鸡蛋的生产成本临界点为：

鸡蛋生产成本临界线＝(2.1×110)÷(0.65×48)＝7.40

即表明每千克鸡蛋平均价格达到7.40元，鸡场可以保本，市场销售价格高于7.40元/kg时，该鸡场才能盈利。根据上述公式，如果知道市场蛋价，也可以计算鸡场最低日均产蛋重的临界点。鸡场日均产蛋重高于此点即可盈利，低于此点就会亏损。

同理亦可判断肉鸡日增重的保本线。

2. 临界产蛋率分析

临界产蛋率＝（每千克蛋的枚数×饲料单价×日耗饲料量）÷[饲料费占总费用的比例

（%）×每千克鸡蛋价格]×100% (9-10)

鸡群产蛋率高于此线即可盈利，低于此线就要亏损，可考虑淘汰处理。

项目二　制订生产计划

一、各种禽场生产计划的制订

生产计划是一个禽场全年生产任务的具体安排。制订生产计划要尽量切合实际，才能很好地指导生产、检查进度、了解成效，并使生产计划完成和超额完成的可能性更大。

1. 生产计划制订的依据

任何一个养鸡场必须有详尽的生产计划，用以指导禽生产的各环节。养禽生产的计划性、周期性、重复性较强，不断修订、完善的计划，可以促使生产效益大大提高。制订生产计划常依据下面几个因素：

（1）生产工艺流程　制订养禽生产计划，必须以生产流程为依据。生产流程因企业生产的产品不同而异。综合性鸡场，从孵化开始，育雏、育成、蛋鸡以及种鸡饲养，完全由本场解决。各鸡群的生产流程顺序，蛋鸡场为：种鸡（舍）—种蛋（室）—孵化（室）—育雏（舍）—育成（舍）—蛋鸡（舍）。肉鸡场的产品为肉用仔鸡，多为全进全出生产模式。为了完成生产任务，一个综合性鸡场除了涉及鸡群的饲养环节外，还有饲料的贮存、运送，供电、供水、供暖，兽医防治对病死鸡的处理，粪便、污水的处理，成品贮存与运送，行政管理和为职工提供必备生活条件。一个养鸡场总体流程为料（库）→鸡群（舍）→产品（库）；另外一条流程为饲料（库）→鸡群（舍）→粪污（场）。

不同类型的养鸡场生产周期日数是有差别的。如饲养地方鸡种，其各阶段周转的日数与现代鸡种差异更大，地方鸡种生产周期日数长，而现代鸡种生产周期日数短得多。

（2）经济技术指标　各项经济技术指标是制订计划的重要依据。制订计划时可参照饲养管理手册上提供的指标，并结合本场近年来实际达到的水平，特别是最近一两年来正常情况下场内达到的水平，这是制订生产计划的基础。

（3）生产条件　将当前生产条件与过去的条件对比，主要在房舍设备、家禽品种、饲料和人员等方面比较，看有否改进或倒退，根据过去的经验，酌情确定新计划增减的幅度。

（4）创新能力　采用新技术、新工艺或开源节流、挖掘潜力等可能增产的数量。

（5）经济效益制度　效益指标常低于计划指标，以保证承包人有产可超。也可以两者相同，提高超产部分的提成，或适当降低计划指标。

2. 禽群周转计划

（1）养鸡场生产计划的制订　鸡群周转计划是根据鸡场的生产方向、鸡群构成和生产任务编制的。鸡场应以鸡群周转计划作为生产计划的基础，以此来制订引种、孵化、产品销售、饲料供应、财务收支等其他计划。在制订鸡群周转计划时要考虑鸡位、鸡位利用率、饲养日和平均饲养只数、入舍鸡数等因素。结合存活率、月死亡淘汰率，便可较准确地制订出一个鸡场的鸡群周转计划。

① 商品蛋鸡群的周转计划　商品蛋鸡原则上以养一个产蛋年为宜。这样比较合乎鸡的生物学规律和经济规律，遇到意外情况才施行强制换羽，延长产蛋期。

a. 根据鸡场的生产规模确定年初、年末各类鸡的饲养只数。

b. 根据鸡场生产实际确定各月死淘率指标。

c. 计算各月各类鸡群淘汰数和补充数。

d. 统计出全年总饲养只数和全年平均饲养只数。1只母鸡饲养1d就是1个饲养只日，总饲养只日÷365即为年平均饲养只数。

e. 入舍鸡数：一群蛋鸡130日龄上笼后，由141日龄起转入产蛋期，以后不管死淘多少，都按141日龄时的只数统计产蛋量，每批鸡产蛋结束后，据此计算出每只鸡的平均产蛋量。国际通用这种方法统计每只鸡的产蛋量。一个鸡场可能有几批日龄不同的鸡群，计算当年的入舍鸡数的方法是：把入舍时（141日龄）鸡数乘到年底应饲养日数，各群入舍鸡饲养日累计被365除，就可求出每只入舍鸡的产蛋量。按笼位计算、按饲养日平均饲养只数计算或按入舍只数计算是三种不同的计算方法，都可以用来评价鸡场生产水平的高低。

② 雏鸡的周转计划　专一的雏鸡场，必须安排好本场的生产周期以及本场与孵化场鸡苗生产的周期同步，一旦周转失灵，衔接不上，会打乱生产计划，经济上造成损失。

a. 根据成鸡的周转计划确定各月份需要补充的鸡只数。

b. 根据鸡场生产实际确定育雏、育成期的死淘率指标。

c. 计算各月次现有鸡只数、死淘鸡只数及转入成鸡群只数，并推算出育雏日期和育雏数。

d. 统计出全年总饲养只数和全年平均饲养只数。

③ 种鸡群周转计划

a. 根据生产任务首先确定年初和年末饲养只数，然后根据鸡场实际情况确定鸡群年龄组成，再参考历年经验定出鸡群大批淘汰和各自死淘率，最后再统计出全年总饲养只日数和全年平均饲养只数。

b. 根据种鸡周转计划，确定需要补充的鸡数和月份，并根据历年育雏成绩和本鸡种育成率指标，确定育雏数和育雏日期，再与祖代鸡场签订订购种雏或种蛋合同。计算出各月初现有只数、死淘只数及转入成年鸡只数，最后统计出全年总计饲养只日数和全年平均饲养只数。计算公式如下：

$$全年总饲养只日数＝\Sigma（1月＋2月＋\cdots＋12月饲养只日数）\qquad(9\text{-}11)$$

$$月饲养只日数＝（月初数＋月末数）÷2×本月天数$$

$$全年平均饲养只日数＝全年总饲养只日数÷365$$

例如，某父母代种鸡场年初饲养规模为10000只种母鸡和800只种公鸡，年终保持规模不变，实行"全进全出"的流水作业，并且只养一年，在11月大群淘汰。其周转计划见表9-3。

此外，在实际编制鸡群周转计划时还要考虑鸡群的生产周期，一般蛋鸡的生产周期是育雏期42d（0～6周龄）、育成期98d（7～20周龄）、产蛋期364d（21～72周龄），而且每批鸡生产结束还要留一定时间的清洗、消毒。各阶段的饲养日数不同，各种鸡舍的比例恰当才能保证工艺流程正常运行。实际生产中，育雏舍、育成鸡舍、蛋鸡舍之间的比例按1：2：6设置较为合理。

表9-3　鸡群周转计划表

群别	项目	1	2	3	4	5	6	7	8	9	10	11	12	合计	全年总计饲养只日数	全年平均饲养只数
成鸡	**1. 种公鸡** 月初现有数	800	800	800	800	800	800	800	800	800	800	800	800		292000	800
	淘汰率/%										100			100		
	淘汰数										800			800		
	由雏鸡转入										800			800		
	2. 一年种母鸡 月初现有数	10000	9800	9600	9400	9200	9000	8750	8500	8200	7900	7400			2825925	7742
	淘汰率（占年初数百分比）/%	2.0	2.0	2.0	2.0	2.0	2.5	2.5	3.0	3.0	5.0	74.0		100		
	淘汰数	200	200	200	200	200	250	250	300	300	500	7400		10000		
	3. 当年种母鸡 月初现有数											10440	10231		623986	1710
	淘汰率（占转入数百分比）/%											2.0	2.0	4.0		
	淘汰数											209	209	418		
雏鸡	**1. 种公雏** 转入数（月底）					1800										
	月初现有数						1800	1620	1404	1381	1340				214255	587
	死淘率（占转入数）/%						10.0	12.0	1.3	2.3	30.0			55.6		
	死淘数						180	216	23	41	540			1000		
	转入当年种公鸡数（月底）										800			800		
	2. 种母雏 转入数（月底）					12000										
	月初现有数						12000	11040	10800	10680	10560	10440			1661160	4551
	死淘率（占转入数）/%						8.0	2.0	1.0	1.0	1.0			13.0		
	死淘数						960	240	120	120	120			1560		
	转入当年种母鸡数（月底）											10440		10440		

（2）养鸭场生产计划的制订　目前，我国鸭的生产经营多数比较分散，商品性生产和自给性生产并存，对销售产品市场的需求影响很大。因此，发展养鸭生产时，要尽可能与当地有关部门或销售商签订购销合同，根据合同及自己掌握的资源、经营管理能力，合理地组织人力、物力、财力，制订出养鸭的生产计划，进行计划管理，以减少盲目性。

① 成鸭的周转计划　有的鸭场引进种蛋，也有的引进种雏。现拟引进种鸭，年产 3 万只樱桃谷肉鸭，制订生产计划。

生产肉鸭，首先要饲养种鸭。年产 3 万只肉鸭，需要多少只种鸭呢？计算种鸭数量时，要考虑公母鸭的比例、1 只母鸭 1 年产多少枚种蛋、种蛋合格率、受精率和孵化率是多少、雏鸭成活率是多少等。樱桃谷鸭在公母比例为 1：5 的情况下，种蛋受精率和合格率均在 90％以上，受精蛋孵化率为 80％～90％。每只母鸭年产蛋数量在 200 枚以上，雏鸭成活率平均为 90％。为留余地，以上数据均取下限值。

生产 3 万只雏鸭，以育成率为 90％计算，最少要孵出的雏鸭数：

30000÷90％＝33333（只）

需要受精种蛋数：

33333÷80％＝41666（枚）

全年需要种鸭生产合格种蛋数：

41666÷90％＝46296（枚）

全年需要种鸭产蛋量：

46296÷90％＝51440（枚）

全年需要饲养的种母鸭只数：

51440÷200＝257（只）

考虑到雏鸭、肉鸭和种鸭在饲养过程中的病残、死亡数，应留一些余地，可饲养母鸭280 只。由于公母鸭配种比例为 1：5，还需要养种公鸭约 60 只。共需饲养种鸭 340 只。

由于种母鸭在一年中各个月份产蛋率不同，所以，在分批孵化、分批育雏、分批育肥时，各批的总数就不相同。养鸭场在安排人力和场舍设施时，要与批次数量相适应。同时，在孵化、育雏、育肥等方面，要作具体安排。

a. 孵化方面　当母鸭群进入产蛋旺季，产蛋率达 70％以上时，280 只母鸭每天可产 200枚种蛋，每 7 天入孵一批，每批入孵数为 1400 枚种蛋，孵化期为 28d，有 2d 为机动，以30d 计算，则在产蛋旺季，每月可入孵近 5 批，孵化种蛋数量最多时可达 7000 枚。养鸭场孵化设备的能力应完成孵化 7000 枚种蛋的任务。以后孵出一批，又入孵一批，流水作业。

b. 育雏方面　樱桃谷鸭种蛋受精率 90％，孵化率为 80％～90％，7000 枚种蛋最多可孵出 5670 只雏鸭，平均一批约 1134 只。育雏期 20d。所以，养鸭场的育雏场舍、用具和饲料能承担培育 3 批雏鸭，约 3402 只雏鸭。育肥鸭场舍、用具和饲料也要与之相适应。

c. 育肥方面　以成活率均为 90％计算，每批孵出的雏鸭约 1134 只，可得成鸭 1020 只（1134×90％＝1020）。鸭的育肥期为 25d，则养鸭场的场舍、用具和育肥饲料应能完成同时饲养四批，约 4080 只肉鸭的育肥任务。

通过以上计算，养鸭场要年产商品肉鸭 3 万只，每月孵化数最高时需要种蛋 7000 枚，饲养数量最高时，包括种鸭、雏鸭、育肥鸭在内，共计 7822 只，其中经常饲养种鸭 340 只，最多饲养雏鸭 3402 只，育肥鸭约 4080 只。此外，还要考虑种鸭的更新，饲养一些后备种鸭。

根据以上数据制订雏鸭、育肥鸭的日粮定额，安排全年和月份饲料计划。

② 蛋用鸭生产计划　现拟引进种蛋，年饲养 3000 只蛋鸭，制订生产计划方法如下。

要获得 3000 只产蛋鸭，需要购进多少种蛋？一般种蛋数与孵出的母雏鸭数比例约为 3:1。即在正常情况下，9000 枚种蛋才能获得 3000 只产蛋鸭。现从种蛋孵化、育雏、育成三个方面进行计算。

a. 孵化方面　现购进蛋用鸭种蛋 9000 枚，进行孵化，能获得的雏鸭数：

ⓐ 破损蛋数　种蛋在运输过程中，总会有一定数量的破损，破损率通常按 1% 计算。即：

$$破损蛋数=9000×1\%=90（枚）$$

ⓑ 受精蛋数　种蛋受精率为 90% 以上。即：

$$受精蛋数=8910×90\%=8019（枚）$$

ⓒ 孵化雏鸭数　受精蛋孵化率为 75%～85%，为留有余地取孵化率为 80%。即：

$$孵出雏鸭数=8019×80\%=6415（只）$$

b. 育雏期　育雏期通常为 20d。

ⓐ 育成的雏鸭数　雏鸭经过 20d 培育，到育雏期末的成活率为 95%。即：

$$育成的雏鸭数=6415×95\%=6094（只）$$

ⓑ 母雏数　公母雏的比例通常按 1:1 计算。即：

$$母雏数=6094÷2=3047（只）$$

ⓒ 选留公雏数　蛋鸭公母配种比例早春季节为 1:20，夏秋季节为 1:30，为留余地，配种比例取 1:20。

$$公雏数=3047÷20=152（只）$$

c. 育成期　选留 152 只健壮的公雏进行饲养，其余的淘汰，留下 3000 只母雏进行饲养，其余的淘汰，这样育成期共计饲养种鸭 3152 只。

d. 产蛋期　如果在春季 3 月初进行种蛋孵化，由于蛋鸭性成熟早，一般 16～17 周龄陆续开产，在饲养管理正常的情况下，20～22 周龄产蛋率可达 50%，即在当年 7 月下旬，每天可收获 1500 枚鸭蛋，母鸭可利用 1～2 年，以第一个产蛋年产蛋量最高，公鸭只能利用一年。因此，可利用自产的种蛋孵化一批秋鸭，为第二年的蛋鸭生产奠定基础。

二、产品生产计划的制订

不同经营方向的养禽场其产品也不一样，如肉鸡场的主产品是肉鸡，联产品是淘汰种鸡，副产品是鸡粪；蛋鸡场的主产品是鸡蛋，联产品和副产品与肉鸡场相同。

产品生产计划应以主产品为主。如肉鸡以进雏鸡数的育成率和出栏时的体重进行估算；蛋鸡则按每饲养日即每只鸡日产蛋重（g）估算出每日每月产蛋总重量，按产蛋重量制订出鸡蛋产量计划。基本指标是按每饲养日即每只鸡日产蛋重（g），计算出每只每月产蛋重量，按饲养日计算每只鸡产蛋数，按笼位计算每鸡位产蛋数。有了这些数据就可以计算出每只鸡产蛋个数和产蛋率。产蛋计划可根据月平均饲养产蛋母鸡数和历年的生产水平，按月规定产蛋率和各月产蛋数。

制订种鸡场种蛋生产计划步骤方法如下。

① 根据种鸡的生产性能和鸡场的生产实际确定月平均产蛋率和种蛋合格率。

② 计算每月每只鸡产蛋量和每月每只产种蛋数。

$$每月每只鸡产蛋量＝月平均产蛋率×本月天数 \quad (9\text{-}12)$$
$$每月每只鸡产种蛋数＝每月每只产蛋量×月平均种蛋合格率 \quad (9\text{-}13)$$

③ 根据种鸡群周转计划中的月平均饲养母鸡数，计算月产蛋量和月产种蛋数。

$$月产蛋量＝每月每只鸡产蛋量×月平均饲养母鸡只数 \quad (9\text{-}14)$$
$$月产种蛋数＝每月每只鸡产种蛋数×月平均饲养母鸡只数 \quad (9\text{-}15)$$

④ 统计全年总计概数。

根据表 9-3 种鸡群周转计划资料，编制种蛋生产计划见表 9-4。

三、种禽场的孵化计划

种鸡场应根据本场的生产任务和外销雏鸡数，结合当年饲养品种的生产水平和孵化设备及技术条件等情况，并参照历年孵化成绩，制订全年孵化计划。

① 根据种鸡场孵化成绩和孵化设备条件确定月平均孵化率。

② 根据种蛋生产计划，计算每月每只母鸡提供雏鸡数和每月总出雏数。

$$每月每只母鸡提供雏鸡数＝平均每只产种蛋数×平均孵化率 \quad (9\text{-}16)$$
$$每月总出雏数＝每月每只母鸡提供雏鸡数×月平均饲养母鸡数 \quad (9\text{-}17)$$

③ 统计全年总计概数。

根据表 9-3 鸡群周转计划资料，假设在鸡场全年孵化生产的情况下，编制孵化计划见表 9-5。

在制订孵化计划的同时，对入孵工作也要有具体安排，包括入孵的批次、入孵日期、入孵数量、照蛋、落盘、出雏日期等，以便统筹安排生产和销售工作。此外，虽然鸡的孵化期为 21 天，但种蛋预热及出雏后期的处理工作也需一定的时间，在安排入孵工作时也要予以考虑。

一般要求的孵化技术指标是：全年平均受精率，蛋用鸡种蛋 85%～90%，肉用鸡种蛋80% 以上；受精蛋孵化率，蛋用鸡种蛋 88% 以上，肉用鸡种蛋 85% 以上；出壳雏鸡的弱残次率不应超过 4%。

四、饲料供应计划的制订

饲料是进行养禽生产的基础。饲料计划一般根据每月各组禽数乘以各组禽的平均采食量，求出各个月的饲料需要量，根据饲料配方中各种饲料原料的配合比例，算出每月所需各种饲料原料的数量。每个禽场年初都必须制订所需饲料的数量和比例的详细计划，防止饲料不足或比例不稳而影响生产的正常进行。目的在于合理利用饲料，既要喂好禽，又要获得良好的生产性能，节约饲料。

饲料费用一般占生产总成本的 65%～75%，所以在制订饲料计划时要特别注意饲料价格，同时又要保证饲料质量。饲料计划应按月制订。不同品种和日龄的禽所需饲料量是不同的。

例如，一般每只鸡全程需要的饲料量：蛋用型鸡育雏期 1kg/只，蛋用型鸡育成期 8～9kg/只，蛋用型母鸡产蛋期 39～42kg/只，肉用型成年母鸡 40～45kg/只，肉用仔鸡 4～5kg/只。据此可推算出，每天、每周及每月鸡场饲料需要量，再根据饲料配方，计算出每月各饲料原料需要量，将每月各饲料原料用量填入年度饲料计划表。年度饲料计划见表 9-6。

表 9-4 种蛋生产计划表

项目 \ 月份	1	2	3	4	5	6	7	8	9	10	11	12	全年总计概数
平均饲养母鸡数/只	9900	9700	9500	9300	9100	8875	8625	8350	8050	7650	14036	10127	9434
平均产蛋率/%	50	70	75	80	80	70	65	60	60	60	50	70	65.8
种蛋合格率/%	80	90	90	95	95	95	95	95	90	90	90	90	91.25
平均每只产蛋量/枚	16	20	23	24	25	21	20	19	18	19	15	22	242
平均每只产种蛋数/枚	13	18	21	23	24	20	19	18	16	17	14	20	223
总产蛋量/枚	158400	194000	218500	223200	227500	186375	172500	158650	144900	145350	210540	222794	2262709
总产种蛋量/枚	128700	174600	199500	213900	218400	177500	163875	150300	128800	130050	196504	202540	2084669

注：月平均饲养母鸡数为鸡群周转计划中（月初现有数＋月末现有数）÷2。

表 9-5 孵化计划

项目 \ 月份	1	2	3	4	5	6	7	8	9	10	11	12	全年总计概数
平均饲养母鸡数/只	9900	9700	9500	9300	9100	8875	8625	8350	8050	7650	14036	10127	9434
入孵种蛋数/枚	128700	174600	199500	213900	218400	177500	163875	150300	128800	130050	196504	202540	2084669
平均孵化率/%	80	80	85	86	86	85	84	82	80	80	78	76	81.8
每只母鸡提供雏鸡数/只	10.4	14.4	17.9	19.9	20.6	17.0	16.0	14.8	12.8	13.6	10.9	15.2	183.5
总出雏数/只	102960	139680	170050	185070	187460	150875	138000	123580	103040	104040	152992	153930	1711677

表 9-6　年度饲料计划表

饲料原料	各原料每月用量/kg												全年总计/kg
	1	2	3	4	5	6	7	8	9	10	11	12	

如果当地饲料供应充足及时，质量稳定，每次购进饲料一般不超过 3d 量为宜。如禽场自行配料，还需按照上述禽的饲料需要量和饲料配方中各种原料所占比例折算出各原料用量，并依市场价格情况和禽场资金实际，做好原料的订购和贮备工作。拟定饲料计划时，可根据当地饲料资源灵活掌握。但饲料计划一旦确定，一般不要轻易变动，以确保全年饲料配方的稳定性，维持正常生产。

此外，编制饲料计划时还应考虑以下因素。

（1）禽的品种、日龄　不同品种、不同日龄的禽，饲料需要量各不相同，在确定禽的饲料消耗定额时，一定要严格对照品种标准，结合本场生产实际，决不能盲目照搬，否则将导致计划失败，造成严重经济损失。

（2）饲料来源　禽场如果自配饲料，还需按照上述计划中各类禽群的饲料需要量和相应的饲料配方中各种原料所占比例折算出原料用量，另外增加 10%～15% 的保险量；如果采用全价配合饲料且质量稳定，供应及时，每次购进饲料一般不超过 3d 用量为宜。饲料来源要保持相对稳定，禁止随意更换，以免使禽群产生应激。

（3）饲养方案　采用分段饲养，在编制饲料计划时还应注明饲料的类别，如雏鸡料、蛋鸡1号料、蛋鸡2号料等。

项目三　经济效益分析

一、禽场经济效益分析的方法

经济效益分析是对生产经营活动中已取得的经济效益进行事后的评价，一是分析在计划完成过程中，是否以较少的资金占用和生产耗费，取得较多的生产成果；二是分析各项技术措施和管理方案的实际成果，以便发现问题，查明原因，提出切实可行的改进措施和实施方案。经济效益分析法一般有对比分析法、因素分析法、结构分析法等，养鸡场常用的方法是对比分析法。

对比分析法又叫比较分析法，它是把同种性质的两种或两种以上的经济指标进行对比，找出差距，并分析产生差距的原因，进而研究改进的措施。比较时可利用以下方法。

① 可以采用绝对数、相对数或平均数，将实际指标与计划指标相比较，以检查计划执行情况，评价计划的优劣，分析其原因，为制订下期计划提供依据。

② 可以将实际指标与上期指标相比较，找出发展变化的规律，指导以后的工作。

③ 可以将实际指标与条件相同的经济效益最好的鸡场相比较，来反映在同等条件下所形成的各种不同经济效果及其原因，找出差距，总结经验教训，以不断改进和提高自身的经营管理水平。

采用比较分析法时，必须注意进行比较的指标要有可比性，即比较时各类经济指标在计算方法、计算标准、计算时间上必须保持一致。

二、禽场经济效益分析的内容

生产经营活动的每个环节都影响着养鸡场的经济效益，其中产品的产量、鸡群工作质量、成本、利润、饲料消耗和职工劳动生产率的影响尤为重要。下面就以上因素进行鸡场经济效益的分析。

1. 产品产量（值）分析

（1）计划完成情况分析　用产品的实际产量（值）计划完成情况，对养鸡场的生产经营总状况作概括评价及原因分析。

（2）产品产量（值）增长动态分析　通过对比历年历期产量（值）增长动态，查明是否发挥自身优势，是否合理利用资源，进而找出增产增收的途径。

2. 鸡群工作质量分析

鸡群工作质量是评价养鸡场生产技术、饲养管理水平、职工劳动质量的重要依据。鸡群工作质量分析主要依据鸡的生活力、产蛋力、繁殖力和饲料报酬等指标的计算、比较来进行。

3. 成本分析

产品成本直接影响着养鸡场的经济效益。进行成本分析，可弄清各个成本项目的增减及其变化情况，找出引起变化的原因，寻求降低成本的具体途径。

分析时应对成本数据加以检查核实，严格划清各种成本费用界限，统一计算口径，以确保成本资料的准确性和可比性。

（1）成本项目增减及变化分析　根据实际生产报表资料，与本年计划指标或先进的禽场比较，检查总成本、单位产品成本的升降，分析构成成本的项目增减情况和各项目的变化情况，找出差距，查明原因。如成本项目增加了，要分析该项目为什么增加，有没有增加的必要；某项目成本数量变大了，要分析费用支出增加的原因，是管理的因素，还是市场因素等。

（2）成本结构分析　分析各生产成本构成项目占总成本的比例，并找出各阶段的成本结构。成本构成中饲料是一大项支出，而该项支出最直接地用于生产产品，它占生产成本比例的高低直接影响着养禽场的经济效益。对相同条件的禽场，饲料支出占生产总成本的比例越高，鸡场的经济效益就越好。不同条件的禽场，其饲料支出占生产总成本的比例对经济效益的影响不具有可比性。如家庭养鸡，各项投资少，其主要开支就是饲料；而种鸡场，由于引种费用高，设备、人工、技术投入比例大，饲料费用占的比率就低。

4. 利润分析

利润是经济效益的直接体现，任何一个企业只有获得利润，才能生存和发展。养禽场利润分析包括以下指标：

（1）利润总额

利润总额＝销售收入－生产成本－销售费用－税金±营业外收支净额　　（9-18）

营业外收支是指与禽场生产经营无直接关系的收入或支出。如果营业外收入大于营业外支出，则收支相抵后的净额为正数，可以增加禽场利润；如果营业外收入小于营业外支出，则收支相抵后的净额为负数，禽场的利润就减少。

（2）利润率　由于各个鸡场生产规模、经营方向不同，利润额在不同禽场之间不具有可比性，只有反映利润水平的利润率，才具有可比性。利润率一般有下列表示法：

产值利润率＝年利润总额/年总产值×100%　　（9-19）

成本利润率＝年利润总额/年总成本额×100%　　（9-20）

资金利润率＝年利润总额/（年流动资金额＋年固定资金平均总值）×100%　　（9-21）

禽场盈利的最终指标应以资金利润率作为主要指标，因为资金利润率不仅能反映禽场的投资状况，而且能反映资金的周转情况。资金在周转中才能获得利润，资金周转越快，周转次数越多，禽场的获利就越大。

5. 饲料消耗分析

从鸡场经济效益的角度分析饲料消耗，应从饲料消耗定额、饲料利用率和饲料成本三个方面进行。先根据生产报表统计各类鸡群在一定时期内的实际耗料量，然后同各自的消耗定额对比，分析饲料在加工、运输、贮藏、保管、饲喂等环节上造成的浪费情况及原因。此外，还要分析在不同饲养阶段饲料的转化率即饲料报酬。生产单位产品耗用的饲料越少，说明饲料报酬就越高，经济效益就越好。

对日粮除了从饲料的营养成分、饲料转化率上分析外，还应从经济上分析，即从饲料报酬和饲料成本上分析，以寻找成本低、报酬高、增重快的日粮配方、饲喂方法，最终达到以同等的饲料消耗，取得最佳经济效益的目的。

6. 劳动生产率分析

劳动生产率反映着劳动者的劳动成果与劳动消耗量之间的对比关系。常用以下形式表示：

（1）全员劳动生产率　养禽场每一个成员在一定时期内生产的平均产值。

全员劳动生产率＝年总产值/职工年平均人数　　（9-22）

（2）生产人员劳动生产率　指每一个生产人员在一定时期内生产的平均产值。

生产人员劳动生产率＝年总产值/生产工人年平均人数　　（9-23）

（3）每工作日（d）产量　用于直接生产的每个工作日（d）所生产的某种产品的平均产量。

每工作日（d）产量＝某种产品的产量/直接生产所用工日（d）数　　（9-24）

以上指标表明，分析劳动生产率，一是要分析生产人员和非生产人员的比例；二是要分析生产单位产品的有效时间。

三、提高禽场经济效益的措施

1. 科学决策

在广泛市场调查的基础上，分析各种经济信息，结合禽场内部条件如资金、技术、劳动力等，作出经营方向、生产规模、饲养方式、生产安排等方面的决策，以充分挖掘内部潜力，合理使用资金和劳力，提高劳动生产率，最终实现经济效益的提高。正确地经营决策可收到较高的经济效益，错误的经营决策就能导致重大经济损失甚至破产。如生产规模决策，规模大，能形成高的规模效益，但过大，就可能超出自己的管理能力，超出自己的资金、设备等的承受能力，顾此失彼，得不偿失；过小，则不利于现代设备和技术的利用，形不成规模，难以得到大的收益。养禽企业决策人，如果能较正确地预测市场，就能较正确地做出决策，给企业带来较好的效益。要做出正确的预测，应收集大量的与养殖业有关的信息，如市场需求、产品价格、饲料价格、疫情、国家政策等方面的信息。

(1) **经营类型与方向**　建设家禽养殖场之前，要进行认真、细致而广泛的市场调研，对取得的各种信息进行筛选、分析，结合投资者自己的资源如资金、人才、技术等因素详细论证，作出经营类型与方向、规模大小、饲养方式、生产安排等方面的综合决策，以充分挖掘各种潜力，合理使用资金和劳动力，提高劳动生产效率，最终提高经济效益。正确的经营决策能获得较好的经济效益，错误的经营决策可能导致重大经济损失，甚至导致企业无法经营下去。

① **种禽场**　市场区域广大、技术力量雄厚、营销能力强、有一定资金实力的地方可以考虑投资经营种禽场，甚至考虑代次较高的种禽场，条件稍差的就只能经营父母代种禽场。因为海拔较高的地方孵化率有可能下降，所以在海拔高于2000m的地方投资经营种禽场要慎重考虑。

② **商品场**　饲料价格相对较低、销售畅通的地方可以考虑投资经营商品场。一般来说，蛋禽场的销售范围比肉禽场的要大一些，能进行深加工和出口的企业销售范围更大。还要考虑各地方消费习惯和不同民族风俗习惯，比如我国南方和香港及澳门市场上，黄羽优质中小型鸡和褐壳蛋比较受欢迎，而西南中小城市和农村市场上，红羽优质中大型鸡和粉壳蛋比较受欢迎。

③ **综合场**　一般一个家禽场只经营一个品种、一个代次的家禽。对于规模较大、效益比较好的企业，也可以经营多个禽种、多个品种、多代次的综合场，各场要严格按卫生防疫的要求进行设计和经营管理，还可以向上下游延伸，形成一个完整的产业链，一体化经营，经济效益会更好。

(2) **适度规模**　市场容量大的地方，适度规模经营的效益最好。规模过大，经营管理能力和资金跟不上，顾此失彼，得不偿失；规模过小，技术得不到充分发挥，也难以取得较大的效益，就不可能抓住机遇扩大再生产，占领市场。市场容量小的地方，按市场的需求来生产，如果盲目扩大生产，市场就会有被冲垮的危险。

(3) **合理布局**　家禽场的类型与规模决定以后，就要按有利于生产经营管理和卫生防疫的要求进行规划布局，一次到位最好，尽量避免不必要的重建、拆毁，严禁边设计、边建设、边生产的"三边"工程。

(4) **优化设计**　家禽场要按所饲养的家禽的生物学特性和生产特点的要求，对工艺流程设计进行严格可行性研究，选择最优的设计方案，采购相应的设备，最好选用定型、通用设备。如果设计不合理，家禽的生产性能就不能正常发挥。

(5) **投资适当**　要把有限的资金用在最需要的地方，避免在基本建设上投资过大，以减少成本折旧和利息支出。在可能的情况下，房屋与设施要尽量租用，这一点对小企业和初创企业尤其重要。在劳动力资源丰富的地方，使用设备不一定要非常自动化，以减少每个笼位的投资；相反，则要尽量使用机械设备，以降低劳动力开支。

(6) **使用成熟的技术**　在农业产业中，家禽养殖是一个技术含量相对较高的行业。特别是规模化养禽业，对饲养管理、疫病防治的技术支持要求很高，稍不注意就会影响家禽生产性能的发挥，甚至造成严重的经济损失。因此，要求家禽饲养场使用成熟的成套集成技术，包括新技术。不允许使用不成熟的或探索性的技术。当然，随着饲养规模的扩大和经济效益的提高，适当开展一些研发也很有必要。

（7）合理使用人才　人才在企业经营管理中占有重要地位。可以说，经营管理就是一门选人与用人的艺术。只有建立和培养出一支团结稳定、能征善战、吃苦耐劳、能打硬仗的职工队伍，企业才具备盈利的基础。大多数家禽场都建在远郊或城郊结合部，生活环境枯燥、工作环境较差、劳动强度大，选择与使用合适的人才、稳定职工队伍有一定的难度。对于重要的关键岗位、培训成本较大的岗位、技术含量高的岗位要用高福利、股权激励等措施培养并留住人才。对于临时性的岗位、变化较大的岗位，可以选择合同工、临时工。企业发展壮大以后，要形成选人用人的文化氛围，依靠管理制度来选人用人、团结稳定人才，企业才会取得更好的效益。

（8）良好的形象与品牌　在养禽场的生产经营过程中，要通过提高产品质量、加强售后服务工作，使顾客高兴而来满意而去，让顾客对你的产品买前有信心，买时放心，买后舒心；要通过必要的宣传广告及一定的社会工作来提高企业的形象，形成一个良好的品牌。

（9）安全生产　一个企业如果经常出各种安全事故，就不能正常生产经营，也就谈不上提高经济效益。所以，企业必须安全生产，也只有安全才能生产。家禽养殖场必须根据自己的生产特点，制定各种生产安全操作规程和制度，包括产品安全制度，并要严格督促执行，且落实责任到个人。要定期不定期地巡查各个安全生产责任点，及时发现和解决存在的各种安全隐患，并制定相应预案或处置措施。平时要组织职工学习各种安全操作规程和制度，并定期演练各种预案或处置措施，以防患于未然。

（10）充分利用社会资源　由人和动物及各种生产管理因素组成的家禽养殖场必然要生存在一定的社会系统中，成为社会的一分子。它为社会作出贡献的同时，也必然要给社会带来各种各样的影响，有时可能还会暴发比较剧烈的冲突，影响家禽养殖场的经济效益。所以，家禽企业必须主动适应社会、融入社会、承担相应的社会责任和义务，协调好周围的一切社会关系。对有利于提高企业经济效益的社会资源要加以充分利用，对不利于提高企业经济效益的要主动协调，提早化解，争取变被动为主动。

2. 提高产品产量

提高产品产量是企业获利的关键。养禽场提高产品产量要做好以下几方面的工作。

（1）饲养优良禽种　品种是影响养禽生产的第一因素。不同品种的禽生产方向、生产潜力不同。在确定品种时必须根据本场的实际情况，选择适合自己饲养条件、技术水平和饲料条件的品种。

（2）提供优质的饲料　应按禽的品种、生长或生产各阶段对营养物质的需求，供给全价、优质的饲料，以保证禽的生产潜力充分发挥。同时也要根据环境条件、禽群状况变化，及时调整日粮。

（3）科学的饲养管理

① 创设适宜的环境条件　科学、细致、规律地为各类禽群提供适宜的温度、空气、光照和卫生条件，减少噪声、尘埃及各种不良气体的刺激。对凡是能引起及有碍禽群健康生长、生产的各种"应激"，都应力求避免和减轻至最低限度。

② 采取合理的饲养方式　要根据自己的具体条件为不同生产用途的鸡，选择不同的饲养方式，以易于管理，有利防疫。同时饲养方式要接近禽的生活习性，以有利于禽的生产性能的充分发挥。

③ 采用先进的饲养技术　品种是根本，技术是关键。要及时采用先进的、适用的饲养技术，抓好各类禽群不同阶段的饲养管理，不能只凭经验，要紧紧跟上养禽业技术发展的步伐。

（4）适时更新禽群　母禽第一个产蛋年产量最高，以后每年递减15％～20％。禽场可以根据禽源、料蛋比、蛋价等决定适宜的淘汰时机，淘汰时机可以根据"产蛋率盈亏临界点"确定。同时，适时更新禽群，还能加快禽群周转，加快资产周转速度，提高资产利用率。

（5）重视防疫工作　养禽者往往重视突然的疫病，而不重视平时的防疫工作，造成死淘率上升，产品合格率下降，从而降低了产品产量、质量，增加了生产成本。因此，禽场必须制定科学的免疫程序，严格执行防疫制度，不断降低禽只死淘率，提高禽群的健康水平。

3. 降低生产成本

增加产出、降低投入是企业经营管理永恒的主题。养禽场要获取最佳经济效益，就必须在保证增产的前提下，尽可能减少消耗，节约费用，降低单位产品的成本。其主要途径如下。

（1）降低饲料成本　从养禽场的成本构成来看，饲料费用占生产总成本的70％左右，因此通过降低饲料费用来减少成本的潜力最大。

① 降低饲料价格　在保证饲料全价性和禽的生产水平不受影响的前提下，配合饲料时要考虑原料的价格，尽可能选用廉价的饲料代用品，尽可能开发廉价饲料资源。如选用无鱼粉日粮，开发利用蚕蛹、蝇蛆、羽毛粉等。

② 科学配合饲料，提高饲料的转化率。

③ 合理喂料　给料时间、给料次数、给料量和给料方式要讲究科学。

④ 减少饲料浪费　一是根据禽的不同生长阶段设计使用合理的料槽；二是及时断喙；三是减少贮藏损耗，防鼠害，防霉变，禁止变质或掺假饲料进库。

（2）减少燃料动力费　合理使用设备，减少空转时间，节约能源，降低消耗。

（3）正确使用药物　对禽群投药要及时、准确。在疫病防治中，能进行药敏实验的要尽量开展，能不用药的尽量不用，对无饲养价值的禽要及时淘汰，不再用药治疗。

（4）降低更新禽的培育费

① 加强饲养管理及卫生防疫，提高育雏、育成率，降低禽只死淘摊损费。

② 开展雌雄鉴别，实行公母分养，及早淘汰公禽，减少饲料消耗。

（5）合理利用禽粪　禽粪量大约相当于禽精料消耗量的75％左右，禽粪含丰富的营养物质，可替代部分精料喂猪、养鱼，也可经干燥处理后做牛、羊饲料，增加禽场收入。

（6）提高设备利用率　充分合理利用各类鸡舍、各种机器和其他设备，减少单位产品的折旧费和其他固定支出。

① 制定合理的生产工艺流程，减少不必要的空舍时间，尽可能提高禽舍、禽位的利用率。

② 合理使用机械设备，尽可能满负荷运转，同时加强设备维护和保养，提高设备完

好率。

（7）提高全员劳动生产率　全员劳动生产率反映的是劳动消耗与产值间的比率。全员劳动生产率提高，不仅能使禽场产值增加，也能使单位产品的成本降低。

① 在非生产人员的使用上，要坚持能兼（职）则兼（职）、能不用就不用的原则，尽量减少非生产人员。

② 对生产人员实行经济责任制。将生产人员的经济利益与饲养数量、产量、质量、物资消耗等具体指标挂钩，严格奖惩，调动员工的劳动积极性和主动性。

③ 加强职工的业务培训，提高工作的熟练程度，不断采用新技术、新设备等。

4. 搞好市场营销

市场经济是买方市场，养鸡要获得较高的经济效益就必须研究市场、分析市场，搞好市场营销。

（1）以信息为导向，迅速抢占市场　在商品经济日益发展的今天，市场需求瞬息万变，企业必须及时准确地捕捉信息，迅速采取措施，适应市场变化，以需定产，有需必供。同时，根据不同地区的市场需求差别，找准销售市场。

（2）树立"品牌"意识，扩大销售市场　养禽业的产品都是鲜活商品，有些产品如种蛋、种雏等还直接影响购买者的再生产，因此这些产品必须经得住市场的考验。经营者必须树立"品牌"意识，生产优质的产品，树立良好的商品形象，创造自己的名牌，把自己的产品变成活的广告，提高产品的市场占有率。

（3）实行产供加销一体化经营　随着养禽业的迅猛发展，单位产品利润越来越低，实行产、供、加、销一体化经营，可以减少各环节的经济损耗。但一体化经营对技术、设备、管理、资金等方面的要求很高，可以通过企业联手或共建养禽"合作社"等形式组成联合"舰队"，以形成群体规模。

（4）签订经济合同　在双方互惠互利的前提下，签订经济合同，正常履行合同。一方面可以保证生产的有序进行，另一方面又能保证销售计划的实施。特别是对一些特殊商品（如种雏），签订经济合同显得尤为重要，因为离开特定时间，其价值将消失，甚至成为企业的负担。

5. 健全管理制度

为了提高家禽场的管理水平，使在每个生产岗位的每个员工的生产操作与管理有据可依，应该为每个岗位制订相应的管理制度，使员工依章行事，也使管理人员依章检查和监督。

为了便于企业管理人员了解生产情况，要注意完善生产记录表，这些表格有日报表、周报表和月报表，记录表的内容要如实填写并上报管理部门。作为管理人员要根据报表数据了解生产过程是否正常并提出工作方案。各种记录表要作为生产档案进行分类、归档和保存。

复习思考题

1. 搞好禽场的经营与管理有何意义？
2. 育成鸡成本由哪几部分构成？
3. 如何控制和降低养禽场的成本费用？
4. 提高养禽场经济效益的措施有哪些？

实训　养鸡场年度生产计划的编制

【目的要求】

学习并初步掌握养鸡场年度生产计划的编制方法。

【材料和用具】

计算器。

【内容和方法】

养鸡场年度生产计划一般包括有下列内容：养鸡场总生产任务、育雏计划、鸡群周转计划、饲料计划、产品计划、物质供应计划、基建维修计划、劳动工资计划、财务成本和利润计划、防疫卫生计划。

以商品蛋鸡场为例，分别说明前三项计划编制的方法。

1. 制订总生产任务

根据本场的生产任务和指标，结合本场现有的和下一年可能有的人力、物力等具体条件，确定鸡群的规模和产蛋任务等。

（1）某商品蛋鸡场的主要生产任务是全年平均饲养蛋鸡 1 万只，平均每只鸡年产蛋 220 个。该场上一年度末和计划本年度末产蛋母鸡存栏数均为 10100 只。

（2）计划生产指标　新母鸡（150 日龄）育成率 90％，开产日龄 150d，一年利用制即母鸡产蛋一整年后淘汰。产蛋母鸡每月死亡淘汰率为 1％，初生雏为羽色鉴别雏，准确率为 95％。

2. 制订育雏、育成计划

根据年度生产任务的要求，应育成新母鸡 10600 只，所需初生雏（鉴别雏）为 10600/95％/90％＝12397.66 只。育雏开始日期 2 月底，新母鸡育成日期 7 月底。

3. 编制鸡群周转计划

根据生产任务和指标如育雏数、育成率、母鸡死亡淘汰率等资料，按以下步骤编制出鸡群周转计划。

（1）将上一年生产年度末产蛋母鸡只数填入周转表的上年末存栏数内。

（2）分别统计计划年度内各月末和年末各类鸡群的变动情况。

（3）统计出的鸡群只数分别填写于周转表的各项之内，检查有无遗漏和错误。

（4）审查周转表中鸡群育成只数、淘汰只数及年末存栏只数是否完成计划任务。如未完成，应重新调整育雏计划等，使之相符。其具体计划如实表 9-1。

实表 9-1　周转计划表

项目	上年末存栏数	计　划　年　度　月　份												计划年度末存栏数
		1	2	3	4	5	6	7	8	9	10	11	12	
雏鸡			12400	12164	11432	11072	10836	10600						
死亡母雏鸡	10100			236	236	236	236	236						10100
死淘小公鸡					496	124								

续表

项目	上年末存栏数	计 划 年 度 月 份												计划年度末存栏数
		1	2	3	4	5	6	7	8	9	10	11	12	
产蛋母鸡	10100	10000	9900	9800	9700	9600	9500	9400	10500	10400	10300	10200	10100	10100
死淘母鸡		100	100	100	100	100	100	100	100	100	100	100	100	

注：1. 初育雏数 12400 只是为计算方便实用，如细算实为 12397.66 只。

2. 死亡淘汰小公鸡数实按初育雏数的 5% 计。4 月份占 80%，5 月份占 20%。

3. 各月死亡母雏鸡均按初育母雏鸡的 2% 计，即 12400×95%×2%=236 只。

4. 各月雏鸡和产蛋母鸡数均为月末存栏数。

5. 上年转来的产蛋母鸡，今年 7 月底全部淘汰。

6. 产蛋母鸡每月平均死亡淘汰率 1%，不按当月数细算，而按上年末或本年末数大概推算。

【作业】

编制某蛋鸡场的鸡群周转计划。

参 考 文 献

[1] 赵聘. 家禽生产技术. 北京：中国农业大学出版社，2010.
[2] 丁国志. 家禽生产技术. 北京：中国农业大学出版社，2008.
[3] 黄炎坤. 家禽生产. 郑州：河南科学技术出版社，2007.
[4] 郑万来. 养禽生产技术. 北京：中国农业大学出版社，2014.
[5] 赵聘. 畜禽生产技术. 北京：中国农业大学出版社，2007.
[6] 豆卫. 禽类生产. 北京：中国农业出版社，2001.
[7] 林建坤. 禽的生产与经营. 北京：中国农业出版社，2001.
[8] 丁国志. 家禽生产技术. 北京：中国农业大学出版社，2007.
[9] 王三立. 禽生产. 重庆：重庆大学出版社，2007.
[10] 杨山. 现代养鸡. 北京：中国农业出版社，2001.
[11] 宁中华. 现代实用养鸡技术. 北京：中国农业出版社，2001.
[12] 黄炎坤. 蛋鸡标准化养殖生产技术. 北京：金盾出版社，2006.
[13] 史延平. 家禽生产技术. 北京：化学工业出版社，2009.
[14] 潘琦. 畜禽生产技术实训教程. 北京：化学工业出版社，2009.
[15] 王海荣. 蛋鸡无公害高效养殖. 北京：金盾出版社，2009.